Moritz Wilhelm Drobisch

Neue Darstellung der Logik

Moritz Wilhelm Drobisch

Neue Darstellung der Logik

ISBN/EAN: 9783742898777

Hergestellt in Europa, USA, Kanada, Australien, Japan

Cover: Foto ©berggeist007 / pixelio.de

Manufactured and distributed by brebook publishing software
(www.brebook.com)

Moritz Wilhelm Drobisch

Neue Darstellung der Logik

NEUE DARSTELLUNG

DER

LOGIK

NACH IHREN EINFACHSTEN VERHÄLTNISSEN

MIT RÜCKSICHT

AUF

MATHEMATIK UND NATURWISSENSCHAFT.

VON

MORITZ WILHELM DROBISCH.

FÜNFTE AUFLAGE.

HAMBURG UND LEIPZIG
VERLAG VON LEOPOLD VOSS.
1887.

Vorrede zur zweiten Auflage.

—

Nachdem die erste Auflage dieser Schrift völlig vergriffen, erscheint die zweite in so wesentlich anderer Gestalt, dass daraus fast ein neues Buch geworden ist. Zwar Geist und Charakter des Ganzen sind sich gleich geblieben, aber Form, Inhalt und Umfang haben Veränderungen erfahren, über deren Motive ich Freunden und Gegnern Rechenschaft schuldig bin. Eigenes Nachdenken und sorgfältige Prüfung der Ansichten Anderer haben an dieser Neugestaltung gemeinsamen Antheil, und wenn auch die letzteren meistens mehr anregend als bestimmend auf mich einwirkten, so verdanke ich ihnen doch manche Belehrung.

Behalten hat das Buch vor allem Anderen den Charakter einer formalen Logik. Die Einwürfe, welche Trendelenburg in seinen gründlichen und mit Recht vielseitig anerkannten „logischen Untersuchungen" gegen die Zulässigkeit der formlen Logik vorgebracht hat, konnten mich nicht von der Nothwendigkeit überzeugen, diese Grundansicht aufzugeben und mit einer anderen zu vertauschen. Es ist dabei der Tadel, welcher die Ausführung einzelner Partien betrifft, von den Einwendungen gegen die ganze Idee der formalen Logik zu unterscheiden. Was jenen Tadel des Einzelnen angeht, so ist in dem Buche selbst an den gehörigen Stellen theils durch Entgegnung, theils

durch factische Verbesserungen, soweit als möglich, auf ihn
Rücksicht genommen worden. Zur Rechtfertigung der Grund-
idee aber mögen ausser dem, was die Einleitung darüber enthält,
noch einige gegen Trendelenburg's Ausstellungen insbesondere gerichtete Worte hier an der Stelle sein.
T. sagt von der formalen Logik, „sie wolle den Begriff, das
Urtheil, den Schluss allein aus der auf sich bezogenen Thätigkeit des Denkens verstehen, sie trenne daher das Denken
von dem Gegenstande, wie etwa den aufnehmenden Spiegel
von dem einfallenden Lichtstrahle"*, dies sei aber bedenklich,
da das Gesetz der Reflexion nicht von dem Spiegel allein bedingt werde. Dies ist nicht richtig. Die formale Logik setzt
nicht ein reines Denken voraus und unternimmt es nicht,
die Formen eines solchen *in abstracto* zu zergliedern oder zu
entwickeln; ihre Voraussetzung ist vielmehr das concrete,
mit dem Erkennen verschmolzene Denken, aus welchem sie
ihre Grundformen durch Abstraction gewinnt, diese dann aber
nach Gesetzen, die sich aus der Betrachtung ihrer Verhältnisse ergeben, mit einander verknüpft und dadurch zu abgeleiteten Formen gelangt. Formen ohne Inhalt kennt sie
nicht, sondern nur solche, die von dem besonderen Inhalt,
der sie erfüllen mag, unabhängig sind, und für die also der
Inhalt, dessen sie nie ganz entbehren können, unbestimmt
und zufällig bleibt. Die Grundformen des Denkens werden auf
ähnliche Weise gewonnen wie die Grundformen der Geometrie,
die auch nur die Reste sind, welche die Abstraction von den
physikalischen und chemischen Eigenschaften der sinnlich wahr-
genommenen Körper übrig lässt. Das Vorstellen eines leeren
körperlichen Raumes ist schon eine der sinnlichen Anschauung
und ihrer gedächtnissmässigen Reproduction fremde Abstraction,

---

* Logische Untersuchungen I. S. 4 f.

die geometrische Fläche erfordert eine zweite, die Linie, der
Punkt eine dritte und vierte Abstraction. In ähnlicher Weise
kommt die Logik zu dem Begriff, seinen Merkmalen und Beziehungen. Wie aber die Geometrie sich weder mit der Auffindung der Grundformen begnügt, noch mit der Classification
der erfahrungsmässigen Körperformen beschäftigt, sondern
durch Combination der ersteren zu ideellen Constructionen
gelangt, in denen sie zwar zum Theil das Wirkliche, Gegebene
reconstruirt, zum Theil aber auf Gestaltungen kommt, die in
der uns bekannten sinnlichen Welt wie Fremdlinge erscheinen,
— so verfährt in ganz ähnlicher Weise die Logik in den
Lehren von den Urtheilen und Schlüssen, den Eintheilungen
und Beweisen mit den Grundformen der Begriffe, wobei sie
sich nur von der Uebereinstimmung der Gedankenformen
unter einander, des Denkens mit seinen eigenen Grundsätzen
leiten lässt. Diese Uebereinstimmung ist die alleinige logische Wahrheit, und es ist unrichtig, wenn T. sagt, die
formale Logik „pflege die Wahrheit als die Uebereinstimmung
des Gedankens mit dem Gegenstande zu erklären."* Sie
kann wohl diese Erklärung zur Unterscheidung der formalen
Wahrheit von der metaphysischen oder transscenden-
talen anführen, aber sie kann und wird diese Erklärung nie
für die der logischen, d. i. formalen Wahrheit ausgeben. Mit
der echten Definition überschreitet sie aber auch ihr
Gebiet nicht.

Es lässt sich indess nicht in Abrede stellen, dass, besonders seit Kant, die Logik diesen empirischen Ursprung
ihrer ersten Anfänge verleugnet hat, und daraus ein Bestreben
entstanden ist, Denken und Erkennen von vornherein aus-
einander zu halten. Auch die erste Auflage dieser Schrift

---

* Ebendas. S. 6.

neigt sich noch dieser Ansicht zu, mit deren Beseitigung
jedoch keineswegs die formale Logik zusammenbricht. Diese
Ansicht wurzelte zunächst in Kant's Lehre vom Erkennen
a priori. die aber wieder mit Leibniz's und Descartes's
„angeborenen Vorstellungen" im Zusammenhange steht. Die
Unterscheidung zwischen Erkenntniss *a priori* und *a posteriori*
im Sinne der neueren Philosophie ist eine wohlbegründete.
Das Allgemeine und Nothwendige ist in der That kein Er-
gebnis der Erfahrung, sondern des Denkens, d. i. derjenigen
Verknüpfung der Begriffe, welche der Beschaffenheit und den
Verhältnissen des in ihnen Gedachten gemäss ist. Aber daraus
lässt sich nicht mehr folgern, als dass eben diese Verknüpfung
von der Erfahrung unabhängig ist; eine Erschleichung muss
es genannt werden, wenn man dasselbe auch auf die Begriffe
selbst, vor ihrer Verknüpfung, übertragen will. Es giebt nur
nothwendige Urtheile und Schlüsse, aber keine nothwendigen
Begriffe. Aus der Thatsache, dass es allgemeine und nothwendige Urtheile giebt, lassen sich daher nicht angeborene,
der Erfahrung vorausgehende Vorstellungen deduciren. Kant
vermeidet zwar diesen Ausdruck, will indess Raum, Zeit und
Kategorien als Erkenntnissformen *a priori*, als nothwendige
Bedingungen der Erfahrung, als solche, ohne welche diese
unmöglich sein würde, anerkannt wissen. Seine Behauptung
stützt sich darauf, dass sich solche Formen im Denken von
ihrem materiellen Inhalt entleeren, nicht aber gänzlich hinweg-
denken lassen; er bemerkt jedoch nicht, dass bei dieser
Entleerung blosse Abstractionen übrig bleiben, keine einfachen und bestimmten Verhältnisse, dass eine reine
Form, eine Form ohne alle Materie vorzustellen eben so
unmöglich ist, wie eine Materie ohne alle Form, dass aber,
wo, wie in den geometrischen Anschauungen, bestimmte
Formen übrig bleiben, die Entfernung des Inhalts keine voll-

ständige Entziehung desselben, sondern nur Aufhebung seiner
Besonderheit ist. Die Abstraction kann im wirklichen Vorstellen nicht weiter gehen als bis zur Unabhängigkeit der
Form von jeder bestimmten Materie. Aber dieser steht
eine Unabhängigkeit der Materie von einer bestimmten Form
gegenüber. Man würde also hieraus ebensogut wie reine
Formen auch reine Materien *a priori* anzunehmen berechtigt
sein. In Wahrheit aber ist das eine so fehlerhaft wie das
andere, denn Materie und Form stehen überall in untrenn-
barer Wechselbeziehung, jede von beiden fordert die andere.
Unverkennbar hat auf Kant die falsch ausgelegte Thatsache
der reinen Mathematik einen verführenden Einfluss ausgeübt.
Der Inhalt ihrer Grundbegriffe und Grundsätze ist so einfach
und leichtverständlich, so sehr Gemeingut, dass er in der
That wie ein Angeborenes erscheint, das man nicht zu lernen,
sondern auf das man sich nur zu besinnen braucht. Indess
ist es nicht einmal ganz so; der Anfänger fügt sich nicht
ohne einiges Widerstreben, wenn ihm zugemuthet wird, die
Fläche ohne Dicke, die Linie ohne Dicke und Breite zu
denken, denn diese Vorstellungsweise ist ihm neu und fremd.
Wenn aber die Axiome in der That unmittelbare Evidenz haben,
so bewähren sie sich dadurch eben als Thatsachen der
Anschauung, denen factische, assertorische, nicht apodiktische Geltung zukommt. Eine psychologische Nothwendigkeit muss freilich vorhanden sein, in Folge deren wir uns
allgemein subjectiv keine anderen Vorstellungen machen
können, aber diese ist nicht mit logischer Nothwendigkeit
zu verwechseln, die auf dem Widerspruch beruht, auf den
das Andersdenken führt. Auch muss wohl beachtet werden,
dass die reine Mathematik sich allmählich Theile der angewandten zueignet. Denn indess es sonst nur reine Arithmetik
und Geometrie gab, ist in neuerer Zeit eine reine Mechanik

hinzugekommen, nachdem es gelungen, nicht nur den Begriff der Bewegung, sondern auch den der Kraft in so abstracter und doch quantitativ bestimmbarer Weise zu fassen, dass sich aus Zusammensetzungen von Kräften, ebensogut wie aus denen von Zahlen und Linien, allgemeine und nothwendige, von der Erfahrung unabhängige Folgerungen ziehen lassen. — Eine ähnliche Bewandniss wie mit der reinen Mathematik hat es nun auch mit der reinen Logik. Sie ist ganz gewiss eine demonstrative Wissenschaft, muss aber gleichwohl ihre ersten Anfänge aus Erfahrungsthatsachen schöpfen und, ehe sie progressiv zu Begriffsverknüpfungen schreiten kann, erst regressiv die zu verknüpfenden Elemente aus jenen Thatsachen abstrahiren. Ein Gefühl von der Nothwendigkeit dieses doppelten Verfahrens in der Begründung und Entwickelung der Logik liegt unverkennbar Fries's Unterscheidung einer anthropologischen Logik von der philosophischen zu Grunde; nur ist es dabei ganz falsch, der letzteren eine psychologische (anthropologische) Grundlage geben zu wollen und zu meinen, dass ihr mit Zergliederung der Operationen des Anschauens und Denkens, der Erinnerung und Phantasie u. s. f. gedient sei. Dergleichen psychologische Untersuchungen bleiben für die Logik ganz unfruchtbar. Wohl aber sind die allgemeinsten Formen der inneren und äusseren Erfahrung der Boden, aus dem sie ihre abstracten Grundbestimmungen zu ziehen hat, in ähnlicher Weise wie auch die Metaphysik (im Geiste Herbart's behandelt) von dieser Erfahrungsbasis, als dem Erkenntnissgrund der durch die Speculation zu findenden Realgründe, ausgeht. In dieser Weise ist nun in der vorliegenden Bearbeitung der Eingang zur Logik angebahnt worden. Es wird durch diese empirische Begründung eine höhere speculative Auffassung keineswegs abgeschnitten, so wenig als die Mathematik dadurch, dass sie Raum, Zeit, Bewegung u. s. w. als gegeben betrachtet, tieferen metaphysischen Untersuchungen über diese ihre Voraussetzungen in den Weg tritt. Die Bedeutung auch der Formen des Denkens für das absolute Sein und Wissen wird nur die Metaphysik feststellen können. Zur concreten Erscheinung aber kommen sie in der Erfahrung; und durch Betrachtung der allgemeinsten Erkenntnissformen, der Vielheit der Dinge, ihrer Beschaffenheiten und Beziehungen gewinnt man den natürlichsten Anfang der Logik. Bei diesem Verfahren wird weder das Denken vom Erkennen gewaltsam losgerissen, noch vorzeitig von der Speculation abhängig gemacht.

Es gehört zu Trendelenburg's Verdiensten um die Logik, dass er sie an ihren geschichtlichen Ursprung erinnert und diesen durch seine *Elementa logices Aristotelicae* auf äusserst zweckmässige Weise vergegenwärtigt hat. Hiermit steht im nahen Zusammenhange die von ihm erörterte Frage, ob die formale Logik berechtigt sei, sich vorzugsweise die aristotelische zu nennen. Diese Frage würde eine mehr als bloss historische Bedeutung haben, wenn die formale Logik auf so schwachen Füssen stände, dass sie wirklich nöthig hätte, „sich durch einen grossen Namen zu schützen." Aber abgesehen davon scheint jene Frage nicht einmal mit Grund verneint werden zu können. „Die formale Logik", sagt Trendelenburg*, „setzt den Begriff mit seinen Merkmalen als fertig voraus und folgert aus dem Gegebenen; Aristoteles ist in den schwierigsten Partieen gerade damit beschäftigt, wie der richtige Begriff gebildet werde." Der formalen Logik geschieht hier Unrecht. Denn wenn sie im Urtheil die Form der Entstehung des Begriffs findet und durch die Definition ihn aus seinen Elementen zusammensetzen lehrt, so beschäftigt sie

---

* Log. Untersuch. I, S. 18.

sich doch wohl mit der richtigen Bildung der Begriffe. Sie
würde selbst, wie F. Lott gezeigt hat*, nicht aufhören formale zu sein, wenn sie, zu Aristoteles zurückkehrend, statt
vom Begriff, vom Urtheil aus ihre Entwickelung beginnen
wollte. Den Begriff als Vorstellung muss sie freilich als gegeben betrachten, auch kann sie Gattungen und Arten u. s. w.
nicht machen, sondern nur finden, aber gilt nicht dasselbe
von der aristotelischen Logik? — Wenn ferner T. daran erinnert**, dass Aristoteles in der Metaphysik das Princip der
Identität in einer nicht bloss logischen Bedeutung nimmt,
sodann aber selbst hinzufügt, dass derselbe ihm in den
logischen Schriften die subjective Form gebe: „dasselbe lasse
sich nicht zugleich bejahen und verneinen", an der Kant nur
noch die Zeitbestimmung „zugleich" zu tadeln finde, so bezeugt
dies eben, dass Aristoteles diesem Princip in der Logik einen
formalen Ausdruck zu geben bemüht war, wenn er es auch
nicht für ein ausschliessliches Eigenthum der Logik ansah. —
Entschieden formaler Natur ist endlich die Syllogistik des
Aristoteles, die einzig und allein auf dem Princip des Enthalten-
oder Nichtenthaltenseins der *termini* (ὅϱοι) in einander, also
auf dem *dictum de omni et nullo* beruht, so dass hier die
moderne Behandlung (wenigstens in den kategorisch analytischen
Schlüssen) mit jener ältesten im wesentlichen übereinstimmt.
Wenn nun aber, wie Twesten bemerkt***, „es klar und anerkannt ist, dass die Syllogistik der Haupttheil der logischen
Schriften des Aristoteles, alles Andere aber nur um ihretwillen
da ist und als Grundlage oder Anwendung mit ihr in Verbindung steht", so würde die formale Logik schon um ihrer

---

* In seiner scharfsinnigen Abhandlung: Zur Logik. Göttingen 1845.
** Log. Unters. I, S. 19.
*** Logik S. 4.

Uebereinstimmung mit der Kernlehre der aristotelischen berechtigt sein, sich in der Hauptsache als identisch mit ihr zu betrachten. Zwar sagt Trendelenburg, dass Aristoteles auch das Wesen des Syllogismus keineswegs in ein bloss formales Verhältniss der Merkmale gesetzt habe, da nach ihm dem Mittelbegriffe des wahren Syllogismus der Grund der Sache entspreche*. Mir scheint jedoch A. gerade das Umgekehrte auszusprechen, nämlich, dass jeder Grund der Mittelbegriff eines Schlusses sei**, womit also nicht dem Formalen eine reale Richtung beigelegt, sondern das Reale auf ein Formales zurückgeführt wird. — Selbst dass „bei Aristoteles der Begriff die Ursache des Dinges in sich aufnehmen, und seine Klarheit gleichsam die Klarheit der schaffenden Natur sein und aus denjenigen Begriffen definirt werden soll, die in der Ordnung der Natur vorangehen", zieht keine unübersteigliche Scheidewand zwischen der aristotelischen und formalen Logik, welche letztere die genetische Definition, die Begriffsdeduction nicht aus ihrem Bereich verweist und nur bisher über den analytischen die synthetischen formalen Verhältnisse zu unbeachtet gelassen hat. — Ich kann mich nach allem diesen nicht davon überzeugen, dass es der formalen Logik nicht zustehen sollte, Aristoteles ihren Stammvater zu nennen. Ohne zu bestreiten, dass die Scheidung des Formalen vom Realen bei ihm noch nicht streng durchgeführt ist, lässt sich doch das Streben nach dieser Scheidung nicht verkennen. Es muss dagegen andererseits allerdings zugestanden werden, dass Kant das Denken vom Erkennen in einer Weise abgesondert wissen

---

* a. a. O.

** Die Worte des Aristoteles sind: τὸ μὲν αἴτιον τὸ μέσον, was Trendelenburg selbst (*Elem. log. Arist.* § 59) übersetzt: *causa quidem nihil aliud est, quam quae syllogismo media est notio.* [Vergl. hierüber weiter § 141, Anm. 1. dieser 5. Auflage.]

wollte, die sich nicht consequent durchführen lässt. Aber mit dem Aufgeben dieser übertriebenen Forderung giebt man nicht die formale Logik auf, da sie sich gar wohl von Vermischung mit der Metaphysik wie von völliger Beziehungslosigkeit zu ihr gleich entfernt halten und in dieser Stellung sicher behaupten kann.

Auf dieser Mittellinie bewegt sich nun die vorliegende neue Bearbeitung, die sich im Uebrigen von der ersten Auflage hauptsächlich noch in folgenden Punkten unterscheidet. Es schien mir rathsam, in der Einleitung die Stellung der Logik zur Philosophie überhaupt ganz unberührt zu lassen. Die Logik selbst bedarf zu ihrer Begründung der Erörterung des Begriffs und der Eintheilung der Philosophie nicht, für das Interesse dieser letzteren kann aber durch eine kurze trockene Auseinandersetzung nur ungenügend gesorgt werden. Dagegen habe ich in den Anmerkungen öfter Gelegenheit genommen, auf die tiefer liegenden Probleme aufmerksam zu machen, deren Lösung der Metaphysik überlassen bleiben muss; ich glaube, dass dadurch der Anregung zum philosophischen Denken besser gedient wird, als durch allgemein gehaltene Erklärungen ohne weitere Anwendung. — Unter die wichtigsten Erweiterungen dieser neuen Auflage glaube ich die nähere Untersuchung der synthetischen Begriffsverhältnisse zählen zu dürfen, die hier wohl zum ersten Male in dieser Weise versucht worden ist. Es hat sich dabei ergeben, dass das formale Verhältniss der Bedingung zum Bedingten dem der Gattung zur Art völlig parallel läuft. Hierdurch erhalten nun auch sowohl die kategorischen als die hypothetischen Urtheile ihre dem Unterschied der analytischen und synthetischen Begriffsverhältnisse entsprechende natürliche Bedeutung, jene als Aussagen von Beschaffenheiten, diese von Beziehungen. Es sondert sich ferner auf Grund dieses Unterschiedes die

Deduction der Begriffe von ihrer Definition schärfer ab, es
fällt ein helleres Licht auf die Lehre von den Beweisen, es
treten endlich dadurch auch die heuristischen Methoden, als
Anwendungen des Verhältnisses der Abhängigkeit der Folgen
von ihren Voraussetzungen, in eine selbständige Stellung. —
Die Theorie der Schlüsse habe ich mich bestrebt zu verein-
fachen, ohne der Gründlichkeit etwas zu vergeben. Wenn auch
die Schlussmodi nicht alle gleiche Wichtigkeit und Anwendbarkeit haben, so gehört es doch schlechterdings zu den
strengwissenschaftlichen Erfordernissen, die möglichen Formen
des Schliessens vollständig zu entwickeln, weil sich erst,
nachdem eine erschöpfende Uebersicht gewonnen ist, daran
eine Kritik ihrer grösseren und geringeren Brauchbarkeit,
knüpfen lässt. Vornehm thuende Geringschätzung solcher
Untersuchungen ist völlig gleichbedeutend mit Oberflächlichkeit,
der eben die Logik auf alle Weise entgegenarbeiten soll. —
Die Bedeutung der Logik für die Wissenschaft jeder Art, die
Unentbehrlichkeit ihrer Lehren für ein klares, geordnetes, con-
sequentes und auf den Grund gehendes Denken wird in der
Lehre von den systematischen Formen, die Hilfe, die sie selbst
der Forschung gewährt, in der Lehre von den heuristischen
Formen wenigstens in allgemeinen Umrissen erkennbar sein.
Der logisch-mathematische Anhang hat einige Zusätze erhalten,
wogegen Manches, was mehr blosse mathematische Speculation
als logisch bedeutsam schien, in Wegfall gekommen, Anderes
in die Anmerkungen zu den Paragraphen aufgenommen worden
ist. Zu dem Weggelassenen gehört auch die Ausführung
aller möglichen Schlussketten. Es war wohl einmal nöthig
zu zeigen, dass die Zahl ihrer Formen eine begrenzte, völlig
bestimmbare ist, es bedurfte aber nicht der Wiederholung
dieser Nachweisung, da jedem einigermassen Geübten die
Ausführung leicht fallen wird. — Solche Kürzungen waren

nöthig, wenn das Buch einen mässigen Umfang behalten, und
Raum zu erläuternden Anmerkungen und Beispielen gewonnen
werden sollte. Auch diese gehören zu den Vermehrungen der
zweiten Auflage und werden sie zum Selbstudium geeingneter
machen als die erste, in der sie sparsamer vorkamen und von
manchen Beurtheilern vermisst worden sind. Wenn hierbei
Mathematik und Naturwissenschaften, wie schon der Titel
dieser Schrift andeutet, vorzugsweise benutzt wurden, so findet
dies seine Rechtfertigung ebensosehr in der logischen Muster-
haftigkeit dieser Wissenschaften, wie in der hohen Bedeutung,
die sie nicht erst durch ihre Anwendungen gewinnen, sondern
schon insofern besitzen, als sie die vollkommensten Versuche
des menschlichen Geistes sind, zu wahrer Erkenntniss zu gelangen. — Mögen diese Veränderungen, wie dem Verfasser,
so auch Anderen als Verbesserung erscheinen, und möge das
Buch auch in seiner neuen Gestalt dazu beitragen, eine
Wissenschaft zu verbreiten, die häufiger genannt als gründlich
gekannt wird, deren Vernachlässigung aber oft, selbst bei um-
fassender Gelehrsamkeit, reicher Ideenfülle, glänzendem Styl
und hinreissender Beredsamkeit, als Mangel an wissenschaftlicher Ausbildung sich zur Schau stellt.

Leipzig, im Februar 1851.

Vorrede zur dritten Auflage.

Die vorliegende dritte Auflage unterscheidet sich von der vorhergehenden zwar nicht in gleichem Maase wie diese von der ersten, aber doch mehr als der nur wenig vergrösserte Umfang und die im Ganzen beibehaltene systematische Gliederung bei nur oberflächlicher Vergleichung zu erkennen giebt. Zuerst bin ich darauf bedacht gewesen, die Grenzen der formalen Logik, die es nur mit Begriffen, nicht mit realen Gegenständen, zu thun hat, strenger einzuhalten, ohne deshalb in die Beschränkung zurückzufallen, die unvermeidlich ist, wenn man alle synthetischen Elemente von der Logik ausschliesst. Was ich in meiner Abhandlung „über logische Analysis und Synthesis"* als eine nothwendige Verbesserung der früheren Darstellung der synthetischen Begriffsformen erkannt hatte, ist daher hier berücksichtigt und danach der erste Abschnitt des ersten Theils wesentlich umgestaltet worden. Ob hierdurch die Verständigung mit Trendelenburg** gewachsen oder wieder etwas in Abnahme gerathen ist, bleibe dahingestellt. So angenehm mir das erstere sein würde, so müsste doch jedenfalls der Wunsch nach Einigung sich der wissenschaftlichen Ueberzeugung unterordnen. — Von dieser Veränderung

---

* Fichte's Zeitschrift für Philosophie und philosophische Kritik. N. F. B. 31.
** Logische Untersuchungen, 2te Auflage, I, S. VII.

konnte auch der zweite Abschnitt nicht unberührt bleiben, in welchem nunmehr Beschaffenheits- und Beziehungsurtheile die Stellung einnehmen, die früher den analytischen und synthetischen Urtheilen zugewiesen war. Als dritter Abschnitt sind, aus den in der Anmerkung zu § 64 angegebenen Gründen, die Folgerungen von den Schlüssen abgezweigt, auch anders angeordnet und durch einige Paragraphen vervollständigt worden. Die Theorie der Schlüsse, jetzt der vierte Abschnitt, ist dieselbe geblieben und hat nur bei den Schlussketten (§ 110 und 111) einige Zusätze erhalten, zu denen der aristotelische Sorites aufforderte. Im ersten Abschnitt des zweiten Theils ist die Lehre von den Erklärungen etwas verändert, insbesondere die frühere Unterscheidung der Namen- und Sacherklärungen zurückgenommen und mit der gebräuchlicheren vertauscht. Die Deduction der Begriffe, in zwei Paragraphen zusammengezogen, folgt jetzt der Lehre von den Beweisen. Im zweiten Abschnitt von den heuristischen Formen ist die für die Naturwissenschaften so wichtige Lehre von der Induction und Analogie und dem, was sich weiter daran knüpft, ausführlicher und eingehender behandelt. Der Anhang endlich ist, ein paar Anmerkungen und die gedrängtere Fassung des letzten Aufsatzes abgerechnet, unverändert geblieben. — Dies sind jedoch nur die allgemeinsten Eigenthümlichkeiten dieser neuen Auflage. Im Einzelnen ist durch Verbesserung des Ausdrucks in den Paragraphen, durch Ausdehnung der erläuternden Anmerkungen und Vermehrung der Beispiele soviel hinzugekommen, dass das Ganze wohl als eine neue Bearbeitung wird gelten können. Passende Beispiele sind für ein, vorzüglich zum Selbststudium bestimmtes Lehrbuch der Logik von nicht geringer Wichtigkeit. Denn wenn auch Beispiele nicht beweisen, sondern nur erläutern, so leisten sie doch in der Logik, bei gehöriger Mannigfaltigkeit und Auswahl, ähnliche gute Dienste wie die Figur in der Geometrie, wenn sie denkend betrachtet wird; sie weisen an dem Besonderen und Einzelnen das Allgemeine auf und zeigen die Bedeutsamkeit der allgemeinen Denkgesetze für jede Art der Erkenntniss. Der gänzliche Mangel an Beispielen in vielen Lehrbüchern, die Magerkeit und Trivialität derselben in anderen haben wesentlich dazu beigetragen, das Ansehen der Logik zu schwächen und ihr Studium als ein nutzloses in Verruf zu bringen,

Zum Schluss sei es verstattet, noch einmal auf den formalen Charakter der Logik zurückzukommen. Ihn zu vertheidigen, scheint jetzt kaum noch nöthig, nachdem er von Männern, die auf ganz anderen philosophischen Standpunkten als wir stehen, wie Ulrici*, Ueberweg** und neuerdings Zeller***, anerkannt worden ist. Selbst Trendelenburg, wenn er auch noch in der zweiten Auflage seiner logischen Untersuchungen gegen die formale Logik polemisirt, meint doch vorzugsweise diejenige Fassung, die sie bei Kant und seinen Nachfolgern, sowie bei Twesten und Herbart, und in der ersten Auflage dieses Lehrbuches erhalten hatte. Zwar hat es andrerseits Prantl in seiner sonst sehr verdienstlichen Geschichte der Logik an maasslosen Ausfällen gegen die formale Logik und ihre Vertreter nicht fehlen lassen und sie wie eine geistlose Ausartung der aristotelischen behandet. Indess hat Brandis, sowohl schon früher als später†, ruhig und gründlich nachgewiesen, dass selbst bei Aristoteles die formalen Elemente nicht zu ver-

---

* System der Logik, Leipz. 1852; Compendium der Logik, Leipz. 1860.

** System der Logik, und Geschichte der logischen Lehren. Bonn 1857; ein besonders in historischer Beziehung schätzbares Werk.

*** Ueber Bedeutung und Aufgabe der Erkenntniss-Theorie. Heidelberg 1862.

† Handbuch der Geschichte der griechisch-römischen Philosophie II, 2, a, S. 373 ff., vgl. III, 1, S. 12 ff.

*

kennen sind, namentlich seine Behandlung der Syllogistik rein
formal ist, und hat die Ueberzeugung ausgesprochen, dass
Aristoteles sich nicht geweigert haben würde, Manches, was
der neueren formalen Logik sowohl in der Weise als in der
Erweiterung der Untersuchungen eigenthümlich ist, anzuer-
kennen. Auch Zeller, indem er bemerkt†, dass Aristoteles
mit der Logik nicht eine vollständige und gleichmässige Darstellung der gesammten Denkthätigkeit, sondern zunächst nur
eine Untersuchung über die Formen und Gesetze der
wissenschaftlichen Beweisführung beabsichtigt habe, bezeugt wesentlich dasselbe. — Dagegen ist es aber eine, sowohl
von dem letzteren als den vorgenannten Logikern und Anderen
festgehaltene und vertheidigte Ansicht, dass die Logik von der
Theorie der Erkenntniss nicht getrennt werden dürfe.* Es
kommt hierbei darauf an, was man unter einer solchen Theorie
versteht. Da sie von der Metaphysik unterschieden wird, so
ist die Beantwortung von Fragen, wie die: ob die Dinge selbst
uns erkennbar sind, ob der Raum, die Zeit, die Kategorien auch für
die Dinge oder nur für uns Bedeutung haben, ob es angeborene
Vorstellungen giebt u. dgl. m., von einer solchen Theorie ausgeschlossen. Auch über das Wesen der Seele und darüber,
ob sie die Vermögen hat, die ihr die ältere Psychologie zu-
schreibt, oder ob ihre Thätigkeitsformen auf andere Weise
zu erklären sind, soll nichts entschieden werden. Dann aber
bleibt nur eine Zergliederung der Erkenntniss als eines
Phänomens des Bewusstseins übrig, wobei jedoch die
empirisch-realistische Voraussetzung von Dingen ausserhalb des
erkennenden Subjects nicht zu umgehen ist, daher die gemeine

---

† Die Philosophie der Griechen in ihrer geschichtlichen Entwickelung.
2. Aufl. II, 2, S. 130 ff.

* Ueberweg definirt sogar die Logik als „die Wissenschaft von den nor-
mativen Gesetzen oder Idealgesetzen der menschlichen Erkenntniss.“

Weltansicht, wenigstens provisorisch, als wahr angenommen
wird. Ob nun das eine Theorie genannt zu werden verdient,
möchte ich bezweifeln, obwohl der Name an sich gleichgiltig
ist; jedenfalls ist die Einsicht in die Natur unseres Erkennens, die dadurch gewonnen wird, eine sehr mässige und
nicht sehr tiefe. Dass nun aber die Einleitung in die Logik
von einer solchen Analyse der gemeinen Erkenntniss auszugehen hat, damit bin ich bis auf einen gewissen Punkt einverstanden. Das Denken ist ein wesentlicher Factor der
Erkenntniss, und die elementarsten Formen des Begriffs und
Urtheils sind mit der Erkenntniss gegeben, nicht willkürlich erdacht. Aber in der Ausbildung, Entwickelung und
Verknüpfung dieser Elemente geht das logische Denken selbständig und ohne Seitenblicke auf die Erfahrung seinen eigenen
Weg, gelangt zu complicirteren und reichhaltigeren Formen
und erweitert durch Anwendung dieser Formen auf die unmittelbaren Thatsachen der Wahrnehmung und des Bewusstseins
die Erkenntniss ins Unbegrenzte. Jeder mehr als bloss äusserliche Zusammenhang der Phänomene setzt das Denken voraus.
Nicht nur die allgemeinen Gesetze derselben, sondern auch die
Abhängigkeit von den Ursachen, deren nothwendige Folgen
sie sind, erkennt nur das Denken; denn nur ihm gehört alles
Allgemeine und Nothwendige an. Das Denken muss also zwar
zuerst von dem Erkennen gesondert, dann aber selbständig
ausgebildet, und zuletzt wieder mit dem Erkennen in Verbindung
gebracht werden. Ob aber den allgemeinen und nothwendigen
Formen des Denkens, denen sich thatsächlich die Erscheinungen
fügen, noch über diese hinaus eine reale Bedeutung zukommt,
ob sie das Wesen der Dinge oder Beziehungen zwischen den
Dingen ausdrücken, oder sich gar in ihnen Evolutionen des
Absoluten abspiegeln, darüber kann nicht eine bescheidene
analytisch-empirische Erkenntnisslehre, sondern nur die Meta-

physik Aufschluss geben, die aber wiederum, um den Rückweg zum Gegebenen nicht zu verlieren, ohne den leitenden Faden der formalen Logik nicht einen Schritt in das dunkle Labyrinth der transscendenten Speculation wagen kann. Aristoteles hat dies scharf erkannt und schuf sich darum in der Logik, als Propädeutik der Philosophie, erst ein Werkzeug für die speculative Erkenntniss. Mehr von der Erkenntnisslehre in die Einleitung zur Logik aufzunehmen, als nöthig ist, um für die eigentliche Aufgabe derselben die Data zu gewinnen, sie mit den Lehren von Raum, Zeit und Kategorien und den darüber obschwebenden Streitigkeiten, oder mit einem Abriss der Geschichte der Speculation zu belasten, das mag sich vielleicht rechtfertigen lassen, wenn damit eine Einleitung nicht bloss in die Logik, sondern in die Philosophie überhaupt bezweckt wird; die Logik als Wissenschaft aber wird dadurch nicht gefördert. Freuen wir uns, dass es allgemeingiltige Denkgesetze giebt, über die kein Streit ist, und die ihre Gewissheit nicht der Erkenntnisstheorie und nicht der Metaphysik, sondern nur dem Denken über das Denken verdanken. Verwickeln wir die einfachen und klaren Lehren der Logik nicht in noch unausgetragene Controversen, sondern benutzen wir sie vielmehr so so viel wie möglich, um anderwärts das noch Schwankende zu stützen und das Dunkle aufzuhellen.

LEIPZIG, im Mai 1863.

Vorwort zur fünften Auflage.

Nachdem die vierte Auflage dieses Lehrbuchs v. J. 1875 in demselben Zeitraum wie die vorangegangene dritte Absatz gefunden hat, erscheint diese fünfte in unveränderter Gestalt. Leider war ich in Folge einer Augenkrankheit, die meine Sehkraft sehr abgeschwächt hat, ausser Stande, die letzte Revision des Druckes selbst zu besorgen. Indess hat auf meine Bitte mein theurer, alter Freund Hartenstein die Güte gehabt, sich dieser Aufgabe zu unterziehen, wofür ich ihm um so dankbarer bin, als hierdurch besser, als ich auch unter günstigeren Umständen es vermocht hätte, die Correctheit des Druckes gesichert ist. Und so mag denn (um die Worte zu wiederholen, welche die vierte Auflage begleiteten) diese Schrift noch einmal versuchen, namentlich Solchen förderlich zu werden, die das Bedürfniss fühlen, sich mit den Grundlehren der Logik und ihren wichtigsten Anwendungen, besonders in den exacten Wissenschaften, bekannt zu machen, und mit einem mässigen Zeitaufwand durch dieses Studium ihr Wissen zu ergänzen wünschen.

Leipzig, im Juni 1887.

M. W. Drobisch.

INHALT.

Einleitung.

Erster Theil.

Von den elementaren Formen des Denkens.

Erster Abschnitt.

I. Analytische Begriffsformen. S. 17.

Zweiter Abschnitt.

Von den Formen der Urtheile. S. 45.

Vierter Abschnitt.
Von den Formen der Schlüsse. S. 93.

Zweiter Theil.
Von den methodischen Formen des Denkens.
Erster Abschnitt.
Von den systematischen Formen des Denkens. S. 134.

Druckfehler.

S. 67 Z. 16 v. o. zu lesen: $^2/_3$ statt: $^1/_3$.

S. 84 § 75 Z. 4 v. o. zu lesen: so gilt $\mp u$ nicht, statt: so gilt $\pm u$ nicht.

S. 117 Z. 2 v. o. zu lesen: weder A, statt: weder P.

    Z. 3 v. o. zu lesen: ist P nicht, statt: ist A nicht.

S. 155 § 130, Z. 10 v. o. zu lesen: inductiver statt: deductiver.

S. 230 Z. 12. 13 v. o. zu lesen: in mehr als einem Punkte statt: in mehr als zwei Punkten.

EINLEITUNG.

Bestimmung des Begriffs und der Haupttheile der Logik.

§ 1.

Alle menschliche Erkenntniss ist theils unmittelbare, theils mittelbare. Jene beruht auf gegebenen Thatsachen entweder der sinnlichen Wahrnehmung oder des Bewusstseins, diese auf dem, was sich durch Denken aus diesen Thatsachen ableiten lässt.

Eine wissenschaftliche Erklärung des Denkens lässt sich hier zwar noch nicht geben, wohl aber das Verhältniss erläutern, in dem dasselbe zum Erkennen steht, und dadurch verhüten, dass beide Worte in allzu unbestimmtem Sinne aufgefasst werden.

Alle Erfahrungswissenschaften beruhen auf Beobachtungen, also auf Thatsachen der Wahrnehmung; aber diese sind nur die Grundlagen und Anfänge der Erkenntniss, die erst durch Schlüsse, also durch ein Denken, aus jenen Thatsachen sich reicher und fruchtbarer entwickelt. Dasselbe gilt von der Mathematik, die keine blosse Erfahrungswissenschaft ist. Sie beruht auf anschaulichen Vorstellungen, die als Thatsachen des Bewusstseins ihr zu Grunde liegen; aber sie bildet aus ihnen in ihren Definitionen Begriffe, stellt in den Axiomen Grundurtheile auf und wendet schon damit das Denken auf jene Anschauungen an, um dann weiter aus diesen einfachen Elementen der Erkenntniss die ganze Fülle ihrer Lehrsätze durch Schlüsse abzuleiten. Streng genommen giebt es keine Erkenntniss, die nicht sofort in der Form eines Urtheils aufträte und dadurch verriethe, dass selbst an dem Bewusstwerden der Thatsachen der Wahrnehmung das Denken bereits seinen Antheil hat. Empfindungen, räumliche Anschauungen, Lust- und Schmerzgefühle, Erinnerungen, Wünsche u. s. f. sind zwar Thatsachen, aber vereinzelt noch nicht Erkenntnisse. Erst wenn sie in Urtheilen mit einander verknüpft werden, wie etwa: diese Kugel ist heiss, diese Erinnerung schmerzlich, dieser Wunsch heiter; oder wenn wir sie auf uns selbst als das wahrnehmende Subject beziehen und z. B. sagen: ich empfinde, er will, sie leidet; gestalten sich aus ihnen Erkenntnisse. Hieraus ergiebt sich zunächst, dass das Denken eine Geistesthätigkeit ist, welche die einzelnen Thatsachen der äusseren und inneren Wahrnehmung theils unmittelbar (wie in

den Urtheilen), theils mittelbar (wie in den Schlüssen) nach gewissen Gesetzen verknüpft und dadurch aus ihnen unmittelbare oder mittelbare Erkenntnisse bildet. Bei dieser Verknüpfung von Thatsachen mit Thatsachen
bleibt jedoch das Denken nicht stehen, sondern leitet daraus weitere
Erkenntnisse ab, die sich, zufolge der menschlichen Beschränktheit, der
Wahrnehmung entziehen. So folgern wir z. B. aus der Abweichung der
fallenden Körper von der Lothlinie, dass die Erde von Abend nach Morgen
um ihre Axe rotirt, und daraus, in Verbindung mit der durch die Grad-
messungen erschlossenen abgeplatteten Gestalt des Erdkörpers, dass derselbe sich ursprünglich in einem flüssigen Zustand befunden haben müsse.
Wir gelangen also hiermit zu Erkenntnissen, die wir durch Wahrnehmung
zu bestätigen ausser Stande sind. Indess würden wir doch, wenn wir uns
auf den Mond versetzen könnten, die Rotation der Erde unmittelbar
wahrnehmen, und dasselbe gilt von dem Flüssigkeitszustande der Erde,
wenn damals schon ein menschliches Auge hätte beobachten können. Das
Denken folgert aber aus den Thatsachen auch noch Andres, was schlechthin nicht Gegenstand einer Wahrnehmung werden kann. Hierher gehören
schon die als materielle Punkte gedachten Atome und deren anziehende
und abstossende Kräfte, aus denen sich die Physik die Körper zusammen-
setzt. Wenn aber allgemeiner das prüfende Denken findet, dass alle
sinnlichen Wahrnehmungen uns nur Eigenschaften der Dinge offenbaren,
die diese in Beziehung auf unsre Sinnensorgane haben, dass wiederum die
Erregungen unsrer Sinne und Sinnesnerven für uns nur da sind, sofern
sie uns als Empfindungen zum Bewusstsein kommen, also innerlich
wahrgenommen werden, dass endlich alles, was wir innerlich wahrnehmen,
wiederum nur Eigenschaften unsres Selbst sind, dieses Selbst aber ebensowenig in die Wahrnehmung tritt wie die Dinge an sich selbst, gleichwohl
aber doch diese, wie jenes Selbst, nothwendig vorausgesetzt werden müssen,
— so zeigt sich hier die tief eingreifende Abhängigkeit des Erkennens vom
Denken, und bildet sich ein idealerer Begriff von der Erkenntniss aus, als
der anfängliche war. Denn es genügt uns nun nicht mehr, dass unsere
Begriffe, Urtheile und Schlüsse mit den Thatsachen der äusseren und inneren
Wahrnehmung übereinstimmen, sondern wir fordern jetzt auch Begriffe und
Sätze, die uns das offenbaren sollen, was jenen Wahrnehmungen als wahrhaft Seiendes zu Grunde liegt und von dem dieselben nur noch als
Aeusserungen seines Daseins betrachtet werden können. So bildet sich
wenigstens die Idee einer speculativen, metaphysischen, über die gegebenen
Thatsachen der Wahrnehmung hinausführenden Erkenntniss, die, wenn sie
überhaupt erreichbar ist, einzig und allein durch ein von jenen Thatsachen
zwar auslaufendes, aber sie weit überschreitendes Denken möglich sein
kann. — Hieraus erhellt nun genugsam, dass ohne Denken es weder eine
empirische, noch eine mathematische, noch eine speculative Erkenntniss
giebt. Aehnliches lässt sich von der ästhetischen und sittlichen Erkenntniss
behaupten. Denn auch da kann nur das Denken dasjenige schärfer bestimmen, was als Schönes oder Gutes Anspruch auf unbedingte Anerkennung
seines Werthes hat.

§ 2.

Das Denken kann in doppelter Beziehung Gegenstand einer wissenschaftlichen Untersuchung werden: einmal nämlich, sofern es eine Thätigkeit des Geistes ist, nach deren Bedingungen und Gesetzen geforscht werden kann; sodann aber, sofern es das Werkzeug zur Erwerbung mittelbarer Erkenntniss, das nicht nur einen richtigen, sondern auch einen fehlerhaften Gebrauch zulässt, im ersteren Falle zu w a h r e n, im anderen zu f a l s c h e n Ergebnissen führt. Es giebt daher sowohl N a t u r g e s e t z e des Denkens als N o r m a l g e s e t z e für dasselbe, V o r s c h r i f t e n (Normen), nach denen es sich zu richten hat, um zu w a h r e n Ergebnissen zu führen. Die Erforschung der Naturgesetze des Denkens ist eine Aufgabe der Psychologie, die Feststellung seiner Normalgesetze aber die Aufgabe der L o g i k.

Unter Normalgesetzen sind nicht die Gesetze eines gewissen Normalzustandes zu verstehen, denen abnorme Zustände als Ausnahme von der Regel gegenübergestellt werden, wie etwa leibliche und geistige Krankheit. Denn wenn auch das natürliche Denken in der Regel richtig und nur ausnahmsweise falsch sein sollte, so wären solche Gesetze doch immer nur wieder Naturgesetze; nur dass der Begriff derselben zu eng gefasst wäre, da ja auch die abnormen Bildungen und Thätigkeiten nach natürlichen Gesetzen vor sich gehen. Vielmehr gleich wie bürgerliche Gesetze Gebote und Verbote über Thun und Lassen, Sittengesetze Vorschriften für das Wollen und in diesem Sinne Normen sind, die dem Wollen und Handeln zum Regulativ dienen sollen, so sind die logischen Normalgesetze als Vorschriften für das Denken anzusehen, die dieses zu befolgen hat, um richtig zu sein und zu wahren Erkenntnissen zu führen. Worauf diese Richtigkeit beruht, wird die Folge zeigen. Normalgesetze reguliren eine Thätigkeit immer einem gewissen Zwecke gemäss, mag dieser nun ein an sich löblicher sein, absoluten Werth haben, wie das Gute, oder, wie das Nützliche oder Angenehme, nur einen relativen. Der Zweck der logischen Normalgesetze ist die W a h r h e i t des dadurch zu Erkennenden, die absoluten Werth hat.

§ 3.

Die logischen Normalgesetze des Denkens können nicht durch blosse Beobachtung desselben aufgefunden werden, denn daraus würde sich nicht entscheiden lassen, ob die Art und Weise, wie wir zu denken pflegen, auch die richtige ist, sondern sie müssen selbst wieder durch D e n k e n begründet und hierdurch als solche nachgewiesen werden, die nicht anders sein können als sie sind, als noth wendige. In der durchgängigen Uebereinstimmung dieses begründenden Denkens mit den durch dasselbe begründeten Gesetzen liegt die Bürgschaft für die Wahrheit des ersteren sowohl als des letzteren. Hiernach ist nun die Logik keine blosse Beschreibung und Zergliederung des Denkens, keine bloss descriptive, sondern eine demonstrative Wissenschaft. Sie kann und will zwar das Denken nicht erst erzeugen, sondern muss voraussetzen, dass es bereits thatsächlich vorhanden ist, aber ihre Hauptaufgabe ist, das richtige Denken von dem falschen zu unterscheiden.

1. Hieraus erhellt, dass die Logik sich weder bloss damit beschäftigt, die Gesetze, nach denen wir durchschnittlich zu denken pflegen, zum Bewusstsein zu bringen, noch dass sie dem Denken willkürliche, aus der Luft gegriffene Vorschriften ertheilt. Sie muss allerdings von der Betrachtung des Denkens, wie es ist, ausgehen, aber dieses zugleich hinsichtlich seiner Giltigkeit der Kritik unterwerfen und das Giltige als ein Nothwendiges nachzuweisen suchen. Es ist daher unvermeidlich, dass die Logik zur Begründung der Normalgesetze des Denkens sich des Denkens selbst bedient und damit Gefahr läuft, wenn dieses Denken falsch ist, auch falsche Gesetze zu erhalten. Dagegen giebt es nun kein anderes Verwahrungsmittel als das, dieses begründende Denken selbst (also die Erklärungen, Eintheilungen, Grundsätze, Beweise u. s. w., deren sich die Logik zur Begründung ihrer Vorschriften bedient) mit den dadurch erhaltenen Denkregeln zu vergleichen, und zu prüfen, ob Eins mit dem Anderen in Uebereinstimmung ist oder nicht. Ist diese Uebereinstimmung eine durchgängige, so lässt sich an der Wahrheit der erhaltenen Resultate nicht zweifeln; denn es giebt überhaupt kein anderes Kennzeichen der logischen Wahrheit als diese durchgängige Uebereinstimmung. Dass, wie im Rechnen, so auch im Denken sich manche Fehler compensiren können, muss allerdings zugestanden werden. Hieraus folgt jedoch nur, dass durch unrichtiges Denken zuweilen auch richtige Resultate erhalten werden können. Dann wird aber die Vergleichung jenes Denkens mit den gefundenen (richtigen) Denkregeln, denen es (als unrichtiges) nicht entsprechen kann, den Widerstreit nachweisen und zur Verbesserung führen. Dass durch richtiges Denken unrichtige Resultate gewonnen werden könnten, ist ein ungereimter Gedanke. Aber auch der, dass durch unrichtiges Denken unrichtige Resultate könnten erhalten werden, mit welchen das sie begründende Denken in durchgängiger Uebereinstimmung sich befände, ist ein leerer Gedanke. Denn solche Uebereinstimmung gäbe eben den Beweis der Richtigkeit.

2. Wenn die Logik eine demonstrative Wissenschaft ist, so werden in ihr

wie in der Mathematik, Grundsätze und Folgesätze zu unterscheiden sein, von denen jene unmittelbare Evidenz haben, diese durch jene erst gewiss werden. Die logischen Denkgesetze werden daher theils ursprüngliche, theils abgeleitete sein. Ein rein synthetischer Aufbau der Logik nach dem Vorbild der Mathematik wäre indess nicht angemessen, ja kaum ausführbar. Denn das Denken ist keine so durchsichtige und wohlbekannte Thatsache, wie dies die mathematischen Grundanschauungen sind. Eine vorläufige Zergliederung des Denkens, wenn auch nur nach seinen Hauptformen, ist daher für die Logik ein unabweisliches Bedürfniss.

§ 4.

Jedes Denken ist im Allgemeinen ein Zusammenfassen eines Vielen und Mannigfaltigen in eine Einheit. Das was zusammengefasst wird sind aber nicht wirkliche Gegenstände, sondern Vorstellungen, und auch diese nicht, sofern sie (subjectiv) unsre Vorstellungen, Producte unsrer Geistesthätigkeit sind, sondern (objectiv) hinsichtlich dessen, was in ihnen vorgestellt wird, das Gedachte. Aber auch nicht jede Zusammenfassung eines mannigfaltigen Gedachten ist ein Denken, sondern nur eine solche, welche sich als eine der Beschaffenheit und den gegebenen Verhältnissen des Gedachten angemessene nachweisen lässt. Diese Nachweisung ist nun zwar selbst wieder nur durch Denken möglich und daher durch die logischen Denkgesetze bedingt, aber es stellt sich doch dabei heraus, dass diese Gesetze nur von der Beschaffenheit und den Verhältnissen des Gedachten, Vorgestellten, nicht von solchen des denkenden, vorstellenden Subjects abhängen können.

Dass das Denken es nur mit Vorstellungen zu thun hat, unterscheidet es von dem Erkennen im engeren und eigentlichen Sinne, das auf Dinge, auf reale Objecte geht und Vorstellungen zu erwerben strebt, die den Beschaffenheiten und Verhältnissen dieser Objecte entsprechen. Im weiteren Sinn pflegt man indess allerdings unter Erkenntnis auch solches Wissen zu verstehen, das bloss ein Resultat des Denkens ist und zu seinem Inhalt einen blossen Gedankenzusammenhang hat, wie man dies von der rein mathematischen Erkenntniss sagen kann. — Dass ferner in unsern Begriffen Merkmale, in den Urtheilen Begriffe, in den Schlüssen Urtheile zusammengefasst werden, lässt sich, obgleich es im Folgenden genauer erörtert werden wird, doch als vorläufig bekannt voraussetzen und dadurch die obige Erklärung des Denkens erläutern. Weder aber die unwillkürlichen Associationen, welche gleichzeitig oder in unmittelbarer Aufeinanderfolge im Bewusstsein zusammentreffende Vorstellungen eingehen, noch die willkürlichen

Vorstellungscombinationen eines ungebundenen Phantasiespiels sind Denkverbindungen; denn weder diese noch jene nehmen Rücksicht darauf, ob das mannigfache Vorgestellte zusammenpasst oder nicht, ob die Verbindung einen „vernünftigen Sinn" hat oder ungereimt ist. — Unter „Zusammenfassung" ist übrigens hier nicht bloss an Verknüpfung, sondern auch an Trennung des Vorgestellten zu denken. Denn auch bei dieser, z. B. der Unterscheidung des Aehnlichen, kommt das, dessen Einerleiheit mit einem andern verneint wird, doch in Vergleichung mit ihm, wird in ein Verhältniss zu ihm gestellt, also mit ihm zusammen gedacht.

§ 5.

Das Viele und Mannigfaltige, welches das Denken in eine Einheit zusammenfasst, heisst die Materie des Denkens, die Art und Weise der Zusammenfassung desselben seine Form. Die Form des Denkens kann zwar nicht unabhängig von der Materie überhaupt, wohl aber unabhängig von irgend einer bestimmten Materie betrachtet werden. Sie ist dann das allem in materieller Hinsicht verschiedenartigen Denken Gemeinsame. Die Bestimmung der von der Besonderheit des materiellen Inhaltes unabhängigen Formen des richtigen Denkens ist nun die Aufgabe der Logik, die deshalb allgemeine und formale Wissenschaft ist.

Materie und Form sind zusammengehörige oder Beziehungsbegriffe, von denen keiner ohne den anderen gedacht werden kann. Weder eine formlose Materie (sei es des Denkens oder der Körper) noch eine inhaltleere Form ist streng genommen denkbar. Das Chaos mag man sich als Masse oder Dunst ohne regelmässige Gestaltung vorstellen, aber irgend eine Form muss man ihm doch leihen, wenn auch nur eine zufällige und vorübergehende. Andererseits sind aber auch sogenannte reine Formen, nicht einmal als anschauliche, vorstellbar. Selbst die geometrischen Figuren, wie sie in ihrer Idealität gedacht werden sollen, verlangen einen von ihren Contouren oder Flächeninhalt materiell (durch Färbung) unterscheidbaren Untergrund. Die Sonderung von Materie und Form lässt sich nicht weiter treiben, als dass man eines von beiden von der Besonderheit, Bestimmtheit des anderen unabhängig denkt. Man denkt sich z. B. den Kreis als reine Form, wenn man an das denkt, was dem weissen Kreis auf schwarzem Grunde mit dem schwarzen, gelben, rothen Kreis u. s. f. auf weissem, grünem, blauem Grunde u. s. w. gemeinsam ist. Man denkt sich eine Farbe, z. B. Roth, als reine Materie, wenn man an das denkt, was das rothe Dreieck mit dem rothen Viereck, Fünfeck, Vieleck, dem rothen Kreis, der rothen Ellipse oder irgend einer regelmässigen oder unregelmässigen Figur gemein hat. So nun können auch die reinen Formen des Denkens nicht anders gedacht werden, als indem man den Inhalt derselben, der nie ganz fehlen kann, unbestimmt lässt und nur auf das achtet, was bei aller Verschiedenheit des Inhalts sich gleichbleibt, dem materiell verschiedenen Inhalte also gemeinsam ist.

§ 6.

Hieraus folgt, dass das richtige oder logische Denken die Erwerbung wahrer Erkenntnisse nur in formaler Hinsicht zu fördern vermag. Die Anwendung richtiger Formen des Denkens auf irgend welche gegebene Materie giebt immer formal wahre Resultate, die aber deshalb doch in materieller Hinsicht falsch sein können. Die Beurtheilung der materiellen Wahrheit des dem Denken Gegebenen liegt ausserhalb des Bereichs der Logik, die nur dafür einstehen kann, dass, wenn das Gegebene materiell wahr ist, auch das nach ihren Gesetzen daraus Abgeleitete es sein muss. Indess kann doch das richtige Denken wesentlich dazu beitragen, materiell Falsches zu enthüllen. Denn wenn aus einer für wahr gehaltenen Voraussetzung durch richtiges Denken Folgen abgeleitet werden, die mit unumstösslichen Thatsachen in Widerspruch stehen, so kann die Voraussetzung nicht wahr sein.

1. Zur Erläuterung des Unterschiedes zwischen formaler und materieller Wahrheit mag folgendes Beispiel dienen. Aus den beiden Sätzen: alle A sind B; alle B sind C; folgt mit absoluter Gewissheit der Satz: alle A sind C. Daher folgt auch aus den beiden Sätzen: alle Sternschnuppen sind Lufterscheinungen; alle Lufterscheinungen sind atmosphärischen Ursprungs; der Satz: alle Sternschnuppen sind atmosphärischen Ursprungs; mit völliger formaler Gewissheit. Er ist aber materiell falsch, weil es die Sätze sind, aus denen hier gefolgert wird.

2. Ein Beispiel, an dem sich der letzte Satz des Paragraphs bewährt, giebt unter andern die Geschichte der Chemie. Stahl lehrte, dass aus dem verbrennenden Körper ein feiner Stoff, das Phlogiston, entweiche. Hieraus folgte, dass, selbst wenn dieser Stoff imponderabel wäre, das Verbrennungsproduct nicht schwerer sein könne als der Körper, aus dem es durch die Verbrennung entstanden, dass es aber, wenn das Phlogiston ponderabel wäre, leichter sein müsste. Nun fand aber Lavoisier, dass bei der Verbrennung (Verkalkung) der Metalle die zurückbleibenden Metallkalke schwerer sind als die Metalle vor der Verkalkung. Der richtig gefolgerte Satz erwies sich also als materiell falsch, und mit ihm fiel seine Voraussetzung.

3. Bei der Anwendung unsers Denkens auf die Erforschung der Gesetze, unter denen die veränderlichen Phänomene der Natur und unsres eignen Geistes stehen, liegt noch stillschweigend die Voraussetzung zu Grunde, dass die formalen Gesetze unsres Denkens nicht bloss subjective, sondern

auch objective Giltigkeit haben, dass jede logisch nothwendige Folge einer Thatsache nicht bloss für unser Denken, sondern auch für die Natur der Dinge Bedeutung hat, dass das ihr Entsprechende auch in der Wirklichkeit sein oder geschehen muss. Die exacte Forschung findet in der Entdeckung jedes neuen Naturgesetzes eine Bestätigung dieser Voraussetzung. In der That zeigt jedes durch die Erfahrung bestätigte Resultat unseres Denkens, dass unsere Denkgesetze auch für die Wirklichkeit der Dinge Giltigkeit haben, dass unser logischer Gedankenzusammenhang auch zu dem wirklichen Zusammenhang der Dinge in einer einstimmigen Beziehung steht. Was wir den inneren Zusammenhang der Dinge nennen, ist nicht ein solcher, den wir ihnen andichten, sondern ein wirklicher, den wir aber nur durch Denken zu erkennen vermögen, und erst diese durch Denken vermittelte Erkenntniss gilt uns für materielle Wahrheit.

Wenn jedoch schon aus § 3 hervorgeht, dass die logische oder formale Wahrheit, kurz gefasst, nur in der Einstimmung unsers Denkens mit sich selbst besteht, so weisen andrerseits die in der Anmerkung zu § 1 gegebenen Andeutungen darauf hin, dass die materielle Wahrheit unsrer Erkenntniss nach einem doppelten Maassstab gemessen werden kann. Man kann hier nämlich phänomenologische und reale Wahrheit unterscheiden. Die erstere findet statt, wenn unsre Erkenntniss von Voraussetzungen ausgeht, die, wie sie auch immer gefunden sein mögen, in ihren nothwendigen Folgen mit thatsächlich gegebenen Erscheinungen zusammentreffen, ohne dass jene Voraussetzungen beanspruchen, für den Ausdruck eines wirklichen Seins oder Geschehens zu gelten. In diesem Sinne nennt Newton sogar die von ihm entdeckte Gravitation der Himmelskörper ein blosses *phaenomenon*, und in demselben Sinne wird man allen mathematisch-physikalischen Theorien bloss phänomenologische Wahrheit beilegen dürfen. Dagegen wollen die Ideen Plato's, die Entelechien des Aristoteles, die Substanz Spinoza's, die Monaden Leibniz's allerdings für mehr als blosse Annahmen, vielmehr für begriffliche Ausdrücke dessen gelten, was wahrhaft ist, des Realen. Reale Wahrheit wird daher unsrer Erkenntnis nur dann zukommen, wenn wir uns versichert halten dürfen, dass der Inhalt derselben dem, was unabhängig von unserem Denken wirklich ist und geschieht, vollkommen entspricht. Zu entscheiden, ob dieses höchste Ziel uns Menschen erreichbar ist oder nicht, hängt von den Ergebnissen erkenntniss-theoretischer und metaphyscher Untersuchungen über das Verhältniss des Denkens zum Sein ab.

§ 7.

Die Logik ist daher zunächst nur ein Kanon für das Denken, dem dieses in seinen Formen entsprechen muss, um in sich wahr zu sein; sie giebt durch diesen Kanon das Mittel zur Kritik des Denkens und hat die Bestimmung, dasselbe einer Disciplin zu unterwerfen. Zugleich wird sie zum Organon der mittelbaren Erkenntniss.

Die Logik ist kein Organon des Denkens, sondern nur ein Regulativ für dasselbe, wohl aber ein Werkzeug des mittelbaren Erkennens. Was die Mathematik speciell für die Naturerkenntniss, das ist die Logik, ohne die selbst die Mathematik nicht möglich wäre, für jede Art der Erkenntnis. Der Nutzen der Logik als Wissenschaft ist bezweifelt und bespöttelt worden. Zwar eine gewisse praktische Logik lässt Jedermann gelten, denn Richtigkeit des Denkens ist unentbehrlich. Aber man meint häufig, diese sei nur Sache des gesunden natürlichen Verstandes und vervollkommne sich durch die Denkübungen, welche Sprachwissenschaft, Mathematik und Naturwissenschaft gewähren, von selbst. Gewiss sind diese Beschäftigungen für die Ausbildung des Denkens von dem grössten, durch Nichts zu ersetzenden Nutzen, und eben so gewiss erwerben unzählig Viele die Fertigkeit richtig zu denken nur auf diesem Wege, wie man ja auch Sprachen nur durch den Umgang ohne Studium der Grammatik erlernen kann. Aber wie nur der einer Sprache vollkommen mächtig ist, der ihre allgemeinen Gesetze sich zum Bewusstsein gebracht hat, ebenso verhält es sich auch mit dem Denken. Dies tritt um so stärker hervor, je abhängiger die Erkenntniss von dem Denken ist. In den empirischen Wissenschaften machen häufig die Thatsachen die Fehler des Denkens bemerklich, in der Mathematik leistet die Anschauung etwas Aehnliches. In der Philosophie dagegen und den mit ihr in engerem Zusammenhange stehenden Wissenschaften liegt bei weitem die grösste Bürgschaft für die Wahrheit der Erkenntniss in der Richtigkeit des Denkens. Darum sind hier Denkfehler von unermesslichen Folgen; Vernachlässigung der Logik führt dann zu einer Liederlichkeit, welche die ganze Wissenschaft aufhebt. Dass auch die tiefsten philosophischen Denker durch logische Fehler zu grossen Irrthümern verleitet worden sind, dafür giebt die Geschichte der Philosophie unzählige Belege. Die wahren Meister in der Philosophie haben jedoch die Logik stets in hohen Ehren gehalten; durch ihre Verachtung charakterisirt sich nur der philosophische Dilettantismus, der geistreich zu sein meint, wenn es ihm gelingt, alltägliche Gedanken oder unklare Begriffe in blumige Redensarten zu hüllen oder durch rhetorisch-poetische Emphase die Schwäche der Begründung seiner Ansichten zu verdecken. Als Beleg aber, dass nicht bloss Philosophen der Schule, sondern auch solche, die zugleich als Welt- und Staatsmänner mit unbefangenem Blick das Verhältniss der Wissenschaft zum Leben zu überschauen vermochten, auf ein gründliches Studium der Logik das grösste Gewicht legten, mag es genügen auf Baco und Leibniz zu verweisen. Leibniz versäumt keine Gelegenheit, die Wichtigkeit der Logik hervorzuheben und ihr Studium zu empfehlen. Am ausführlichsten verbreitet er sich hierüber in dem Schreiben an G. Wagner „vom Nutzen der Vernunftkunst oder Logik" (*opera philos. ed. Erdmann, p.* 418). Von Baco mag hier die schöne Stelle im ersten Capitel des fünften Buchs seines Werkes *de dignitate et augmentis scientiarum* einen Platz finden. Er sagt daselbst: *Pars ista humanae philosophiae, quae ad logicam spectat, ingeniorum plurimorum gustui ac palato minus grata est, et nihil aliud videtur quam spinosae subtilitatis laqueus et tendicula. Nam sicut vere dicitur, scientiam esse animi pabulum, ita in hoc pabulo appetendo et deligendo plerique palatum nacti sunt Israelitarum simile in deserto, quos cupido incessit redeundi ad ollas carnium, mannae autem fastidium cepit, quae. licet cibus fuerit caelestis, minus tamen sentiebatur almus et sapidus. Eodem modo ut plurimum illae scientiae placent, quae habent infusionem nonnullam carnium magis esculentam, quales sunt historia civilis, mores, prudentia politica, circa quas hominum cupiditates, laudes, fortunae vertuntur et occupatae sunt; at istud lumen siccum plurimorum mollia et madida ingenia offendit ac torret. Caeterum unamquamque rem propria si placet dignitate metiri, rationales scientiae reliquarum omnino claves sunt; atque quemadmodum manus instrumentum instrumentorum, anima forma formarum, ita et illae artes artium ponendae sunt. Neque solum dirigunt, sed et roborant; sicut sagittandi usus et habitus non tantum facit, ut melius quis collimet, sed ut arcum tendat fortiorem.* — Freilich macht das blosse Studium der Gesetze der Logik allein Niemand zum scharfen und gewandten Denker, sondern erst die Uebung und Anwendung der logischen Vorschriften. Wie aber der, welcher über den Umfang seiner Pflichten klare Begriffe besitzt, die grössere Befähigung hat, sie gewissenhaft und streng zu erfüllen als ein Anderer, der nur dunkeln Gefühlen über sie nachgeht, so wird auch der, dem die Vorschriften und Warnungen der Logik stets vor Augen schweben, vor Denkfehlern gesicherter sein als der blosse Naturalist im Denken.

§ 8.

Sofern das Denken an den Vorstellungen nur das betrachtet. was in ihnen vorgestellt wird, das Vorgestellte, und absieht von allen subjectiven Bedingungen des Vorstellens (§ 4), bildet es Begriffe. Begriffe lassen sich demnach nur durch die Beschaffenheit des in ihnen Gedachten unterscheiden, und eine und dieselbe Beschaffenheit, wiederholt vorgestellt, kann nur für einen und denselben Begriff gelten. Es giebt also nicht mehr als Einen Begriff von derselben Qualität. Formen kommen den Begriffen in so weit zu, als die in ihnen vorgestellten Beschaffenheiten ein vereinigtes Mannigfaltiges sind, an dem sich, ohne auf die Besonderheit des Einzelnen einzugehen, gewisse Verhältnisse unterscheiden lassen.

Die sprachliche Bezeichnung des Begriffs ist der Name (*nomen*). Man pflegt zwar diesen als die Bezeichnung der Sache, des realen Objects der Vorstellung (wenn diese ein solches hat) anzusehen; aber das im Begriff Vorgestellte ist eben nichts Andres als die bekanntgewordene Sache (*res nota*), und Sachliches und Sachverhältnisse lassen sich nur durch Begriffe darstellen, weil diese alles bloss Subjective ausschliessen. Der Name ist bei der Begriffsbestimmung maassgebend, wenn ihm eine durch den allgemeinen Sprachgebrauch festgestellte Bedeutung zukommt. Denn er bezeichnet dann die Aufgabe, welche die Begriffsbestimmung zu lösen hat. Wird dagegen der Begriff erst durch Denken gebildet, ist er ein erdachter, nicht ein durch seine Benennung gegebener, so ist der Name gleichgiltig und kann willkürlich gewählt werden.

§ 9.

Sowohl das in den Begriffen vereinigte Mannigfaltige und seine Verhältnisse, als auch die Verhältnisse der Begriffe zu einander zum Bewusstsein zu bringen, ist die Aufgabe der Urtheile. Sie sagen theils aus, welche Theilbegriffe (Ur-Theile) ein Begriff enthält, oder in Vergleich mit einem andern nicht enthält, wodurch sich also der eine von dem andern unterscheidet, theils lehren sie den Zusammenhang der Begriffe erkennen, indem sie darlegen, dass mit dem Denken eines Begriffs das Mitdenken gewisser andrer nothwendig verbunden, wieder andrer nicht verbunden ist. Urtheile sind daher Formen der Verknüpfung oder Trennung der Begriffe, durch welche uns die Verhältnisse derselben zu ihren Theilen und zu einander zum Bewusstsein kommen.

Dass alle Erkenntniss, selbst die unmittelbare, sich in Urtheilen ausspricht, ist schon zuvor (Anmerk. zu § 1) bemerkt worden. Darauf aber die Definition des Urtheils zu gründen und zu sagen: „das Urtheil ist die Erkenntniss eines Gegenstandes durch Begriffe", ist unstatthaft. Denn das Urtheil ist eine Denkform, ohne welche zwar Erkenntniss von Gegenständen nicht möglich ist, die aber, unabhängig von realen Objecten, innerhalb des bloss Vorgestellten ihre ursprüngliche Bedeutung hat. Alles Denken als solches, und somit auch das Urtheilen, geht über das bloss Vorgestellte nicht hinaus.

§ 10.

Die Verknüpfung oder Trennung der Begriffe im Urtheil ist eine unmittelbare, unvermittelte. Sie ist richtig oder giltig, wenn die Form derselben den Verhältnissen der verknüpften oder getrennten Begriffe zu einander entspricht, sich nach ihnen richtet. Ob dies stattfindet oder nicht, lässt sich aber entweder unmittelbar oder nur mittelbar erkennen. In dem letzteren Falle bedarf es einer Ableitung des Urtheils aus einem oder mehreren andern Urtheilen, deren Giltigkeit sich unmittelbar erkennen lässt. Durch diese wird es dann begründet und als eine Folge derselben nachgewiesen. Ein Urtheil aus einem andern ableiten heisst folgern, es aus mehreren ableiten schliessen. Aus einem Urtheil kann nur ein solches andre folgen, das dieselben Begriffe in andrer Form verknüpft oder trennt. Dagegen lässt sich vorläufig wenigstens im allgemeinen die Möglichkeit übersehen, dass, wenn in zwei Urtheilen das Verhältniss zweier Begriffe zu einem und demselben dritten Begriff ausgedrückt ist, mittelst dieses beiden Urtheilen gemeinsamen Begriffs das Verhältniss der beiden andern Begriffe zu einander, und damit ein drittes Urtheil gegeben sein kann, welches jene Begriffe verknüpft oder trennt. Dieses Zusammenfassen (Zusammenschliessen) der in gesonderten Urtheilen enthaltenen Begriffe in ein neues Urtheil heisst Schliessen, die daraus entstehende Denkform der Schluss. Die Schlüsse können daher ebensowohl als die Formen der mittelbaren Verknüpfung und Trennung von Begriffen, wie als die Formen der mittelbaren Begründung von Urtheilen erklärt werden.

§ 11.

Begriffe, Urtheile, Folgerungen und Schlüsse sind die Elementarformen, in die jedes Denken sich auflösen lässt. Das Denken kann aber von ihnen einen doppelten Gebrauch machen, einen vereinzelten (rhapsodischen) und einen zusammenhängenden (methodischen). Das Letztere muss geschehen in der Wissenschaft, welche die Mannigfaltigkeit der über einen gegebenen Gegenstand gewonnenen unmittelbaren oder mittelbaren Erkenntnisse in einer höheren Einheit zu einem in allen seinen Theilen einstimmigen, vollständigen und geordneten Ganzen zu verknüpfen strebt. Eine solche höhere Einheit von Erkenntnissen heisst ein System, und die sie vermittelnden Formen des methodischen Denkens heissen systematische Formen. Ein jedes System setzt aber die dazu erforderlichen Erkenntnisse als bereits erworbene voraus, die systematischen Formen können daher nur dazu dienen, sie in einen geordneten Zusammenhang zu bringen. Da jedoch mittelbare Erkenntnisse nur durch Denken gewonnen werden, so kann dieses als methodisches auch darauf ausgehen, die zu einem System erforderlichen Erkenntnisse zu erwerben und aus dem Gegebenen Gesuchtes zu finden. Die auf diese Erweiterung des Wissens sich beziehenden Formen des methodischen Denkens können heuristische genannt werden.

Hiernach handelt also die Logik in zwei Haupttheilen von den elementaren und den methodischen Formen des Denkens. Der erste entwickelt der Reihe nach die Formen der Begriffe, Urtheile, Folgerungen und Schlüsse, der zweite die systematischen und die heuristischen Formen des methodischen Denkens.

ERSTER THEIL.

Von den elementaren Formen des Denkens.

Erster Abschnitt.

Von den Formen der Begriffe.

§ 12.

Wenn nach § 8 jedes Vorgestellte, Gedachte ein Begriff heisst, Formen aber den Begriffen nur zukommen, sofern sie ein Mannig-faltiges, also unterscheidbare Theile enthalten, so müssen auch diese Theile selbst wieder als Begriffe anerkannt werden. Hier-bei kann aber zwischen dem Ganzen und seinen Theilen ein doppeltes Verhältniss stattfinden. Es sind nämlich entweder die Theile durch das Ganze gegeben, oder das Ganze ist ge-geben durch die Theile; so setzen also entweder die Theile das Ganze voraus, oder das Ganze hat zu seiner Voraussetzung die Theile. Hierin offenbart sich eine doppelte Weise der Setzung des Gedachten. Im ersten Falle nämlich wird im Denken das Ganze als ein Selbständiges, jeder Theil aber als ein von der Setzung des Ganzen Abhängiges gesetzt, im zweiten Falle umgekehrt jeder Theil als ein Selbständiges und das Ganze als das von der Setzung der Theile Abhängige. Auch die Verbindung der Theile im Ganzen ist eine zweifache. Im ersten Falle sind die Theile ursprünglich im Ganzen vereinigt und werden erst durch das Denken gesondert gesetzt; im zweiten Falle können sie auch gesondert gedacht werden, durch das Denken aber werden sie, ohne Aufhebung ihrer Selb-ständigkeit, verbunden, zusammengesetzt.

§ 13.

Was wir als ein Selbständiges denken, nennen wir ein Object, seinen Begriff daher einen Objectsbegriff, oder einen Begriff (*notio*) im engeren Sinne; das, was in ihm gedacht wird, seine Beschaffenheit (*qualitas*), die unterscheidbaren, an sich unselbständigen Theile desselben Merkmale (*notae*). Begriffe dagegen, in denen das, was gedacht wird, die Art und Weise der Zusammensetzung (die Form der Verbindung) andrer selbständiger Begriffe ist, heissen Beziehungsbegriffe (*relationes*), die selbständigen Theile derselben die Glieder oder Elemente der Beziehung.

Es ist hier nicht von Erkenntniss realer Objecte, ihrer Beschaffenheiten und Beziehungen die Rede, sondern nur vom Denken von Objecten überhaupt. Wenn wir etwas als seiend (existirend), als ein Ding, Wesen, als einen wirklichen Gegenstand anerkennen, so denken wir es allerdings als ein Selbständiges, als ein auch unabhängig von unserm Denken und Wahrnehmen Vorhandenes; aber diese Anerkennung hat hier ein zwingendes Motiv, das bei den sinnlichen Dingen in der Thatsache der Empfindung liegt. Das blosse Denken eines Scienden ist aber noch nicht diese Anerkennung, sondern eben nur Setzung, ohne Nöthigung dazu. Objecte im logischen Sinne sind daher nicht bloss die Gegenstände der Erfahrung, wie Menschen und Thiere, Pflanzen und Steine, Himmel und Erde, oder die der sogenannten reinen Anschauung, wie die geometrischen Figuren, Zahlen, Zeitlängen, oder solche, an deren Dasein wir glauben, wie Gott, Engel, Seelen der Abgeschiedenen, oder solche, auf welche die philosophische Speculation geführt hat, wie Urstoffe, Atome, Monaden; sondern auch die blossen Geschöpfe unsrer Phantasie, Götter, Halbgötter, Fabelwesen jeder Art, wie abenteuerlich und ungereimt sie auch der wirklichen Erfahrung gegenüber erscheinen mögen. Nicht genug! Das Denken wandelt auch häufig Beschaffenheitsbestimmungen und Beziehungen, wenn es dieselben an und für sich betrachten will, in Objectsbegriffe um. Die Sprache verräth dies, wenn sie aus Adjectiven, z. B. hart, klug, gut, die Substantiva Härte, Klugheit, Güte, oder aus nah und fern, langsam und schnell, Nähe und Ferne, Langsamkeit und Schnelligkeit bildet. Mit einem Worte: die Objecte der Logik sind an sich nichts mehr als Gedankendinge, denen zwar reale Objecte entsprechen können, aber nicht müssen. Die Fabelwesen der Mythologie lassen sich so gut wie Naturkörper definiren, classificiren, vergleichen, sie haben eben so gut wie diese Merkmale und abgeleitete Eigenschaften u. s. w. Der Mathematiker kann durch Schlüsse die Gestalt der Bahnen bestimmen, welche die Planeten beschreiben müssten, wenn die Sonne sie im umgekehrten cubischen Verhältniss der Entfernungen anzöge, obgleich es eine solche Anziehung nicht giebt, ja er kann sogar (wie Lobalschewski in Crelle's Journal XVII, 295) die Consequenzen der Voraussetzung eines ebenen Dreiecks, in dem die Winkelsumme weniger als zwei Rechte beträgt, untersuchen, obgleich ein solches Dreieck nur imaginär ist. Hiernach versteht es sich von selbst, dass, wo im Folgenden von Objecten die Rede ist, immer nur vorgestellte gemeint sind, gleichviel ob dem Vorgestellten eine reelle oder bloss imaginäre Bedeutung zukommt.

§ 14.

Wenn zwischen einer Mehrheit von Objecten constante Beziehungen stattfinden, so entsteht der Begriff eines aus selbständigen Theilen zusammengesetzten Ganzen, das wir bald ein zusammengesetztes Object (*compositum*), bald als ein System von Objecten bezeichnen. Die Theile eines solchen Ganzen heissen seine Bestandtheile (*partes integrantes*). Man kann die Begriffe der Bestandtheile als Theilbegriffe von den Begriffstheilen, welche Merkmale heissen, unterscheiden. Im Uebrigen leuchtet ein, dass die Beschaffenheitsbestimmung eines zusammengesetzten Objects nicht bei der Angabe seiner Bestandtheile stehen bleiben kann, sondern weiter auf die Merkmale derselben zurückgehen muss, und dass also diese als die letzten Elemente aller Beschaffenheitsbestimmungen anzusehen sind.

Wir unterscheiden z. B. an dem Ganzen, das wir einen Baum nennen, Wurzel, Stamm, Aeste, Zweige, Blätter u. s. w. als Theile desselben, am menschlichen Körper Haupt, Rumpf, Glieder, an den Centauren den männlichen Oberkörper und Brust, Leib und Füsse eines Pferdes; wir sprechen von einem Sonnen- oder Planetensystem, einem System des Jupiter und Saturn mit ihren Trabanten, zerlegen den thierischen Organismus in ein Knochen-, Muskel-, Gefäss-, Nerven-System u. s. w. Die Ehe ist ein Beziehungsbegriff, aber das Ehepaar ein zusammengesetzter Objectsbegriff, dessen Bestandtheile Mann und Weib sind. Aehnliches kann von den Begriffen der Familie, der Gemeinde, der moralischen Person u. dgl. gesagt werden. — Bestandtheile eines Objects sind freilich zugleich Kennzeichen desselben und insofern im weiteren Sinne Merkmale, aber wenn, wie im Vorhergehenden, die letzteren als an sich unselbständige Beschaffenheitsbestimmungen definirt werden, von ihnen doch zu unterscheiden. Merkmale im engeren und eigentlichen Sinne sind z. B. an einer Apfelsine die Beschaffenheitsbestimmungen rund, schwer, gelb, glatt, kühl, weich, wohlriechend; Bestandtheile derselben Schale, Fleisch, Kerne; Merkmale von Schale und Kernen der bittre, vom Fleisch der süsse Geschmack u. s. f. — Der Unterschied zwischen Merkmal und Bestandtheilen ist nicht darein zu setzen, dass jene Theile des Begriffs, diese dagegen Theile der Sache, des Objects selbst seien. Auch diese Sache und ihre Bestandtheile sind nur ein Vorgestelltes, wir gehen auch dabei über die Begriffe nicht hinaus, und auch diese Unterscheidung gilt gleichmässig für reale wie für bloss imaginäre Objecte.

§ 15.

Die Zerlegung des Begriffs eines zusammengesetzten Objects in die Begriffe seiner Bestandtheile, also in Theilbegriffe, heisst Partition, diejenige eines Objectsbegriffs überhaupt in seine Merkmale Analysis. Die aus der näheren Erörterung der Verhältnisse der Merkmale zu einander und zu ihren Objecten sich ergebenden Begriffsformen können daher analytische heissen, wogegen alle diejenigen, welche aus der Zusammensetzung, also aus der Synthesis von Begriffen entspringen, die nicht bloss den zusammengesetzten Objectsbegriffen (§ 14), sondern allgemeiner allen Beziehungsbegriffen (§ 13) zu Grunde liegt, synthetische Begriffsformen genannt werden mögen.

I. Analytische Begriffsformen.

§ 16.

Viele und mannigfaltige Objecte sind uns theils durch die Erfahrung theils durch die dichtende Phantasie gegeben. Zum Bewusstsein zu bringen, wodurch sich ihre Begriffe unterscheiden, ist die erste Aufgabe des Denkens, welche dieses dadurch löst, dass es die Verschiedenheit der Objectsbegriffe auf die ihrer Merkmale zurückführt. Zu diesem Zwecke vergleicht es die Objecte, indem es untersucht, ob in der Vorstellung des einen Merkmale vorhanden sind, die auch in der des andern vorkommen, und die, da sie, bei einerlei Beschaffenheit des in ihnen Vorgestellten, ein und derselbe, nur wiederholt vorgestellte Begriff sind (§ 8), identische oder gemeinsame Merkmale (*notae communes*) heissen. Finden sich solche identische Merkmale in zwei oder mehreren Objecten, so werden diese durch sie vergleichbar; finden sich keine, so heissen die Objecte unvergleichbar oder disparat. Vergleichbare Objecte sind aber verschieden, vermöge ihrer nicht-identischen Merkmale, welche darum unterscheidende und jedem der Objecte eigenthümliche (*notae propriae*) heissen. Weil durch sie die verglichenen Objecte hinsichtlich ihrer Beschaffenheit getrennt werden, heissen diese Objecte nun auch disjuncte.

Kaum wird es der Beispiele bedürfen. Fichten, Tannen, Lärchen haben eine Menge gemeinsamer Merkmale neben andern ihnen eigenthümlichen; auch zwischen ihnen und den Eichen, Buchen, Birken u. s. w., ja selbst den Palmen fehlt es an gemeinsamen Merkmalen nicht, und so sind dies alles vergleichbare, aber disjuncte Objecte. Unvergleichbar dagegen sind sie alle mit dem Verstand oder Willen, der Zahl 4 oder dem Bruch $\frac{1}{4}$, wogegen wieder Verstand und Wille, 4 und $\frac{1}{4}$ sich vergleichen lassen.

§ 17.

Die einem Object eigenthümlichen Merkmale und die, welche es mit einem oder mehreren anderen gemein hat, sind in seinem Begriffe vereinigt. Beiderlei Arten von Merkmalen sind daher mit einander vereinbar. Dagegen schliesst jedes eigenthümliche Merkmal eines Objects von dessen Begriffe ein entsprechendes eigenthümliches Merkmal jedes vergleichbaren Objects aus. Solche sich entsprechende eigenthümliche oder unterscheidende Merkmale sind daher in einem und demselben Begriff unvereinbar. Da nun aber die Unterscheidung der gemeinsamen und eigenthümlichen Merkmale eines und desselben Objects nur durch die Vergleichung desselben mit einem andern entsteht, so hat sie, wenn diese Vergleichung wegfällt, also für den Begriff des Objects an und für sich, keine Bedeutung mehr. Gleichwohl aber müssen die Merkmale eines Objects auch ohne Vergleichung mit einem andern unterscheidbar sein. Aber diese Verschiedenheit lässt sich nicht weiter vermitteln, sie ist eine unmittelbare und absolute, die keine weitere Vergleichung zulässt. Die in einem und demselben Objectsbegriff vereinigten Merkmale heissen daher auch, wie unvergleichbare Objecte, disparate Merkmale. In ähnlicher Weise werden auch unvereinbare Merkmale, wie die Objectsbegriffe, die sie trennen, disjuncte genannt.

Ein und derselbe Körper oder Körpertheil kann rund, schwer, gelb, süss, wohlriechend, kühl u. s. w. sein, aber nicht rund und eckig, schwer und leicht, süss und bitter u. s. w. Auf die Frage aber, wodurch sich rund, schwer, gelb, süss und bitter u. s. w. unterscheiden, lässt sich keine Antwort geben. Ihre Verschiedenheit ist eine unmittelbar gegebene Thatsache, bei der man stehen bleiben muss. Von solcher disparater Verschiedenheit sind nicht nur die Merkmale, die aus der äusseren und der inneren Wahrnehmung stammen, sondern auch die, welche durch die Empfindungen verschiedener Sinne gegeben sind; ja sie finden sich selbst noch innerhalb eines und desselben Sinnes, wie denn z. B. Gestalt und Farbe, Laut und Ton disparat sind, da keine bestimmte Gestalt eine bestimmte Farbe von sich ausschliesst, ein und derselbe Laut höchst verschiedene Tonhöhen haben kann. -- Disparate Merkmale müssen im allgemeinen für vereinbar gelten; ob sie aber in irgend welchem Objectsbegriff wirklich vereinigt vorkommen, lässt sich durch blosses Denken (*a priori*) nicht bestimmen. Disjuncte Merkmale dagegen sind immer und schlechthin unvereinbar, in einem und demselben Objectsbegriff unverträglich. Die Beschaffenheit, welche das eine setzt, schliesst die, welche das andre Merkmal setzen würde, aus. Mehr lässt sich hierüber an dieser Stelle noch nicht sagen. Wollte aber etwa ein Anfänger im Denken einwenden, dass ja doch das Stiefmütterchen violett, gelb und weiss, ein Vergehen gegen das Gesetz aus Liebe oder Freundschaft verwerflich und löblich zugleich sei, so wäre ihm bemerklich zu machen, dass in beiden Fällen ein zusammengesetztes Object vorliegt, und die unverträglichen Beschaffenheitsbestimmungen verschiedene Theile oder Beziehungen desselben betreffen.

§ 18.

Vergleichbare Objecte werden zwar mittels ihrer eigenthümlichen Merkmale unterschieden und damit gesondert, zugleich aber durch ihre gemeinsamen mit einander verbunden. Sie lassen sich daher in eine begriffliche Einheit zusammenfassen, welche ihr Gattungsbegriff oder schlechthin ihre Gattung (*genus*) heisst. Diese ist nämlich derjenige neue Begriff, den das Denken aus den Begriffen der verglichenen Objecte bildet, indem es in jedem derselben die ihm eigenthümlichen Merkmale von den allen gemeinsamen ablöst und somit den Begriff eines Objects übrig behält, das keine andern Merkmale als die jenen Objecten gemeinsamen hat, und dessen Begriff also in dem Begriffe jedes derselben enthalten ist. Sofern nunmehr die Begriffe der verglichenen Objecte sich darstellen als die Verbindungen ihrer gemeinsamen Gattung mit den jedem derselben eigenthümlichen Merkmalen, heissen sie Arten (*species*) ihrer Gattung, und diese sie von einander

2 *

unterscheidenden Merkmale Artunterschiede (*differentiae specificae*). Objecte, welche sich als Arten einer und derselben Gattung auffassen lassen, also vergleichbar sein müssen, heissen daher auch specifisch verschiedene oder auch gleichartige (*homogeneae*), solche dagegen, welche in Ermangelung gemeinsamer Merkmale auch keine gemeinsame Gattung haben, generisch verschiedene (*toto genere diversae*) oder auch ungleichartige (*heterogeneae*); Benennungen, welche offenbar mit der Unterscheidung disjuncter und disparater Objecte gleichbedeutend sind.

1. Trendelenburg (Logische Untersuchungen, 2. Aufl. II, 228; 3. Aufl. II, 252) behauptet, dass in dem Gattungsbegriffe zwar alle bestimmten Artunterschiede aufgehoben seien, die Stelle derselben aber doch noch mitgedacht und nur unbestimmt gelassen werde, ob sie mit diesem oder jenem Artunterschied besetzt werden solle. Dies scheint uns aber eine Verwechselung des Gattungsbegriffes mit der schematischen oder Gesammtvorstellung, die jenen im gemeinen Denken, dem scharf begrenzte Begriffe abgehen, allerdings häufig vertritt. Die schematische Vorstellung nämlich, welche eine Reihe gleichartiger vorgestellter Objecte in Eins zusammenzufassen strebt, will weder ihre specifischen Unterschiede gänzlich fallen lassen, noch kann sie alle zugleich aufnehmen, weil sie sich einander ausschliessen. Es löschen sich daher in ihr die Artunterschiede gegenseitig aus, doch so, dass ihre leere Stelle noch übrig und unbestimmt bleibt, mit welchem von den möglichen Artunterschieden sie besetzt werden soll. Sie hängt auf diese Weise mit den Vorstellungen, die sie zusammenfasst, immer noch zusammen, befindet sich in Abhängigkeit von ihnen. Der Gattungsbegriff dagegen ist auch ohne Beziehung auf seine Arten, nachdem er einmal gebildet, ein selbständiger Begriff, zu dem Artunterschiede wohl hinzukommen können, aber nicht müssen. Das Parallelogramm (Trendelenburg's Beispiel) als eine von zwei Paaren paralleler Geraden eingeschlossene ebene Figur, kann zwar rechtwinklig oder schiefwinklig, gleichseitig oder nicht gleichseitig sein, aber in seinem Begriffe liegt weder die Länge der Seiten, noch die Grösse der von ihnen eingeschlossenen Winkel, noch überhaupt die Vorstellung der Winkel; dies alles enthält nur die schematische Vorstellung, die ohne die Möglichkeit eines vollständigen Gelingens das Unvereinbare in einem anschaulichen Bild zu vereinigen versucht. — Dagegen ist allerdings zuzugeben, dass diese natürlichen Gesammtvorstellungen, die vor dem Denken in unsrem Geiste durch einen psychischen Mechanismus erzeugt werden und selbst den Thieren nicht ganz fehlen, das Denken bei der Bildung der Gattungsbegriffe leiten. Es ist nämlich an sich zwar völlig willkürlich, welche Objecte wir mit einander vergleichen wollen; man kann einen Himbeerstrauch mit einem Brombeerstrauch, aber auch mit einem Federmesser

oder einer Schildkröte vergleichen. Vergleichungen wie die beiden letzteren gelten jedoch für gesucht, so wie die erste für natürlich. Gesuchte Vergleichungen sind nun zwar durchaus nicht verboten. Sie dienen nicht einmal bloss zur Uebung des Witzes und Scharfsinns, sondern können auch für wissenschaftliche Zwecke nöthig werden. Denn wenn z. B. in dem Linné'schen System Pflanzen von sehr unähnlichem Habitus, wegen der gleichen Organisation ihrer Geschlechtstheile, in eine und dieselbe Classe gestellt werden, so hat dies freilich diesem System den Vorwurf der Unnatürlichkeit zugezogen, ihm aber doch nicht die Anerkennung entziehen können, dass es zur Uebersicht der Mannigfaltigkeit des Pflanzenreichs äusserst zweckmässig sei. [Wenn Sigwart (Logik, Tübingen 1873, I, 274) gegen dieses Beispiel einwendet, es sei dabei übersehen, dass die Begriffe, welche die Linné'schen Classen bestimmen, gar nicht durch Vergleichung entstanden seien, so ist mir das nicht recht verständlich. Dass alle Pflanzen überhaupt Geschlechtsorgane haben, theils deutlich hervortretende, theils verborgene, dass von den ersteren ein Theil Zwitterblüthen, ein andrer eingeschlechtige Blüthen hat, dass die Staubgefässe der ersteren theils frei theils verwachsen sind, in welchen Zahlen dieselben vorkommen u. s. w. — alle diese Unterschiede, auf denen die Classification beruht, kann doch allein die Vergleichung der Pflanzen kennen lehren.] Indess werden, wo die Wissenschaft nicht ausdrücklich Grund findet, Einspruch zu thun, die Gattungsbegriffe die Gesammtvorstellungen im allgemeinen und in der Regel zu ihren natürlichen Vorläufern haben, zumal da hier die Sprache sie schon durch gemeinsame Benennungen von Reihen gleichartiger Objecte, z. B. Baum, Strauch, Stein, Hund, Pferd u. s. w. bezeichnet hat.

2. Was die generische Verschiedenheit betrifft, so pflegt man sie bald im engeren und eigentlichen, bald in einem weniger strengen weiteren Sinne zu nehmen. Streng genommen sind Begriffe nur dann generisch verschieden, wenn sie nicht ein einziges Merkmal gemeinsam haben, also auch eine gemeinsame Gattung nicht möglich ist, z. B. Verstand und Tisch, Meer und Tugend. Im weiteren Sinne aber nennt man wol auch schon Begriffe generisch verschieden, die zwar unter einen gemeinsamen Gattungsbegriff gebracht werden können, zunächst aber doch Arten verschiedener Gattungen sind, z. B. Mineralien und Pflanzen, die beide zwar Naturkörper sind, zunächst aber doch bezüglich den Gattungen der anorganischen und organischen Körper unterstellt werden. Dieser scheinbare Doppelsinn des Gattungsbegriffs wird sich im Folgenden (§ 20) aufklären.

§ 19.

Die Denkoperation, welche von den verglichenen Objecten die ihnen eigenthümlichen Merkmale absondert und dadurch ihren Gattungsbegriff bildet, heisst Abstraction, und diejenige, welche diese Merkmale zum Gattungsbegriff wieder hinzufügt und dadurch die Objecte als Arten ihrer gemeinsamen Gattung darstellt, Determination. Abstraction und Determination sind entgegengesetzte Denkoperationen; denn die letztere stellt wieder her, was die erstere im Gattungsbegriffe aufgehoben hatte, und diese hebt auf, was in der Art durch jene gesetzt ist. Gattungsbegriffe heissen daher mit Bezug auf ihre Entstehungsweise auch abstracte Begriffe, und weil sie allen ihren Arten gemeinsam sind, allgemeine (*nationes communes s. generales*). Umgekehrt heissen die Artbegriffe, sofern in ihnen der Artunterschied mit der Gattung verwachsen ist, concrete, und insofern sie bei gemeinsamer Gattung doch durch ihre Artunterschiede gesondert werden, besondere Begriffe (*notiones particulares s. speciales*). Das logische Verhältniss der Arten zu ihrer gemeinsamen Gattung nennt man Unterordnung (*subordinatio*), das der Arten einer und derselben Gattung (der Nebenarten) zu einander Beiordnung (*coordinatio*).

Es ist sehr nöthig zu zeigen, dass, wenn der vorstehende Paragraph besagt, alle abstracten Begriffe seien allgemeine, darin nicht die Behauptung liegt, dass alles Allgemeine abstract sein müsse. Der Begriff des Allgemeinen ist weiter als der des Abstracten. Zuvörderst kann man (von Hegel wenigstens die Benennung entlehnend) zwischen abstracter und concreter Allgemeinheit unterscheiden. Jene kommt der Gattung zu, sofern sie, an und für sich gedacht, alle Artunterschiede fallen lässt, diese der Art, sofern sie als solche das Allgemeine der Gattung, obwohl durch den Artunterschied beschränkt, in sich enthält. Der Begriff des concret Allgemeinen reicht aber noch weiter. Wenn man nämlich mit der Gattung weder einen bestimmten Artunterschied verknüpft, noch diesen völlig unbestimmt lässt, sondern ihn als einen veränderlichen denkt, der successiv die Beschaffenheit haben kann, welche die Artunterschiede sämmtlicher Arten der Gattung darstellen, so kann man dies den Gesammtbegriff der ganzen Reihe der Arten nennen; und diesem Begriffe kommt concrete Allgemeinheit zu. Denn es wird hier das Besondere aller Arten durch das Allgemeine der Gattung und eine Reihe bestimmter, aber wechselnder Artunterschiede gedacht. Jede mathematische Formel, die eine bestimmte Reihe von Zahlenwerthen unter sich befasst, besitzt diese concrete Allgemeinheit. Wenn z. B. die Algebra die Aufgabe: zwei ganze Zahlen zu finden, deren Summe gleich 25, und von denen die eine durch 2, die andre durch 3 theilbar sei, dadurch löst, dass sie die zweite durch die Form $6z + 3$ ausdrückt, wo z nur die Werthe 0, 1, 2, 3 haben kann, und woraus von selbst für die erste die Form $22 - 6z$ folgt, so sind dies Formen von concreter Allgemeinheit. Denn sie sind allgemein, weil sie das allen gesuchten Zahlen gemeinsame Bildungsgesetz darstellen, sie sind zugleich concret, weil, wenn man z successiv die bezeichneten vier Werthe giebt, aus diesen Formen die gesuchten Zahlen selbst als Arten derselben folgen. Dasselbe gilt überhaupt von jeder mathematischen Function einer oder mehrerer Variablen. Denn jede Function stellt ein allgemeines Gesetz dar, das vermöge der successiven Werthe, welche die Variable annehmen kann, zugleich alle einzelnen Fälle, für die es gilt, unter sich begreift. Alle mathematisch bestimmte Naturgesetze sind solche Functionen. — Ferner ist zu bemerken, dass nicht bloss die empirisch gegebenen Objecte, sondern auch die durch die Merkmale bezeichneten Beschaffenheiten derselben ihre Gattungen und Arten haben, was dadurch begreiflich wird, dass das Denken jedes Quale objectiv (substantive) setzen kann. In der That bezeichnet z. B. roth nur eine Gattung, deren Arten zinnoberroth, carmoisin, purpurroth, rosenroth u. s. f. sind; ebenso ist sauer die Gattung von citronensauer, apfelsauer, weinsauer, essigsauer u. s. w. Die durch die Empfindungen gegebenen Beschaffenheiten nämlich sind stets einfach und untheilbar, individuell bestimmt. Eben deshalb lassen sich nun zwar an ihnen nicht eigenthümliche Merkmale von den gemeinsamen absondern; denn ihre Unterschiede sind unmerklich klein, und die Empfindungen einer und derselben Gattung gehen stetig in einander über. Aber ohne Zuthun des Denkens bildet die zusammenfassende Thätigkeit der Seele aus den gleichartigen Empfindungsbildern Gesammtvorstellungen, die hier die Stelle von logisch ausgebildeten Gattungsbegriffen vertreten müssen. Nicht nur diese Gesammtvorstellungen aber, sondern auch die einfachen individuellen Empfindungsbilder, die sie zusammenfassen, müssen wir hinsichtlich des in ihnen Vorgestellten Begriffe nennen, und so giebt es, wenigstens in der Sphäre der Merkmale, nicht nur Begriffe von abstracter und concreter, sondern auch von individueller Beschaffenheit; denn concret wird man z. B. zinnoberroth nennen müssen, wenn man es als eine bestimmte Art des Rothen denkt, individuell aber, wenn man einzig und allein bei der durch die Empfindung unmittelbar gegebenen Beschaffenheit desselben stehen bleibt. — Nichtsdestoweniger aber können solche individuelle Beschaffenheitsbestimmungen ohne Widerspruch zugleich als allgemeine Begriffe bezeichnet werden. Denn an und für sich gedacht haften sie nicht mehr an den Objecten, an welchen sie ursprünglich wahrgenommen wurden, sondern werden selbständige Begriffe und zu Gattungsbegriffen verwendbar für alle die Objecte, denen sie als Merkmale gemein sind. An der Centifolie z. B. ist bei Vergleichung derselben mit der weissen und gelben Rose der Begriff rosenroth unterscheidendes Merkmal, er wird aber bei Vergleichung derselben Centifolie mit einem rosenrothen Kleid, einer rosenrothen Porzellantasse u. dgl. zum gemeinsamen Merkmal und damit zum eigenthümlichen Merkmal einer rosenrothen Körperoberfläche, des Gattungsbegriffs. (Vgl. d. folg. Paragraphen.)

§ 20.

Da die Gattung eines Objects durch die Merkmale gegeben ist, die es mit einem oder mehreren andern Objecten gemein hat, so wird es, wenn man es mit einer andern Reihe von Objecten vergleicht, auch eine andre Gattung haben, und diese, wenn beiden Reihen kein Merkmal gemein ist, sich zur ersten disparat verhalten. Offenbar kann im allgemeinen ein Object unter ebensovielen disparaten Gattungen stehen, als es selbst disparate Merkmale hat; denn jedes kann ihm mit einer andern Reihe gemein sein. Mit welcher Reihe es aber auch verglichen werde, so kann ihm wieder innerhalb derselben mit einigen ihrer Glieder eine grössere Anzahl von Merkmalen gemein sein als mit den andern. Aus diesen bildet sich dann eine Gattung, die ausser dem gegebenen Object nur einen Theil der Glieder der Reihe als Arten unter sich befasst, von der Gattung aller aber selbst nur eine Art ist. Demnach kann es für ein und dasselbe Object nicht nur eine Mehrheit von disparaten, sondern auch von einander untergeordneten Gattungen niederer und höherer Ordnung geben. Diejenige unter denselben, welche die grösste Anzahl von Merkmalen des Objects enthält, heisst seine nächsthöhere Gattung (*genus proximum*). Es folgt hieraus von selbst, dass es auch Arten niederer und höherer Ordnung giebt, denn jede Gattung ist eine Art ihrer nächsthöheren Gattung.

Der Mensch, mit dem Thier und der Pflanze verglichen, steht unter dem Gattungsbegriffe des organischen Körpers, aber verglichen mit dem Engel und Gott unter dem eines Geistes. Beide Gattungen verhalten sich disparat zu einander. Aber Mensch und Thier sind, was die Pflanzen nicht sind, beseelte Organismen und dieser Begriff hier die nächsthöhere Gattung des Menschen. Ebenso stehen Mensch und Engel unter der nächsthöheren Gattung des endlichen Geistes, unter der Gott nicht steht.

§ 21.

Jede Reihe vergleichbarer Objecte hat nur einen höchsten Gattungsbegriff, den nämlich, von welchem alle diese Objecte Arten sind. Unter ihm aber stehen auf verschiedenen Stufen der Unterordnung niedrigere Gattungsbegriffe, welche nur Theile der Objectsreihe unter sich befassen, und von denen die, welche derselben Stufe angehören, einander als Arten ihrer nächsthöheren Gattung beigeordnet sind. Zur bequemeren Bezeichnung dieser Stufenfolge bedient man sich häufig, von den höheren zu den niederen herabsteigend, der Benennungen

Classe, Ordnung, Familie, Geschlecht, Gattung, Art, Unterart. Man gelangt von den höheren Gattungen zu den niederen durch Determination, von diesen zu jenen durch Abstraction. Diese letztere findet ihr Ende bei dem höchsten Gattungsbegriff aller verglichenen Objecte, die Determination umgekehrt bei diesen Objecten, von welchen die Abstraction ausging. Der höchste denkbare Gattungsbegriff überhaupt ist zwar der des unbestimmten Etwas, dem man alle erdenklichen Objecte, wie sie auch beschaffen sein mögen, unterordnen kann. Aber dieses Etwas ist ein inhaltsleerer Objectsbegriff, der, wenn er als Gattungsbegriff gelten sollte, die Unterscheidung zwischen generisch und specifisch Verschiedenem aufheben würde, da es dann nur noch specifisch Verschiedenes gäbe. Man muss daher anerkennen, dass es höchste Gattungsbegriffe giebt, die sich disparat gegen einander verhalten, aber nicht weiter vergleichbar, wohl aber vereinbar sind, und kann dieselben Kategorien nennen. Andererseits ist die niedrigste denkbare Art das Individuum, das Einzelobject, das keine Arten weiter unter sich hat. Allein die Beschaffenheit wenigstens von empirisch gegebenen Einzelobjecten lässt sich im allgemeinen durch Determination nicht erschöpfen. Ihre Charakterisirung endigt meistens mit einer Hinweisung auf ihre räumliche und zeitliche Stelle zwischen andern Objecten und springt daher von der Beschaffenheitsbestimmung auf äussere Beziehungen über.

Vergleicht man das Quadrat mit dem Rhombus, Rectangel, Rhomboid, dem symmetrischen und asymmetrischen Trapez und dem Trapezoid, so findet man als das allen diesen Objecten Gemeinsame die ebene von vier geraden Linien begrenzte Fläche, das ebene Viereck. Dies ist ihr höchster Gattungsbegriff. Vergleicht man aber die vier ersten der genannten Figuren für sich, so findet man überdies, dass diese zwei Paare paralleler Seiten haben, indess in den beiden Trapezformen nur ein solches Paar vorkommt, im Trapezoid aber keines. Hieraus ergiebt sich als die nächsthöhere Gattung der vier ersten Vierecksformen das Parallelogramm, als die der beiden folgenden das Trapez überhaupt; ebenso weiter als die des Quadrats und Rhombus das gleichseitige Parallelogramm, als die des Rectangels und Rhomboids das ungleichseitige. Man kann also z. B. sagen, dass das Quadrat zum Geschlecht der Vierecke, zur Gattung der Parallelogramme, zur Art der gleichseitigen Parallelogramme gehört und von diesen eine Unterart ist. Zu einem höheren Gattungsbegriff als dem des Viereckes aufzusteigen, ist hier keine Veranlassung gegeben. Fügt man aber den

Formen der Vierecke noch die der Dreiecke, Fünfecke, Sechsecke u. s. w. hinzu, so führt die Vergleichung aller auf den höchsten Gattungsbegriff des Vielecks, und das Quadrat stellt sich auch als zur Familie der Vielecke gehörig dar. Die Kategorie aller gedenkbaren Linien, Flächen und Körper ist die (räumliche) Ausdehnung, die Kategorie, unter welcher alle sinnlichen Empfindungen stehen, die Qualität, die Kategorie alles durch Zahl und Maass Vergleichbaren die Quantität u. s. w. — Andererseits hat das Quadrat hinsichtlich der Länge seiner Seiten noch unzählig viele Arten unter sich. Setzt man eine bestimmte Länge, z. B. 13 pariser Zoll, so erhält man nun ein Quadrat, das keine weiteren Unterarten hat und insofern ein individueller Objectsbegriff ist. Es kann von demselben zwar unendlich viele Exemplare geben, aber dem Begriffe nach sind sie identisch. Sollte aber eins derselben, z. B. dieses, das ich hier von meinem Schreibtisch aus als eine Fensterscheibe sehe, begrifflich bestimmt werden, so würden seine Lagebeziehungen zu den andern Theilen des Fensters und zu dem Orte, den mein Auge jetzt einnimmt, hinzukommen müssen. Die Bestimmung trifft also dann nicht mehr die Beschaffenheit des Quadrats, sondern seine äusseren Beziehungen.

§ 22.

Durch die successive Bildung der Gattungen aus den Arten, der Geschlechter aus den Gattungen, der Familien aus den Geschlechtern u. s. f. erhalten nun auch die Merkmale eines und desselben Begriffs eine bestimmte Ordnung. In jedem Begriffe nämlich kommt denjenigen Merkmalen, die ihm mit allen verglichenen Nebenarten gemein sind, also denjenigen Merkmalen, durch welche die höchste Gattung der gegebenen Begriffsreihe charakterisirt wird, die erste Stelle zu. Ihnen folgen die Merkmale, welche die eigenthümlichen der nächst niedrigeren Gattung sind, dann die eigenthümlichen Merkmale der nächst folgenden niederen Gattung u. s. f., so dass die eigenthümlichen Merkmale des Begriffes selbst die letzte Stelle einnehmen. Ist aber eine und dieselbe Art von ihrer nächsten Nebenart durch mehr als ein Merkmal unterschieden, so bleibt die Ordnung zwischen diesen Merkmalen willkürlich.

Hiernach kommt also z. B. im Begriffe des Quadrats den Merkmalen des Vierecks: ausgedehnt, eben, begrenzt, geradlinig, vier (gerade Linien), die erste Stelle (und zwar in der angegebenen Ordnung) zu, die zweite dem Parallelismus der gegenüberliegenden Seitenpaare, die dritte der Gleichheit der Seiten, die vierte der Gleichheit aller Winkel. Ebenso, wenn Bewegung stetige Ortsveränderung ist, so ist veränderlich das erste, stetig das zweite, örtlich das dritte Merkmal. Im Begriffe des Vogels nehmen die erste Stelle die Merkmale der Thierheit überhaupt ein, dann folgt die Warmblütigkeit, das Eierlegen, dass sie Zweifüssler und Zweiflügler sind, einen hornigen Schnabel und befiederten Körper haben.

§ 23.

Auf dieselbe Weise erhalten auch alle unter einer und der nämlichen Gattung stehende Arten eine bestimmte Ordnung. Arten nämlich einer und derselben nächsthöheren Gattung dürfen nicht getrennt werden. Haben nun in einer Reihe coordinirter Begriffe immer je zwei benachbarte Glieder einen ihnen ausschliesslich zukommenden nächsthöheren Gattungsbegriff, so ist die Reihe eine vollkommen geordnete. Ist dies nicht durchgängig der Fall, so bleibt die Anordnung der Glieder theilweise unbestimmt und daher willkürlich, und die Reihe lässt nur eine unvollkommene Anordnung zu.

So stellen z. B. die Lebensalter: Kindheit, Jugend, Mannes- und Greisenalter, nicht blos zeitlich, sondern auch logisch betrachtet, eine geordnete Reihe dar, da je zwei nächste Lebensalter Merkmale mit einander gemein haben, die den übrigen nicht zukommen. Ebenso ist die natürliche Zahlenreihe eine logisch gewordene Reihe; denn jede Zahl hat die Menge der Einheiten, die sie bezeichnet, mit der nächstfolgenden Zahl gemein, die sich von ihr durch die Einheit, welche sie mehr hat, unterscheidet. Daher dient die Zahlenreihe überall, wo es sich nur um quantitative Unterscheidungen handelt, als Regulativ der Anordnung, z. B. bei dem specifischen Gewicht der Körper oder einer Classe derselben, wie der Metalle, oder bei der Classification der Dreiecke nach der Grösse der Winkel, wo auf das spitzwinklige das rechtwinklige und auf dieses das stumpfwinklige folgt. Andererseits lassen sich aber auch die Dreiecke nach den Seitenverhältnissen ordnen, so dass dem gleichseitigen das gleichschenklige, diesem das ungleichseitige nachfolgt. Verbindet man die Rücksicht auf die Verhältnisse der Seiten mit der auf die Grösse der Winkel, so ergeben sich folgende sieben Dreieckformen; 1) gleichseitige; 2) gleichschenklige und spitzwinklige; 3) gleichschenklige und rechtwinklige; 4) gleichsckenklige und stumpfwinklige; 5) ungleichseitige und spitzwinklige; 6) ungleichseitige und rechtwinklige; 7) ungleichseitige und stumpfwinklige. Diese Anordnung ist aber als Ganzes keine vollkommene, auch lässt sich eine solche nicht angeben, denn immer wird wenigstens an zwei Stellen die Gleichmässigkeit des Fortschritts unterbrochen sein.

§ 24.

Eine Reihe coordinirter Begriffe heisst vollständig, wenn sie alle Begriffe enthält, die unter dem Gattungsbegriff als

Arten auf derselben Stufe der Unterordnung stehen. Die äussersten Glieder einer vollständigen und vollkommen geordneten Reihe coordinirter Begriffe heissen entgegengesetzt (*opposita*), ihr logisches Verhältniss der conträre Gegensatz (*oppositio contraria*). Dieser bezeichnet also die grösstmögliche disjuncte Verschiedenheit. Wenn man eine solche Reihe vom Anfang bis zum Ende durchläuft und die Beschaffenheit der Glieder mit der des Anfangsgliedes vergleicht, so bemerkt man eine stete Zunahme der Verschiedenheit, die im conträren Gegensatz ihr Maximum erreicht. Insofern das Endglied einer solchen Reihe zugleich das Anfangsglied einer anderen vollständigen und geordneten Reihe sein kann, die gleichwohl, unter einem andern Gattungsbegriff stehend, sich nicht als die Verlängerung der ersten betrachten lässt, kann ein und derselbe Begriff zu mehr als einem anderen im conträren Gegensatz stehen.

Ein passendes Beispiel zur Erläuterung des Paragraphs geben die drei reinen Hauptfarben Roth, Gelb, Blau mit den zwischen ihnen liegenden Mischfarben Orange, Violett und Grün, wie sie uns in dem Empfindungseindruck unmittelbar gegeben sind. Sie bilden drei unzusammenhängende Reihen, von denen jede geordnet und vollständig ist. Die erste fängt mit dem Gelb an und geht durch unzählig viele Abstufungen des Röthlichgelben und Gelblichrothen zum Roth über; die zweite hebt mit dem Roth an und geht durch Bläulichroth und Röthlichblau zum reinen Blau; die dritte vom Blau durch Bläulichgrün und Gelblichgrün zum Gelb. Die erste Reihe kann man als die des Orange, die zweite als die des Violetten, die dritte als die des Grünen bezeichnen. In Bezug auf die erste sind Gelb und Roth, für die zweite Roth und Blau, für die dritte Blau und Gelb als conträr entgegengesetzt anzusehen, so dass von den drei Hauptfarben jede mit den beiden anderen, jedoch immer in Beziehung auf eine andere Reihe, im conträren Gegensatz steht. Ebenso ist dem gleichseitigen Dreieck das ungleichseitige conträr entgegengesetzt, da das gleichschenklige den Uebergang von jenem zu diesen bildet.

Allgemeine Kennzeichen der Vollständigkeit einer Reihe kann die Logik nicht angeben. Was sie in dieser Hinsicht zu thun vermag, wird bei der Lehre von den Eintheilungen vorkommen. Mehr oder weniger bleibt aber hierbei immer dem freien Nachsinnen darüber, ob unter dem Gattungsbegriff einer Reihe noch andere Glieder als die, von welchen er zunächst abstrahirt ist, enthalten seien, überlassen.

Nach Trendelenburg's Erinnerung ist im vorstehenden Paragraph der aristotelische Begriff des conträren Gegensatzes wieder hergestellt, indess die Neueren darunter meistens jede disjuncte Verschiedenheit verstehen. Vom contradictorischen Gegensatz wird erst bei den unmittelbaren Folgerungen, wo es seine natürliche Stelle findet, die Rede sein. Eine Vermittelung zwischen der aristotelischen und neueren Ansicht liegt darin, dass man die disjuncte Verschiedenheit als einen unvollkommenen conträren Gegensatz betrachten kann, der in besonderen Fällen selbst einer quantitativen Gradbestimmung fähig ist (vergl. des Verfs. erste Grundlehren der mathematischen Psychologie, § 20 ff.).

Zu einer Reihe mit conträren Gegensätzen sind wenigstens drei Glieder erforderlich, die dann Anfang, Mitte und Ende darstellen; denn der Begriff einer Reihe verlangt, dass mindestens ein Glied zwischen zwei anderen liege. So liegt das Laue zwischen dem Kalten und Warmen, das Gleichgiltige zwischen dem Gefallenden und Missfallenden u. dgl. m. Die Mitte ist hier immer etwas, was weder das eine noch das andere der entgegengesetzten Glieder der Reihe ist. Hierdurch ist sie von diesen ausgeschlossen, zugleich aber auch, da dies die Grenzen der Reihe sind, von ihnen eingeschlossen.

§ 25.

Die Gesammtheit der in bestimmter Ordnung durch Determination mit einander verbundenen Merkmale eines Objectbegriffs heisst sein Inhalt (*complexus*); die geordnete Gesammtheit aller einander beigeordneten Arten desselben sein Umfang (*ambitus*). Da die Merkmale eines Begriffs sich in die der nächsthöheren Gattung und der Artunterschiede gruppiren lassen, so kann der Inhalt auch als die durch den Artunterschied determinirte Gattung des Begriffs erklärt werden. — Der Inhalt ist also die Gesammtheit dessen, was in dem Begriff, der Umfang die Gesammtheit dessen, was unter ihm, d. i. worin er selbst als Gattung enthalten ist.

Der Inhalt analysirt den Begriff und macht das Denken desselben abhängig von dem Denken andrer Begriffe. Der Umfang specificirt ihn und giebt die Begriffe an, deren Inhalt von seinem Inhalt abhängt. Der Umfang ist also das Gebiet, das ein Begriff (als Gattung) beherrscht. Die Gesammtheit der den Umfang eines Begriffs bildenden Arten desselben ist offenbar nur ein Aggregat, ihre Verbindung eine äussere. Sie liegen neben einander, oder vielmehr, weil sie den ganzen Umfang ausfüllen, an einander. Man kann insofern wol auch den Begriff eines Umfangs als die Summe seiner Arten bezeichnen. Nicht das Gleiche gilt von der Form der Verbindung der Merkmale im Inhalte eines Begriffs, welche vielmehr eine innere Verbindung zu nennen ist. Die Gattung wird durch den Artunterschied bestimmt, von ihm durchdrungen. Die Art ist die in der Qualität des Artunterschieds gesetzte Gattung; man

kann sie daher, im Vergleich mit der Verbindungsweise der Glieder des
Umfangs, ganz wohl als das Product aus beiden bezeichnen. Denn in
dem Product zweier Zahlen, z. B. 4 und 3, wird die eine in der Quantität der andern gesetzt, in dem Product durchdringen sich beide Factoren; jeder der beiden wiederholt sich für jede Einheit des andern, wie
dies in Bezug auf das Beispiel das Schema

. . . .

veranschaulicht. Von der Multiplication entgegengesetzter Zahlengrössen
wie $+ a . - b$ oder $- a . - b$ kann man aber sagen, dass hier schon, wie
in der logischen Determination, der Multiplicand in der Qualität des Mul-
tiplicators gesetzt werde (obwohl die Qualitätsverschiedenheiten hier auf
Relationen beruhen, was aber, wie sich später zeigen wird, zuletzt auch
von den Qualitäten der Merkmale gilt). Nach dieser schon in der ersten
Auflage dieses Lehrbuchs (§ 17) vorgetragenen, und in der zweiten (§ 23.
Anmerkung) festgehaltenen Ansicht, deren erster Urheber aber, wie Trendelenburg (Log. Unters. 2. Aufl. I. S. 22) bemerkt hat, Leibniz ist,
erscheint nun der Gattungsbegriff als der gemeinschaftliche Factor aller
seiner Arten, deren Artunterschiede als Coefficienten zu jenem Factor hinzukommen. Vielleicht dürfte diese Vergleichung der Determination mit der
Multiplication jetzt, wo sie auf die Autorität eines grossen Namens zurückgeführt ist, Anspruch haben, für etwas mehr zu gelten als für einen „müs-
sigen und unpassenden Einfall", wie sie früher einmal genannt wurde
(Lotze's Logik v. J. 1843. S. 58).

§ 26.

Offenbar hat jeder Begriff mehr Merkmale als seine Gattung
und weniger als seine Art. Nennt man nun die Anzahl der
Merkmale eines Begriffs die Grösse seines Inhaltes, so
nimmt diese zu oder ab, je nachdem man von einem höheren
Begriff zu einem niedrigeren herab-, oder von einem niedrigeren
zu einem höheren aufsteigt. — Andererseits erhellt aber auch
eben so leicht, dass jeder Begriff weniger Arten unter sich hat
als seine Gattung, und mehr als jede seiner Arten. Denn alles,
was ihm untergeordnet ist, steht auch unter seiner Gattung,
die aber eben so auch alles das unter sich enthält, was unter
seinen Nebenarten steht. Ebenso alles, was unter einer seiner
Arten steht, ist auch ihm untergeordnet, zugleich aber auch alles,
was unter seinen übrigen Arten enthalten ist. Heisst daher
die Anzahl der unter einem Begriffe auf gleicher Stufe der

Unterordnung enthaltenen Arten die Grösse seines Umfangs, so nimmt diese ab oder zu, je nachdem man von einem höheren Begriff zu einem niederen herab-, oder von einem niedrigeren zu einem höheren hinaufsteigt. Fasst man dieses Ergebniss mit dem vorigen über die Grösse des Inhalts zusammen, so erhält man folgenden Satz: In jeder Reihe einander untergeordneter Begriffe kommt demjenigen von je zwei mit einander verglichenen Begriffen, welcher einen grösseren Inhalt als der andere hat, ein kleinerer Umfang, und umgekehrt demjenigen, welcher einen grösseren Umfang als der andere hat, ein kleinerer Inhalt zu.

1. Die Ableitung dieses Satzes zeigt deutlich, dass er durchaus nur von Begriffen gilt, die in derselben Reihe einander untergeordneter Begriffe liegen; für zwei Begriffe, die verschiedenen solchen Reihen angehören, lässt sich aus dem grösseren oder kleineren Inhalte des einen nicht auf den kleineren oder grösseren Umfang des anderen und eben so wenig von diesem auf jenen schliessen. Der hie und da vorkommende Ausdruck: „Inhalt und Umfang eines Begriffs stehen im umgekehrten Verhältniss" ist wenigstens mathematisch ungenau. (Ueber den wahren mathematischen Ausdruck s. Anhang I.) Der Sinn des Verhältnisses ist, dass mit der Aufhebung jeder Beschränkung des Inhalts eines Begriffes sich das Gebiet seiner Herrschaft erweitert und umgekehrt mit jeder hinzukommenden Beschränkung verengert. In dem Umfang des Begriffes Parallelogramm z. B. liegen als die Arten desselben das Quadrat, der Rhombus, das Rectangel und der Rhomboid. Im Begriffe des Vierecks aber, der an Inhalt ärmer ist, da das Merkmal des Parallelismus der gegenüberliegenden Seiten fehlt, liegen ausserdem das symmetrische und asymmetrische Trapez und das Trapezoid, sein Umfang ist also weiter als der des Parallelogramms.

2. Die Benennungen Inhalt und Umfang sind nicht ganz glücklich gewählte Metaphern, die leicht missverstanden werden. Denn wollte man dabei an den Inhalt und Umfang eines Kreises denken, so würde diese Vergleichung, da beide zugleich ab- und zunehmen, dem obigen Satze durchaus nicht entsprechen. Es lassen sich indess Kreise allerdings zur Versinnlichung sowohl des Umfangs als des Inhalts der Begriffe verwenden. Von jedem Begriffe nämlich kann man sagen, dass er in dem Umfange jedes seiner Merkmale, wenn diese als Objectsbegriffe gedacht werden, liegt. So liegt z. B. der Begriff der Bewegung, als stetige Ortsveränderung, zugleich in den Umfängen der Begriffe der Veränderung, des Stetigen und des Oertlichen. Stellt man nun die Umfänge aller Merkmale durch Kreise dar, von denen der erste durch den zweiten, beide durch den dritten geschnitten werden, u. s. f., so stellt der Flächenraum, der allen Kreisen

gemein ist, den Begriff selbst dar, indess diejenigen Flächenräume, die nur
einige dieser Kreise gemein haben und übrig bleiben, wenn man die
andern Kreise entfernt, den Gattungen des Begriffs entsprechen. Die
Kreisbogen aber, die diese Flächenräume begrenzen, stellen die Merkmale
selbst des Begriffs und seiner Gattungen dar, und so mit den Inhalt derselben.

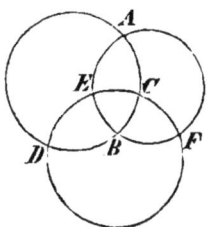

In der Figur bedeute der Kreis $A\ C\ B\ D$ den Umfang des Begriffs der
Veränderung, $A\ E\ B\ F$ den des Stetigen, und $D\ E\ C\ F$ den des Oertlichen, so repräsentirt das Bilineum $A\ E\ B\ C$, das der erste Kreis mit
dem zweiten gemein hat, an sich, nach Beseitigung des dritten, die stetige
Veränderung, ebenso das Bilineum $C\ B\ D\ E$, an und für sich genommen,
die örtliche Veränderung, das Bilineum $E\ B\ F\ C$ das örtliche Stetige,
endlich, wenn alle drei Kreise zugleich in Betrachtung kommen, das ihnen
gemeinsame Trilineum $B\ C\ E$ die Bewegung. Es hat, entsprechend den
drei Merkmalen, drei begrenzendende Kreisbogen, indess die Bilinien, welche
die drei nächsten Gattungsbegriffe der Bewegung darstellen, deren nur
zwei, die obersten Gattungen aber an den Peripherien des Kreises jede nur
Eine Grenze haben. — Es ist dies eine Analogie zu den geometrischen
Oertern, auf welche die alte Topik von selbst führt. Das erste Merkmal eines Begriffs weist ihm einen logischen Ort, gleichsam einen Raum
an, innerhalb dessen er liegt, das zweite einen zweiten. Dadurch entsteht
eine Beschränkung, Begrenzung des ersten durch den zweiten, die durch
den dritten eine noch engere Begrenzung erhält u. s. f. So bekommt der
Name der Determination eine anschauliche Bedeutung, und durchdringen
sich die Umfänge der Merkmale im Begriffe. In dieser geometrischen Auf-
fassungsweise erscheint demnach die Inhaltsbestimmung eines Begriffs als
abhängig von den Umfängen seiner Merkmale, indess die arithmetische,
welche die Anmerkung zu § 25 enthält, von dem Inhalt der Merkmale,
ihrem Quale ausgeht; und dies scheint, abgesehen von didaktischen Rück-
sichten, das Sachverhältniss reiner darzustellen.

II. Synthetische Begriffsformen.
§ 27.

Alle Synthesis von Begriffen ist entweder eine blos äusserliche Zusammenfassung (*comprehensio*) derselben, oder eine
solche, die sich nach dem, was in den Begriffen gedacht und

nach der Art und Weise, wie dasselbe im Denken gesetzt wird, richtet und daher einen inneren Zusammenhang (*connexus*) der Begriffe darlegt. Die erstere ist zwar noch kein eigentliches Denken (vgl. § 4 und § 12); sie liefert aber doch das Material, aus dem das Denken seine Auswahl trifft, und kann schon deshalb hier nicht ganz unberücksichtigt bleiben.

Wenn man den Verstand als das Vermögen zu denken erklärt, der Einbildungskraft aber die Fähigkeit beilegt, Vorstellungen beliebig mit einander zu verknüpfen, so kann die äusserliche Synthesis auch als die der Einbildungskraft, die Denkverknüpfung dagegen als die Synthesis des Verstandes bezeichnet werden, und man kann dann sagen, dass die Einbildungskraft bei ihren Verknüpfungen blindlings verfahre und erst das Auge des Verstandes hinzukommen müsse, um die bedeutungslosen Combinationen jener von den bedeutenden zu sondern. Gewonnen wird indess durch diese Ausdrucksweise für die Sache selbst nichts, denn die Unterscheidung der äusserlichen Verknüpfung von der denkenden bekommt durch diese Bezugnahme auf die angeblichen psychischen Subjecte dieser Verknüpfungsweisen durchaus nicht mehr Licht. Wohl aber wird dadurch das Vorurtheil begünstigt, als ob unsre Seele wirklich solche gesonderte Vermögen wie Einbildungskraft und Verstand besässe, wovon doch seit der kritischen Reform der Psychologie durch Herbart nicht mehr die Rede sein kann.

§ 28.

Die nur äusserliche Synthesis besteht einzig und allein in der Combination unterscheidbarer Elemente. Worauf diese Unterscheidbarkeit beruht, welche Bedeutung das Quale der Elemente für das Denken und Erkennen hat, bleibt hierbei völlig gleichgiltig. Ebenso wenig werden in der Combination besondre Formen der Zusammenfassung unterschieden. Die Producte der Combination heissen Complexionen. Die Zahl der in ihnen verbundenen Elemente wird für das unterscheidende Denken zum Antriebe, sie in die Classen der Binionen, Ternionen, Quaternionen u. s. f. zu vertheilen. Sind aber die Elemente in einer bestimmten Reihenfolge oder Anordnung gegeben, so lässt sich weiter auch an jeder Complexion jeder gegebenen Classe die Ordnung der in ihr verbundenen Elemente unterscheiden und durch Versetzung (Permutation) derselben abändern.

Die Combination abstrahirt also ganz von der besonderen Bedeutung, welche die Verbindung haben kann. Die Ziffern 2, 3, 4 z. B. geben zu zweien combinirt 23, 24, 34, wozu mit Rücksicht auf die Ordnung der Ziffern noch 32, 42, 43 kommen. Diese Combinationen können die Zahlen dreiundzwanzig, vierundzwanzig u. s. w. bedeuten, sie enthalten aber auch die Summen $2 + 3 = 5$, $2 + 4 = 6$ u. s. f., oder die Producte $2.3 = 6$, $2.4 = 8$ u. s. w., oder die Potenzen $2^3 = 8$, $3^2 = 9$, $2^4 = 16$, $4^2 = 16$ u. dgl. m. als besondere Fälle unter sich. Die Complexion *amor* der Buchstaben *a, m, o, r* und ihre Versetzungen *maro, mora, roma, omar, arom, ramo* u. s. f. können Worte bedeuten, aber auch Anordnungen von vier Farben, Tönen, Orten u. dgl. m.

Mit der regelmässigen Bildung der Complexionen jeder gegebenen Classe aus einer gegebenen Reihe von Elementen (dem Zeiger, *index*, und ihrer Umbildung durch Permutation beschäftigt sich die Combinationslehre oder Syntaktik.

§ 29.

Beschränkt sich die Zusammenfassung nur auf gleichartige, also unter einem und demselben Gattungsbegriff stehende Objecte, so kann sie Colligation genannt werden. Begriffe, welche eine solche Verbindung gleichartiger Objecte zu ihrem Inhalte haben, heissen Collectivbegriffe. Das in ihnen verbundene unbestimmt Viele wird zugleich in seiner Mannigfaltigkeit aufgefasst und heisst insofern ein Aggregat. Sind die verbundenen Objecte völlig einerlei, oder, was auf dasselbe hinauskommt, abstrahirt man von ihrer Verschiedenheit und betrachtet sie nur, insofern sie Gleiches enthalten, so ergiebt sich der allgemeine Begriff der Menge (*multitudo*), als der unbestimmten Vielheit. Fasst man diese Vielheit als ein Ganzes auf, so entsteht der Begriff der absoluten ganzen benannten Zahl. Abstrahirt man endlich auch von der Bezeichnung der Gattung, der die Objecte angehören, so werden diese zu abstracten Einheiten, und ihre Verbindung zu einem Ganzen giebt die abstracte oder unbenannte Zahl. Die Menge der Einheiten kann eine grössere oder kleinere sein. Hieraus ergiebt sich eine Vielheit von Zahlen, aus denen, wenn sie vollkommen geordnet werden, die natürliche Zahlenreihe entsteht.

Der Collectivbegriff bezeichnet eine unbestimmte Vielheit, aber von bestimmter Benennung, d. i. Gattung; z. B. ein Haufen eine unbestimmte Vielheit von Sand- oder Getreidekörnern, Holzscheiten oder auch Sternen, eine Heerde eine unbestimmte Vielheit von Schafen, Rindern u. s. w., ein Schwarm eine solche von Vögeln oder Insecten, ein Wald von Bäumen. Die besondere Form der Zusammenfassung lässt der Collectivbegriff unberücksichtigt; daher ist ein Sternbild mit seiner bestimmten Configuration der einzelnen Sterne, eine Allee oder ein nach dem Quincunx geregelter Baumgarten kein Collectivbegriff. Uebrigens giebt es auch collective Beschaffenheitsbegriffe, z. B. scheckig, bunt, mannigfaltig, schaarenweis u. s. f., was natürlich ist, da das Denken Beschaffenheiten auch als Gedankendinge betrachten kann (§ 13. Anm.).

§ 30.

Diejenige Synthesis, welche einen inneren Zusammenhang der verbundenen Begriffe (§ 27) zur Darstellung bringt, giebt synthetische Begriffsformen, welche im engeren und eigentlichen Sinne Beziehungen (*relationes*) heissen. Ohne hier schon zu untersuchen, wodurch eine solche Synthesis bedingt ist, muss zunächst auf die Thatsache aufmerksam gemacht werden, dass es einfache und zusammengesetzte Beziehungen giebt, von denen jene nur zwischen zwei Begriffen, diese zwischen mehreren stattfinden. Jede zusammengesetzte Beziehung fällt offenbar in eine Mehrheit einfacher, ist ein System der in ihr enthaltenen Beziehungen, jedoch kein blosses Aggregat derselben, da vielmehr die einzelnen Beziehungen selbst wieder zu einander in Beziehungen stehen können.

Schon oben (§ 14) ist angedeutet worden, dass die Begriffe aller zusammengesetzten Objecte Beziehungen enthalten. So ist z. B. das ebene Dreieck ein System von Lagebeziehungen zwischen drei Punkten, das in drei einfache Beziehungen zwischen je zweien derselben, die Seiten des Dreiecks, zerfällt. Je zwei Seiten haben aber wieder eine Lagebeziehung, welche der von ihnen eingeschlossene Winkel darstellt. Ebenso ist die Familie ein System von Beziehungen zwischen ihren Gliedern, des Gatten zur Gattin, des Vaters und der Mutter zu den Söhnen und Töchtern, dieser unter einander als Brüder und Schwestern. Gattenliebe, Elternliebe, Kindesliebe, Geschwisterliebe sind hier einfache Beziehungen, die im Begriffe der Familie selbst wieder zu einander in Beziehungen treten. Ebenso ist jeder Organismus ein System zweckmässiger Beziehungen aller seiner Theile sowohl zu einander als zum Ganzen.

§ 31.

Jede Beziehung zwischen zwei Begriffen *A* und *B* kann entweder nur ein Verhältniss ihrer Beschaffenheiten, oder auch ein Verhältniss zwischen ihrer Setzung ausdrücken. Bleiben wir für jetzt bei dem ersteren stehen, so kommt dabei zunächst

3 *

in Frage, wie sich *A* hinsichtlich seiner totalen oder partialen Beschaffenheit, d. i. hinsichtlich aller oder einiger oder eines einzelnen seiner Merkmale zu der Beschaffenheit von *B* verhält. Hieraus entspringt eine neue Art von Beschaffenheitsbestimmungen der Begriffe, die ihrer verhältnissmässigen oder relativen Beschaffenheit, und damit eine zweite Art von Merkmalen, welche äussere Merkmale oder Eigenschaften (*attributa*) der Begriffe heissen, wogegen von nun an diejenigen Merkmale, die seinen Inhalt bilden, innere oder constitutive heissen sollen. Offenbar setzen die äusseren Merkmale die inneren voraus. Daher kann man auch diese ursprüngliche, jene abgeleitete nennen. Ohne die inneren Merkmale kann der Begriff nicht gedacht werden, wohl aber ohne die äusseren. Jene sind ihm daher nothwendig, diese nur zufällig.

1. Zu den verhältnissmässigen Beschaffenheitsbestimmungen gehören vor allen Dingen alle quantitativen, die aber immer eine Qualität zur Voraussetzung, zur Grundlage haben. So z. B. gross und klein, viel und wenig, kurz und lang, schmal und breit, dick und dünn, stark und schwach, schnell und langsam, schwer und leicht, jung und alt, hell und dunkel, warm und kalt, hart und weich, fest und locker, glatt und rauh u. s. w. Beispiele von Eigenschaften, die auf qualitativen Verhältnissen beruhen, sind: durchsichtig, verbrennlich, schmelzbar, wärmeleitend, chemisch verwandt u. s. w. mit ihren Gegentheilen, oder: menschenfreundlich, wohlthätig, neidisch, herrschsüchtig u. dgl. m. — Alle Eigenschaften, die sich, wie die beispielsweise angeführten, ohne Weiteres aus den Verhältnissen der Beschaffenheiten von Objectsbegriffen ergeben, können näher als unmittelbare bezeichnet werden. Neben ihnen giebt es noch andre, die erst durch vermittelnde Begriffe, daher durch Schlüsse sich ableiten lassen und deshalb mittelbare oder abgeleitete Eigenschaften genannt werden mögen. Sie sind nicht blosse Beschaffenheitsverhältnisse, sondern beruhen zugleich auf Verhältnissen der Setzung. Von dieser Art sind die Eigenschaften, welche die Mathematik an den Zahlen, Figuren, Functionen nachweist.

2. Wenn weiteres Nachdenken zu dem Resultate führt, dass zuletzt alle gegebene Merkmale der Objecte nur relativ sind, dass sie nur das darstellen, was die Dinge theils für uns, theils in ihrem Verhalten zu einander sind, so scheint die Unterscheidung zwischen inneren und äusseren Merkmalen ganz aufgegeben, und der Begriff des Merkmals überhaupt ganz auf den der Beziehung zurückgeführt werden zu müssen. Allein Beziehungen setzen doch Objecte voraus, die, bevor sie auf einander bezogen werden, gedacht und unterschieden sein wollen, was nur durch Merkmale geschehen kann. Die Bestimmung der Objectsbegriffe durch Merkmale bleibt jeden-

falls der Anfang alles Denkens und denkenden Erkennens. Zeigt dann die nähere Untersuchung, dass die gegebenen Merkmale nicht die Beschaffenheiten derselben an sich, sondern nur im Verhältniss zu anderen ausdrücken, so werden damit die Beschaffenheitsbestimmungen der Objecte nicht aufgegeben, sondern nur andre an ihre Stelle gesetzt. Wenn uns z. B. die Physik und Physiologie belehrt, dass die Farben nicht als Qualitäten an den Oberflächen der Körper haften, sondern dadurch entstehen, dass die in dem weissen Licht verschmolzenen farbigen Strahlen von den Körpern theils absorbirt, theils reflectirt werden, und dass, um die reflectirten als Farben zu empfinden, es des Sehorgans, Sehnervs und Gehirns bedarf, so verlieren für das denkende Erkennen die Oberflächen der Körper freilich die Beschaffenheitsbestimmung des Farbigen, die sich in eine Affection des Gehirns, oder vielmehr, wie der Psycholog hinzusetzt, der Seele, d. i. ein Verhalten derselben gegen einen äusseren Reiz umwandelt. Aber es treten an ihre Stelle die hypothetisch gedachten Beschaffenheiten der Structur der Körper, die zur Absorption einiger und zur Reflexion andrer Strahlen geeignet machen. Und wenn diese Structur wieder auf Lagebeziehungen der kleinsten Theile der Körper beruht, in welchen sich diese durch anziehende und abstossende Kräfte erhalten, so müssen jene Theile, um als Kräfte in sehr verschiedener Weise auf einander wirken zu können, bestimmte Beschaffenheiten haben. Eben so muss andrerseits die Seele, um den Reizen des Sehnervs entsprechend die Empfindung der Farben, denen des Hörnervs gemäss die der Töne zu erzeugen, eine bestimmte Qualität haben, um sich gegen die qualitativ verschiedenen Reize verschieden verhalten zu können. Mit der fortschreitenden Erkenntniss der Objecte ändern sich allerdings unsre Begriffe von ihnen und mit ihnen ihre constitutiven Merkmale, in Wegfall aber kommen sie niemals, denn jede relative Beschaffenheit setzt in letzter Instanz eine absolute voraus, gleichviel ob diese uns gegeben ist oder nur gedacht werden kann.

§ 32.

Zur vollständigen Auffassung der Beziehung zwischen den Beschaffenheiten zweier Begriffe *A, B* muss zu der Bestimmung dessen, was *A* im Verhältniss zu *B*, noch hinzukommen die Bestimmung dessen, was *B* im Verhältniss zu *A* ist, so dass also jeder von beiden Begriffen zum Subject eines Verhältnisses gemacht wird. Jede Beziehung zwischen zwei Beschaffenheiten besteht daher aus zwei Verhältnissen, von denen jedes das umgekehrte (*ratio inversa*) des andern ist, welches nun in dieser Stellung das directe (*ratio directa*) heisst. Hieraus entspringen reciproke Eigenschaften, die in Wechselbeziehung zu einander stehen, daher Wechselbegriffe (*correlata*) heissen. Bilden drei gleichartige Begriffe *A, B, C* eine ge-

ordnete Reihe, so dass A und C unter dem gemeinsamen
Gattungsbegriff einander conträr entgegengesetzt sind, und ist
der mittlere Begriff B so beschaffen, dass A sich verhält zu
B, wie B zu C, so verhält sich offenbar auch C zu B wie B
zu A. Es ist also das Verhältniss von B zu A das umgekehrte von B zu C, und es steht demnach der mittlere Begriff
zu jedem der beiden äusseren im umgekehrten Verhältniss als
zu dem andern. Hieraus erklärt es sich, dass reciproke Verhältnisse und Eigenschaften auch entgegengesetzte genannt
werden.

Die in der Anmerkung zum vorigen Paragraph gegebenen Beispiele
gehören grösstentheils auch hierher. Man kann noch hinzufügen: rechts
und links, vorn und hinten, oben und unten, vorwärts und rückwärts, Ein-
nahme und Ausgabe, Einfuhr und Ausfuhr, Gewinn und Verlust u. s. w.
Ein und derselbe Körper kann im Verhältniss zu einem zweiten in demselben
Grade weich, klein, leicht, wie im Verhältniss zu einem dritten hart, gross,
schwer erscheinen, eine Kraft gegen eine zweite in demselben Grade schwach,
wie gegen eine dritte stark u. s. f. Hier ist auch der Ursprung der entgegengesetzten Grössen, welche, wie schon Gauss (Göttinger gel.
Anzeig. 1831. St. 64) bemerkt hat, entstehen, wenn nicht „Substanzen",
sondern „Relationen" gezählt werden, die sich durch Vertauschung der
Ordnung der Glieder umkehren lassen. Man sollte daher, nach Gauss,
nicht sowohl von positiven und negativen, als vielmehr von directen und
inversen Zahlgrössen reden. Die Null, welche beide scheidet, kann als
die Beziehung des diese Stelle einnehmenden Gegenstandes auf sich selbst
angesehen werden. Auch der Ursprung der imaginären Grössen aus den
entgegengesetzten lässt sich nach Gauss aus der Gleichheit der Relation
erklären, die zwischen der positiven Einheit $+ 1$ und der imaginären
$i = \sqrt{-1}$ einerseits und zwischen dieser und der negativen Einheit $- 1$
andrerseits besteht, so dass die imaginäre Einheit als die definirt wird, zu
welcher die positive in demselben Verhältniss steht, wie sie selbst, die
imaginäre, zur negativen Einheit, woraus, wenn man diese Gleichheit der
Verhältnisse arithmetisch ausdrückt, die Proportion

$$+ 1 : i = i : - 1$$

entsteht, und aus dieser $i = \pm\sqrt{-1}$ folgt.

§ 33.

Wenn zwei Objectsbegriffe A und B hinsichtlich irgend welcher
inneren Merkmale die reciproken Eigenschaften α und β haben,
so entstehen aus ihnen mittels der Determination durch diese
Eigenschaften Arten von ihnen, $A\alpha$ und $B\beta$, also Objectsbe-

griffe, die sich selbst zu einander reciprok verhalten, daher ebenfalls Wechselbegriffe sind. Auf diese Weise wird die Wechselbeziehung, die ursprünglich zwischen Beschaffenheitsbestimmungen stattfand, auch auf die Objectsbegriffe, denen diese zukommen, übergetragen. Da übrigens das Denken auch jede Eigenschaft als ein Object betrachten kann, was sich sprachlich durch substantive Setzung ausdrückt, so verführen solche Substantive leicht zu dem Irrthum, Beziehungsbegriffe für Objectsbegriffe zu halten.

Lehrer und Schüler, Herr und Diener, Mutter und Kind, Gatte und Gattin, Gläubiger und Schuldner sind reciproke Objectsbegriffe; keiner kann ohne den andern gedacht werden. Der Lehrer ist zwar ein wissender Mann, der Schüler etwa ein unwissender Knabe, aber zum Lehrer wird jener durch das Geben, zum Schüler dieser durch das Empfangen des Wissens. Eben so giebt der Herr und empfängt der Diener Lohn. Hier findet aber sogar noch die zweite Reciprocität statt, dass der Herr die Dienste des Dieners empfängt und dieser sie giebt. — Was den zweiten Punkt des Paragraphs betrifft, so scheint sprachlich das Substantiv Ehe einen Objectsbegriff zu bezeichnen. Es drückt aber eine Beziehung zwischen Gatten und Gattin aus; ebenso Vertrag zwischen Berechtigten und Verpflichteten, Krieg zwischen dem angreifenden und dem sich vertheidigenden Theil. Aehnliches gilt von Handel, Kauf, Miethe u. s. w. Ebenso sind Entfernung und Lage Beziehungsbegriffe zwischen räumlichen Objecten, z. B. der Winkel eine Lagebeziehung zwischen zwei divergirenden Richtungslinien u. s. f.

§ 34.

Die ursprünglich der Vergleichung der Beschaffenheiten von Objecten abgewonnene Unterscheidung von Gattungen und Arten findet auch auf die Beziehungen zwischen diesen Beschaffenheiten Anwendung. Die Beziehung zwischen zwei Gattungsbegriffen verhält sich nämlich zu der Beziehung zwischen zwei Arten derselben selbst wie die Gattung zur Art. Denn zu der Beziehung zwischen den Merkmalen der Gattung kommt dann noch eine Beziehung zwischen den eigenthümlichen Merkmalen der verglichenen Arten derselben, welche jene erstere Beziehung determinirt und dadurch eine Art derselben bildet. Hiernach versteht es sich von selbst, dass auch Beziehungsbegriffe nicht bloss einen Inhalt haben (der eben in der in ihnen enthaltenen Beziehung zwischen Beschaffenheiten von Objecten besteht), sondern auch einen Umfang, und dass die über das Verhältniss zwischen Inhalt und Umfang nachgewiesenen Sätze auch hier gelten.

Die Ehe z. B. als eine Beziehung zwischen Gatten und Gattin wird, wenn der eine Theil katholischer, der andere evangelischer Confession ist, zu einer gemischten, oder wenn die eine Person von fürstlicher Geburt ist, die andre von nicht fürstlicher, zu einer morganatischen. Ferner ist die Ehe entweder ein blosser bürgerlicher Consensualvertrag (Civilehe), oder ein von der Kirche noch überdies geheiligter (kirchlich sanctionirte Ehe). Im ersten Falle werden die sich verehelichenden Personen nur als Glieder der bürgerlichen Gemeinde, im zweiten zugleich als Glieder der kirchlichen gedacht. — Als ein andres Beispiel kann der Handel dienen. Er mag im allgemeinen als eine Beziehung zwischen Verkäufer und Käufer bezeichnet werden, wobei es für den vorliegenden Zweck nicht nöthig ist, auf die nähere Bestimmung der Begriffe Kauf und Verkauf einzugehen. Es ist aber weiter entweder 1) der Verkäufer der Producent und der Käufer der Consument der Waare, wie z. B., wenn der Bürger dem Bauer die Lebensmittel, die er verbraucht, abkauft. Oder es ist 2) der Verkäufer zwar der Producent, aber der Käufer Wiederverkäufer; und zwar entweder a) Einzelverkäufer an den Consumenten, oder b) Grosshändler, der an den Einzelverkäufer, oder auch c) an einen zweiten Grosshändler verkauft, der hierdurch zum Zwischenhändler wird. Oder es ist 3) der Verkäufer nicht der Producent, sondern a) Wiederverkäufer, die Waare sein erkauftes Eigenthum, der Handel Eigenhandel für eigene Rechnung, b) er verkauft die Waare in fremdem Auftrag, für Rechnung eines Andern, Commissionshandel u. s. f.

§ 35.

Die Setzung jedes Beziehungsbegriffs im Denken (§ 31) ist bedingt, abhängig (dependent) von der Setzung derjenigen Begriffe, deren Beschaffenheitsverhältnisse seinen Inhalt bilden. Sie heissen seine Bedingungen (*conditiones*), er selbst im Verhältniss zu ihnen ein Bedingtes (*conditionatum*). Jede Bedingung ist daher eine nothwendige Voraussetzung des Beziehungsbegriffs, ohne welche dieser nicht gedacht werden kann, und heisst darum eine Bedingung der Möglichkeit (*conditio sine qua non*) desselben. Wirklich gesetzt wird aber der Beziehungsbegriff nicht durch eine einzelne oder einige seiner Bedingungen, sondern durch die Zusammensetzung (Synthesis) aller. Er ist daher die Folge der Synthesis der Bedingungen, und diese der Grund seiner Setzung.

Die Ehe setzt einen Mann und ein Weib voraus, die nach derjenigen

sittlichen und sinnlichen Vereinigung der Geschlechter, in welcher die Ehe besteht, gegenseitig Verlangen tragen. Die gerichtliche Klage setzt voraus
Kläger, Beklagten und Richter, ferner eine, wenigstens vermeintliche Rechts-
verletzung, ein Gesetz, nach dem das Urtel erfolgt, u. s. w. Aber nur durch
die Synthesis dieser Voraussetzungen ist die betreffende Beziehung gegeben,
gesetzt. — Die einzelnen Bedingungen der Möglichkeit eines Schattens sind
ein dunkler und undurchsichtiger, den Schatten werfender Körper, ein zweiter
ihn beleuchtender, und eine Fläche, auf der der Schatten zur Erscheinung
kommt. Diese Bedingungen sind nicht etwa bloss empirisch gefunden, sondern
das Denken erkennt, dass der Schatten eine nothwendige Folge ihrer Synthesis
ist. Durch den leuchtenden und beleuchteten Körper ist nämlich, vermöge
der geradlinigen Ausstrahlung des Lichtes und der Undurchsichtigkeit und
Dunkelheit des beleuchteten Körpers, auf der Seite desselben, die dem beleuchtenden abgewandt ist, ein lichtloser Raum, der Schattenkegel gesetzt,
und durch die ihn durchschneidende Fläche der Schatten als ein begrenzter
dunkler Theil der übrigens erleuchteten Fläche gegeben. Der Schatten ist
aber ein Beziehungsbegriff, denn er ist eben der Schatten eines Körpers.

§ 36.

Da die Unterscheidung von Gattungen und Arten auch auf
Beziehungen anwendbar ist (§ 34), so sind auch die diesen zu
Grunde liegenden Bedingungen theils generelle, theils specielle. Durch die generelle Bedingung nämlich wird die Gattung, durch die specielle der Artunterschied des Beziehungsbegriffs gesetzt. Insofern eine generelle Bedingung einer Mehrheit von Beziehungen zu Grunde liegt, kann sie auch ihre
gemeinsame Grundbedingung (*conditio fundamentalis*), jede
der hinzukommenden speciellen Bedingungen die Mitbedingung (*conditio accidentalis*) der dadurch gesetzten besondern
Beziehung genannt werden. Die Gesammtheit der letzteren,
der Fälle, in welchen die Grundbedingung stattfindet, stellen
dann den Umfang der Geltung derselben dar.

Wenn im letzten Beispiel zum vorigen § der beleuchtete Körper eine
dünne kreisförmige Scheibe ist, so kann ein Schatten auf einer ebenen
Fläche entweder eine begrenzte Gerade, oder ein Kreis, oder eine Ellipse,
Parabel, Hyperbel sein. Dies sind verschiedene Arten des Schattens, deren
generelle Bedingung die zuvor angegebene Synthesis von Bedingungen eines
Schattens überhaupt ist, nur mit dem Zusatz, dass hier die Fläche eine
ebene sein soll. Die speciellen Bedingungen sind aber die verschiedenen
Neigungen der Kreisscheibe gegen die Ebene, auf der der Schatten abge-
schnitten wird.

§ 37.

Kommt zu einer generellen Bedingung A zuerst eine specielle a, dann eine zweite specielle b u. s. f., so entstehen **complicirte** Bedingungen, die A **untergeordnet** sind und eine **Reihe** bilden, in welcher complicirte Bedingungen **höherer** und **niederer Ordnung** unterschieden werden können. Gilt nun A für n Fälle, so wird durch Hinzutritt von a eine Anzahl dieser Fälle, die unter anderen speciellen Bedingungen stehen, ausgeschlossen, und die complicirte Bedingung Aa gilt für weniger Fälle als A. Dasselbe wiederholt sich, wenn b hinzukommt, so dass die Bedingung Aab wieder für weniger Fälle gilt als Aa. **Je complicirter also eine Bedingung im Vergleich mit einer andern ist, zu der sie im Verhältniss der Unterordnung steht, um so kleiner ist der Umfang ihrer Geltung.** Ebenso erhellt, dass, wenn von zwei Bedingungen der Umfang der Geltung der einen nur ein Theil desjenigen der andern ist, die erstere die complicirtere sein muss.

Durch die verschiedenen Zahlen der Augen auf den sechs Flächen zweier Würfel A und B ist die Zahl ihrer Combinationen bedingt. Sie ist gleich 36; denn jede der 6 Zahlen auf A kann mit jeder der 6 Zahlen auf B verbunden werden. Es giebt also 36 verschiedene Fälle, in welchen die Bedingung, Combination der Zahlen auf B und A, erfüllt ist. Kommt die Bedingung hinzu, dass die combinirten Zahlen ungleich sein, die gleichen also ausgeschlossen werden sollen, so reducirt sich die Zahl der Fälle auf 30. Kommt endlich noch die Bedingung hinzu, dass die Summe dieser ungleichen Zahlen grösser als 7 sein soll, so bleiben nur 12 Fälle übrig. Mit der Zunahme der Bedingungen vermindert sich also die Zahl der Fälle, die ihnen entsprechen, und damit der Umfang der Geltung dieser Bedingungen.

§ 38.

Jede Bedingung, von welcher die Setzung eines Begriffs abhängt, kann selbst wieder durch die Voraussetzung eines andern Begriffs bedingt sein, der dann zur **mittelbaren** Bedingung des Bedingten wird. Hiernach sind **nähere** und **entferntere** Bedingungen und **Stufen der Abhängigkeit** der Setzung der Begriffe zu unterscheiden. Schlechthin **unbedingt** ist kein Beziehungsbegriff. Denn wenn derselbe auch nicht durch die

Synthesis anderer Beziehungsbegriffe bedingt ist, so setzt er
doch immer zwei Objectsbegriffe voraus, durch deren wechsel-
seitiges Beschaffenheitsverhältniss die Beziehung gegeben ist.
Bei einfachen Beziehungsbegriffen, die allen zu Grunde liegen, lässt sich jedoch nicht die Beschaffenheit von den Verhältnissen des Bezogenen absondern. — Man nennt das Denken,
welches vom Bedingten zu seinen Bedingungen übergeht, das
regressive oder aufsteigende Denken und das, welches die
umgekehrte Richtung einschlägt, das progressive oder her-
absteigende.

Die gemeinsamen Bedingungen der Ellipse, Parabel und Hyperbel sind
ein Kegel und eine diesen schneidende Ebene. Aber der Kegel ist wieder
bedingt durch einen Kreis, einen ausserhalb der Ebene desselben liegenden
Punkt und die durch diesen und den Umfang des Kreises gehende, die
Kegelfläche erzeugende Gerade. Der Kreis ist wieder bedingt durch seinen
Mittelpunkt, Halbmesser und seine Ebene, der Halbmesser durch seine zwei
Endpunkte u. s. w. — Durch die Stufen der Abhängigkeit erhält jeder Beziehungsbegriff seinen Stammbaum. Was Genealogie der Beziehungsbegriffe
ist, lernt man am besten aus der Mathematik. Mehreres hierüber wird im
zweiten Theile dieses Lehrbuchs vorkommen. Eine „Analytik der Erkenntniss", wie sie Lambert in seiner „Architektonik oder Theorie des Einfachen und Ersten in der philosophischen Erkenntniss" versuchte, und vor
ihm Leibniz durch seine *Characteristica universalis* zu geben gedachte,
müsste allerdings ein System aller einfachen Beziehungsbegriffe enthalten.
Die Kategorien des Aristoteles: οὐσία das Einzelding, ποσόν Grösse, ποιόν
Beschaffenheit, πρός τι Verhältniss, ποῦ Wo, πότε Wann, κεῖσθαι Lage,
ἔχειν Haben, ποιεῖν Thun, πάσχειν Leiden, sind mit Ausnahme der ersten
und, mit gewisser Beschränkung, der dritten, zwar Beziehungsbegriffe, aber
nicht einfache. Sie sollen vielmehr die höchsten Gattungen von Beziehungen bezeichnen. Aehnliches gilt von den Kategorien Kant's, wenn sie
auch in seiner Theorie der Erkenntniss eine andere Stellung als die aristotelischen einnehmen.

§ 39.

Wenn im Vorstehenden sich mehrfache Analogien zwischen
den Verhältnissen der Objectsbegriffe zu ihren Merkmalen und
der Beziehungsbegriffe zu ihren Bedingungen gezeigt haben, so
klärt sich dies dadurch auf, dass es in der That ein und dasselbe Verhältniss ist, welches in den analytischen und synthetischen Begriffsformen, nur in verschiedener Weise, seinen Ausdruck findet. Es ist nämlich das Verhältniss des Grundes

zur Folge, dessen nähere Untersuchung auf jene zwei Classen von Begriffsverhältnissen zurückführt. Die Folge soll hervorgehen aus dem Grunde, zugleich aber auch von ihm verschieden sein, etwas Neues hinzubringen; sie muss also im Grunde enthalten, und kann doch auch nicht in ihm enthalten sein. Dieser Widerspruch löst sich nur, wenn der Grund kein einfacher Begriff ist, sondern ein Vieles und Mannigfaltiges enthält. Dieses ist nun entweder im Grunde zu einem Ganzen vereinigt. Dann kann die Folge nur in der Absonderung eines Theiles dieses Ganzen von den übrigen Theilen bestehen. Sie ist in diesem Falle nur insofern etwas Neues, als das, was sie absondert, im Grunde mit den übrigen Theilen verbunden ist. Oder zweitens, das Mannigfaltige ist im Grunde noch nicht verbunden, und die Verbindung, die Zusammensetzung des im Grunde einzeln Gesetzten ist das Neue, was die Folge giebt. Diese kann daher im ersten Falle eine analytische, im zweiten eine synthetische Folge heissen. Der erste dieser beiden Fälle findet statt bei der Absonderung der Gattungen und Artunterschiede als Folgen der Setzung ihrer Objectsbegriffe, der zweite entspricht dem Verhältniss der Beziehungen zu ihren Bedingungen; denn die Beziehungen sind die Folgen der Zusammensetzung ihrer Bedingungen.

Das Verdienst, das Verhältniss des Grundes zur Folge zuerst in sein wahres Licht gesetzt zu haben, gebührt Herbart. Der Satz, dass der Grund niemals etwas schlechthin Einfaches sein kann, hat nicht nur für das logische Denken, sondern auch für jede Art der durch Denken vermittelten Erkenntniss eine grosse Wichtigkeit und Tragweite. Ueberall wo einem Bedingten nur Eine Bedingung zu Grunde zu liegen scheint, zeigt sich bei näherer Untersuchung, dass noch eine oder mehrere dazu gehören, und wo aus Einem noch Vieles zu werden scheint, dass dieses Eine entweder eine versteckte Vielheit in sich schliesst, oder zu ihr noch Andres hinzukommt. Man findet wol z. B. im Sonnenschein den Grund des Schattens, den der Gnomon der Sonnenuhr wirft, aber der Gnomon und die Fläche, auf welche der Schatten fällt, vervollständigt erst den Grund. Die Zahl zwei lässt sich in zwei Einzelheiten zerlegen, aber nur, weil sie diese schon verbunden enthält. Aus einem Viereck können zwei Dreiecke werden, aber nur, wenn die Diagonale hinzukommt. — Die Bedeutung des Begriffs des Grundes mit seiner Folge für die Erkenntniss nach ihrem Umfange zu würdigen, ist jedoch nicht mehr Sache der Logik, sondern der Metaphysik. Zwar wird an einer späteren Stelle noch die Unterscheidung von Erkenntnisgründen und Erklärungsgründen zur Sprache kommen. Dagegen fällt schon die Erörterung des Begriffs der Ursache, der offenbar dem des Grundes untergeordnet ist, nicht mehr der Logik als Aufgabe zu. Denn ob Ursachen und Wirkungen nur einen Gedankenzusammenhang der Erscheinungen, oder einen wirklichen Zusammenhang der Dinge bedeuten, hängt offenbar mit der Frage nach dem Verhältniss zwischen Denken und Sein zusammen. Wem Beides für identisch gilt, der muss freilich Spinoza's Satz: *ordo et connexio idearum idem est ac ordo et connexio rerum*, unterschreiben. Aber dieses Identitätsprincip ist nichts weniger als ein unumstössliches Axiom, vielmehr nur eine kühne Behauptung, die vor einer nüchternen Kritik nicht bestehen kann.

Es ist mit einer sogleich näher anzugebenden Beschränkung im allgemeinen unbedenklich, zu sagen, dass die Folge *implicite,* nicht aber *explicite* im Grunde enthalten sei. Wenn wir z. B. sagen: hier ist eine Centifolie, folglich eine Blume, oder: hier sind zwei sich treffende Gerade gegeben, folglich ein Winkel, so liegt der Begriff der Blume in dem der Centifolie, und ist mit den beiden Geraden der Winkel gesetzt. Aber dort wird doch erst durch die Absonderung der Gattung Blume von den Artunterschieden der Centifolie jene zur Folge von dieser, und eben so entsteht der Winkel doch erst aus der Beachtung des Richtungsunterschiedes der beiden Geraden. Erst die vollzogene Trennung oder Verbindung der Elemente des Grundes giebt die Folge. Allerdings aber lässt sich einwenden, dass ohne diese Trennung oder Verbindung die bzw. verbundenen oder isolirten Elemente noch nicht der ganze und vollständige Grund sind. Rechnet man aber Trennung und Verbindung der Elemente mit zum Grunde, so ist die Folge von diesem nicht mehr verschieden. In der That lässt sich der vollständige Grund von seiner Folge nur dadurch unterscheiden, dass man ihn als die werdende Trennung oder Verbindung seiner Elemente, die Folge aber als die gewordene ansieht.

Zweiter Abschnitt.

Von den Formen der Urtheile.

§ 40.

Nach § 9 ist das Urtheil (*judicium*) eine Aussage (*enunciatio*) über die Beschaffenheit eines Begriffs und seinen Zusammenhang mit andern, welche zum Bewusstsein bringt, was in ihm gedacht oder nicht gedacht wird, und welche andre Begriffe mit ihm im Denken zu setzen oder nicht zu setzen sind. Jedes Urtheil besteht demnach aus drei Stücken: 1) aus dem Subject, dem Begriff, über welchen die Aussage ergeht; 2) aus dem Prädicat, dem Begriff, der das enthält, was von dem Subject ausgesagt wird; 3) aus der Copula, der Form der Aussage, die entweder eine bejahende oder verneinende ist, das Prädicat dem Subject beilegt oder abspricht. Subject und Prädicat zusammengenommen nennt man die Materie des Urtheils. Die Form desselben beruht zunächst auf der bejahenden oder verneinenden Qualität der Copula, welcher gemäss als die Grundeintheilung der Urtheile die in bejahende (*judicia affirmativa*) und verneinende (*judicia privativa s. negativa*) anzusehen ist.

Es ist nicht leicht, eine einfachere Erklärung des Urtheils zu geben als die vorstehende. Immer fällt sie, wenn sie deutlich sein soll, dualistisch aus, theils weil jedes Urtheil entweder bejaht oder verneint, theils weil es sich entweder auf die Beschaffenheit oder auf den Zusammenhang der Begriffe bezieht. Es ist nicht falsch, die Urtheile als die Formen der unmittelbaren Verknüpfung der Begriffe zu erklären, vorausgesetzt jedoch, dass man unter der Verknüpfung auch die Trennung mitversteht und hinzufügt, dass beides sich nach der Beschaffenheit und den gegebenen Verhältnissen der Begriffe richtet. In der That liegen diesen Verknüpfungen die im vorigen Abschnitt entwickelten Begriffsformen zu Grunde und bestimmen, wie sich zeigen wird, die verschiedenen Formen der Urtheile. Diese bringen nur zum Bewusstsein, sagen aus, was in den Begriffen und ihren Verhältnissen liegt. Wenn man mit Herbart das Urtheil als die Antwort auf die Frage, ob zwei gegebene Begriffe sich mit einander verknüpfen lassen oder nicht, ansieht, so scheint dasselbe auf einem bloss zufälligen Zusammentreffen der Begriffe im Bewusstsein zu beruhen, was nicht richtig ist. Denn das Subject zieht sein Prädicat nach sich. Selbst wenn dieses verneint wird, muss ein Motiv zur Verneinung vorhanden sein, so dass der Anspruch des Prädicats auf Verknüpfung mit dem Subject durch die Verneinung zurückgewiesen wird. Es können zwar Fragen aufgeworfen werden, wie etwa die: ist die Seele sauer oder nicht? Und die Antwort: die Seele ist nicht sauer, ist ein richtiges Urtheil. Aber die Fragestellung dem Zufall oder der Willkür zu überlassen, und somit diese zum Princip zu machen, kann doch nicht wissenschaftlich gerechtfertigt werden.

§ 41.

Ist in dem Urtheil das Prädicat P eine Beschaffenheitsbestimmung des Subjects S, sagt also das Urtheil über das Subject etwas aus, was dieses ist oder nicht ist, so entsteht die kategorische Urtheilsform

S ist (ist nicht) P.

Drückt dagegen das Urtheil aus, dass das Prädicat mit dem Subject nur in irgend welchem äusseren oder inneren Zusammenhange, dass es in Beziehung zu ihm steht oder nicht steht, so ergiebt sich die hypothetische Urtheilsform

wenn S ist, so ist (ist nicht) P,

welche so viel bedeutet als:

mit S ist (ist nicht) P gesetzt.

Man nennt diese Unterscheidung zwischen kategorischen und hypothetischen Urtheilsformen, da sie auf der Verschiedenartigkeit der Bedeutung beruht, die das Prädicat für das Subject hat, die Eintheilung der Urtheile hinsichtlich ihrer Relation. Es sind dies jedoch nur die einfachsten Grundformen zweier Classen von Urtheilsformen, die wir als Formen der Beschaffenheitsurtheile und der Beziehungsurtheile bezeichnen wollen.

„Der Diamant ist ein Edelstein, ist Kohlenstoff, wasserhell, oktaedrisch“ u. s. w., dies sind kategorisch bejahende Urtheile; „der Diamant ist nicht Diamantspath, kein Quarz, nicht farbig“ oder: „Klugheit ist nicht Weisheit, Pantheismus nicht Atheismus, der Maulwurf nicht blind“ u. dgl. sind Beispiele von kategorisch verneinenden Urtheilen. Als Beispiele von hypothetischen Urtheilsformen mögen vorläufig genügen: wenn Sonnenschein ist, so ist es hell; wenn Nacht ist, so ist es dunkel; wenn es blitzt, so donnert es; wenn es wetterleuchtet, so donnert es nicht; mit dem Mondwechsel ist nicht Wetteränderung verbunden, mit Reichthum nicht Glück.“ Oft wird auch das „wenn“ mit „wo“ vertauscht, z. B.: wo Rauch ist, da ist Feuer; wo Schatten, da ist Licht u. s. w. —

Für kritische Leser mögen schon hier folgende vorläufige Bemerkungen eine Stelle finden. In der zweiten Auflage dieses Lehrbuchs wurde das kategorische Urtheil als die Grundform der analytischen, das hypothetische als die der synthetischen Urtheile betrachtet. Dies trifft jedoch nicht genau zu, da solche synthetische Urtheile, in welchen das Prädicat ein äusseres Merkmal des Subjects ist, also nicht in ihm liegt, sich in kategorischer Form ausdrücken lassen. Kant selbst, der zuerst die synthetischen Urtheile von den analytischen unterschied, erläutert diesen Unterschied durch die Beispiele: alle Körper sind ausgedehnt, und alle Körper sind schwer, von welchen ihm das erste als analytisches, das zweite als synthetisches Urtheil gilt, weil nach ihm die Ausdehnung schon ein Merkmal des Begriffes eines Körpers überhaupt, die Schwere dagegen erst eine durch die Erfahrung gegebene Eigenschaft des (physischen) Körpers ist. Fasst man dagegen, wie im obigen Paragraph, das kategorische Urtheil auf als eine Beschaffenheitsbestimmung des Subjects durch das Prädicat, so ist es gleichgiltig, ob letzteres ein inneres oder äusseres Merkmal des ersteren ist, ob es in dem Subject liegt, oder nur dessen Beschaffenheit im Verhältniss zu der eines andern Begriffes ausdrückt, ja ob es zur Nachweisung desselben als einer Eigenschaft des Subjects vielleicht erst noch einer weiteren Vermittelung bedarf. Das Eigenthümliche des hypothetischen Urtheils aber ist, dass es einen Zusammenhang der Setzung des Prädicats mit der des Subjects, daher eine Beziehung zwischen beiden, in dem oben angegebenen Sinne ausdrückt. — Man hat den ganzen Unterschied zwischen kategorischen und hypothetischen Urtheilen als einen bloss sprachlichen gelten lassen wollen. Wäre dies richtig, so müsste jedes hypothetische Urtheil sich in kategorischer, jedes kategorische in hypothetischer Form ausdrücken lassen. Dass das erstere durchaus nicht allgemein gelingt, wird schon der Versuch zeigen, die obigen Beispiele von hypothetischen Urtheilen in kategorische umzuwandeln. Freilich kann man wol auch sagen: der Donner ist eine Folge des Blitzes, und: die Wetteränderung ist keine Folge des Mondwechsels; aber solche kategorische Sätze sind doch nur verdeckte hypothetische Urtheile. Anders steht es mit der Umwandelung der kategorischen Urtheile in hypothetische. Man kann z. B. dem kategorischen Urtheil: das gleichseitige Dreieck ist gleichwinklig, auch die hypothetische Form geben: wenn ein Dreieck gleichseitig ist, so ist dasselbe auch gleichwinklig. Es wird ferner weiter unten (§ 55) gezeigt werden,· dass der Unterschied beider Urtheilsformen sich nicht auf den des Unbedingten und Bedingten zurückführen lässt, dass das kategorische Urtheil: S ist P, das Subject S nicht unbedingt setzt, sondern dasselbe vielmehr nur soviel bedeutet als: wenn S ist, so ist S . . P. Aber auch dadurch geht das kategorische Urtheil nicht in dem hypothetischen auf, da ja diese Form wieder das kategorische Urtheil: S ist P, enthält. Nur soviel kann zugegeben werden, dass unter die Form: mit S ist P gesetzt, sich nicht bloss das hypothetische, sondern auch das kategorische Urtheil bringen lässt. Denn wenn P eine Beschaffenheitsbestimmung von S ist, so wird es freilich immer mit diesem zugleich gesetzt. Gleichwohl betont das kategorische Urtheil nicht, dass P zu setzen, wenn S gesetzt ist, sondern dass durch P das, was S ist, näher bestimmt wird. Die Vervollständigung desselben durch den Zusatz „wenn S ist", soll nur in Erinnerung bringen, dass diese Urtheilsform nicht die Behauptung enthält, es sei S.

I. Formen der Beschaffenheitsurtheile.

§ 42.

Die Beschaffenheitsbestimmung von S durch P im kategorischen Urtheil betrifft zunächst den Inhalt von S. Daher ist in dem bejahenden Urtheil: S ist P, das Prädicat P entweder ein Gattungsbegriff (eine Kategorie), oder ein Artunterschied, oder eine Eigenschaft (§ 31) des Subjects S. Das verneinende Urtheil: S ist nicht P, begrenzt den Inhalt von S nach aussen hin, indem es S entweder von einem ihm verwandten Begriff P unterscheidet, seine Einerleiheit mit diesem verneint, oder durch Ausschliessung einer Gattung, oder eines Merkmals, oder einer Eigenschaft P von dem Inhalt von S die Inhaltsbestimmung desselben vorbereitet.

Zur Inhaltsbestimmung eines Begriffs genügt streng genommen die Angabe seiner inneren constitutiven Merkmale (§ 25 u. 31), oder der Gruppirung derselben in Gattung und Artunterschied; doch kann der Inhalt auch mittelbar oder indirect durch äussere Merkmale oder Eigenschaften, wenn auch nicht festgestellt, doch näher bezeichnet werden. So sind nicht nur die Urtheile: das Rechteck ist ein Parallelogramm, dasselbe ist rechtwinklig, sondern auch diese: das Rechteck hat gleiche Diagonalen, hat einen von seinen vier Ecken gleich entfernten Mittelpunkt, Inhaltsbestimmungen des Begriffs Rechteck (zugleich wird hierbei bemerklich, dass, wenn P ein inneres oder äusseres Merkmal, die Copula „ist" häufig mit „hat" vertauscht werden kann, was nur vom sprachlichen Ausdruck abhängt). Bejahende kategorische Urtheile, in welchen das Prädicat P ein inneres Merkmal oder eine Gattung des Subjects ist, heissen, weil sie sich durch Analyse des letzteren ergeben, analytische; wenn dagegen das Prädicat eine Eigenschaft des Subjects bezeichnet, die diesem also nur durch unmittelbare oder mittelbare Beziehung seines Inhalts auf den eines andern Begriffs zukommt, so heissen solche Urtheile synthetische. — Von den drei in der Anmerkung zum vorigen Paragraph angeführten verneinenden kategorischen Urtheilen: „der Diamant ist nicht Diamantspath, ist nicht Quarz, ist nicht farbig", unterscheidet das erste den Begriff des Diamanten von dem eines verwandten Edelsteins, schliesst das zweite von demselben die Gattung Quarz aus, schliesst das dritte von ihm das Merkmal farbig aus.

§ 43.

Da jeder Begriff S in allen seinen Arten als Gattung enthalten, und ein von ihm bejahtes Prädicat P entweder eine Gattung, oder ein Artunterschied, oder eine Eigenschaft, also immer eine Bestimmung seines Inhalts ist, so kommt ein solches auch allen Arten von S zu, gilt für den ganzen Umfang dieses Begriffs als Prädicat. Hieraus entspringt die allgemein bejahende Urtheilsform:

alle S sind P.

Das verneinende Urtheil: S ist nicht P, lässt dagegen in Bezug auf den Umfang von S folgende drei Auslegungen zu:

kein S ist P,

einige S sind nicht P,
ein einzelnes S ist nicht P.

Denn wenn auch P nicht dem S selbst zukommt, so kann es doch einigen Arten von S, oder mindestens einer einzelnen, vermöge der zu S hinzutretenden Artunterschiede, zukommen. In diesem Falle aber, wo also P nicht allen Arten von S nicht zukommt, muss es einigen Arten, oder mindestens einer einzelnen zukommen. Es ist daher mit dem verneinenden Urtheil: nicht alle S sind nicht P, zugleich eine von folgenden bejahenden Urtheilsformen

einige S sind P,
ein einzelnes S ist P,

gegeben. Es ergeben sich also für die bejahenden sowohl als verneinenden kategorischen Urtheile, je nachdem das Prädicat sich auf den ganzen Umfang des Subjects oder nur auf einen Theil desselben bezieht, die drei verschiedenen Formen der allgemeinen (*universalia*), besonderen (*particularia*) und einzelnen (*singularia*) Urtheile, die man auch als die Eintheilung der kategorischen Urtheile hinsichtlich ihrer Quantität bezeichnet.

Wenn man z. B. sagt: der Reiche ist nicht glücklich, Genuss ist nicht sündhaft, so bedeutet dies nicht, dass kein Reicher glücklich, kein Genuss sündhaft sei, denn wer einen weisen Gebrauch von seinem Reichthum zu machen versteht, ist glücklich zu nennen, und verbotener Genuss ist sündlich, also sind nur manche Reiche nicht glücklich, gewisse Genüsse nicht sündhaft, andere sündhaft. Dagegen sind die Urtheile: die Spitzkugel ist keine Kugel, die Hyäne gehört nicht ins Katzengeschlecht, allgemein verneinende.

Das singuläre Urtheil ist von manchen neueren Logikern als eine eigenthümliche Urtheilsform nicht anerkannt worden. In der That kann man es als einen besonderen Fall der allgemeinen wie der besonderen Urtheile darstellen; ersteres, sofern das individuelle Subject nur selbst in seinem Umfange liegt, also diesen ganz darstellt; letzteres, sofern dasselbe als ein einzelnes Glied des Umfanges eines allgemeinen Begriffes dargestellt wird und also die Form einer Art von diesem annimmt, die jedoch keine weitere Unterart hat. Es kann z. B. in dem Urtheil: Copernicus war der Entdecker des wahren Planetensystems, das Subject Copernicus auch als ein gewisser Canonicus zu Frauenburg bezeichnet werden. Indess sind doch streng genommen beide Auslegungen erkünstelt. Nicht ohne Härte ist es, zu sagen, dass ein Individuum seinen ganzen Umfang darstelle, da es vielmehr, weil keine Arten, so keinen Umfang hat. Ebenso ist die

Unterordnung des individuellen Subjects unter seinen Gattungsbegriff der Bedeutung desselben, wie sie durch ein Nomen proprium oder, mit Hinweisung auf die unmittelbare Wahrnehmung oder Vorstellung, durch ein Pronomen demonstrativum (dieser bestimmte) bezeichnet wird, fremd; es is dann eben eine Umformung des Urtheils, die zwar zulässig ist, aber doch etwas Anderes an die Stelle des Gegebenen setzt. Schon dies, dass man das singuläre Urtheil sowohl als ein allgemeines wie als ein besonderes betrachten kann, verräth, dass es keinen von beiden vorzugsweise unterstellt werden muss und daher eine gewisse von jenen unabhängige Selbständigkeit hat. Will man ihm die Coordination mit den allgemeinen und besonderen Urtheilen bestreiten, so wird es am richtigsten sein, es als ein Urtheil ohne Bezeichnung der Quantität anzusehen, wie die kategorischen Urtheile in ihrer einfachsten Form (s. vor. §) es sind.

§ 44.

Die Quantitätsunterschiede der kategorischen Urtheile können auch als Verhältnisse zwischen den Umfängen des Subjects und des Prädicats aufgefasst werden. Das hinsichtlich seiner Quantität unbezeichnete bejahende Urtheil: S ist P, drückt nämlich im allgemeinen auch aus, dass S mit einer Art von P identisch ist. Hieraus folgt, dass der ganze Umfang von S identisch ist mit einem Theil des Umfangs von P, und dass der vollständige Ausdruck des allgemein bejahenden Urtheils lautet:

all S sind einige P.

Nur wenn P ein Prädicat ist, das S ausschliesslich zukommt, ist der Umfang von S identisch mit dem ganzen Umfange von P, und dann also zu sagen:

alle S sind alle P.

Eben so ist in dem besonders bejahenden Urtheil im allgemeinen ein Theil des Umfangs von S identisch mit einem Theil des Umfangs von P, also der vollständige Ausdruck eines solchen Urtheils:

einige S sind einige P;

und nur wieder in dem besonderen Falle, wo P ausschliesslich den „einigen S" als Prädicat zukommt, ist ein Theil des Umfangs von S identisch mit dem ganzen Umfange von P, und lautet das Urtheil vollständig:

einige S sind alle P.

„Alle Körper sind ausgedehnt" bedeutet: alle Körper sind einiges Ausgedehnte; denn andre Arten desselben sind auch Flächen und Linien.

4 *

„Alle physische Körper sind schwer" aber bedeutet: alle physischen Körper sind alles Schwere; denn die Schwere kommt ausschliesslich den physischen Körpern zu. Das Urtheil: „manche Thiere sind klug" bedeutet, dass manche Thiere nur einiges Kluge sind; denn auch Menschen sind klug. Aber in dem Urtheil: „manche Thiere sind weissblütig" bezeichnet das Prädicat alles Weissblütige, denn andern Subjecten als gewissen Thierclassen (Insecten und Gewürmen) kommt es nicht zu.

§ 45.

In dem allgemein verneinenden kategorischen Urtheil: kein S ist P, wird der ganze Umfang von S ausgeschlossen von dem ganzen Umfang von P. Dagegen wird im besonders verneinenden Urtheil im allgemeinen nur die Identität einiger S mit einigen P geleugnet, und daher nur ein Theil des Umfangs von S ausgeschlossen von dem Umfange des P, indess ein andrer Theil des ersteren mit einem Theil des letzteren identisch ist. Nur wieder in dem besonderem Falle, wo P ausschliesslich den „einigen S" nicht zukommt, dagegen andern S zukommt, ist ein Theil des Umfangs von S identisch mit dem ganzen Umfange von P.

Das Urtheil: „kein Fisch hat warmes Blut" sagt aus, dass alle Fische von allem Warmblütigen ausgeschlossen sind. „Manche Wasserthiere legen nicht Eier" schliesst einen Theil des Umfangs des Begriffs „Wasserthier" von dem Umfange des „Eierlegenden" aus, indess ein andrer Theil (z. B. Walfisch, Delphin, Pottfisch) mit einem Theil jenes Umfangs zusammenfällt. Aber in dem Urtheil: „manche Gelehrte sind nicht classisch gebildet" ist zwar ebenfalls nur ein Theil des Subjectsumfangs des „Gelehrten" ausgeschlossen von dem Umfang des Prädicats „classisch gebildet", aber der andre Theil fällt nicht mit einem Theil dieses Prädicatsumfangs, sondern mit dem ganzen zusammen; denn der Classischgebildete ist als solcher immer ein Gelehrter.

Wenn man die Umfänge der Begriffe, wie oben (§ 26. Anm. 2), durch Flächen von Kreisen versinnlicht, so lassen sich die in den beiden vorstehenden Paragraphen unterschiedenen Hauptformen der bejahenden und verneinenden kategorischen Urtheile sehr anschaulich durch nachstehende Figuren darstellen, in welchen die schraffirten Partien die Theile der Umfänge von S und P anzeigen, die mit einander zusammenfallen. Es stellen daher Fig. 3 und 4 sowohl besonders bejahende als besonders verneinende Urtheile dar, Fig. 1 und 2 die beiden Formen des allgemein bejahenden, Fig. 5 das allgemein verneinende Urtheil. Es muss aber hierbei darauf aufmerksam gemacht werden, dass die besonders bejahenden oder verneinenden Urtheile: einige S sind (sind nicht) P bedeuten, dass nur einigen

S das Prädicat P zukommt (nicht zukommt), nicht aber, dass es bloss von einigen bekannt ist, in welchem Falle möglicher Weise auch alle P .. S sein (nicht sein) könnten.

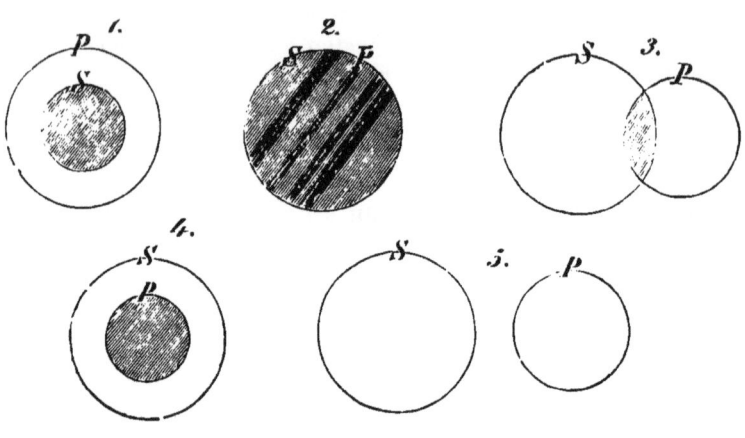

§ 46.

Mit oder ohne quantitative Bezeichnung sind kategorische Urtheile, wenn auch bejahend, doch nur unvollständige Inhaltsbestimmungen des Subjects, denn sie geben nur die Gattung oder einen Artunterschied oder überhaupt nur ein einzelnes inneres Merkmal derselben an. Zur vollständigen Inhaltsangabe gehört eine Mehrheit solcher Urtheile, in denen das Subject ein und dasselbe, und nur die Prädicate verschieden sind; also Urtheile der Form: S ist P, S ist Q, S ist R; oder alle S sind P, alle S sind Q, alle S sind R. Man kann eine solche Mehrheit von Urtheilen in ein einziges zusammengesetztes oder conjunctives Urtheil der Form:

S (alle S) ist (sind) sowohl P als Q als R,

zusammenziehen. Ist P der Gattungsbegriff, Q aber und R ein Artunterschied, so entsteht die Form:

S ist ein P, welches Q und R ist.

Die Prädicate P, Q, R müssen hier jedenfalls vereinbare (disparate) Merkmale sein. In ähnlicher Weise ergeben sich auch zusammengesetzte oder conjunctive negative kategorische Urtheile der Form:

S ist weder P noch Q noch R,

in denen aber P, Q, R sowohl disparate als disjuncte Merkmale oder Begriffe sein können.

Z. B. die Apfelsine ist kugelrund, orangefarbig und süss; sie ist eine Frucht, die duftig und süss ist; sie ist weder länglichrund noch gelb noch sauer u. s. w.

§ 47.

Tritt an die Stelle der quantitativen Bezeichnung des Umfangs eines Subjects S, dem ein Prädicat P zukommt oder nicht zukommt, die nähere Angabe der Arten L, M, N, für welche dies gilt, so entsteht eine zweite Art zusammengesetzter kategorischer Urtheile, in welchen die Zusammensetzung nicht, wie in der ersten, das Prädicat, sondern das Subject trifft. In bejahender Form nämlich ergiebt sich das copulative Urtheil:

sowohl L, als M, als N ist P;

in verneinender das remotive:

weder L, noch M, noch N ist P.

Copulative und remotive Urtheile zusammengenommen heissen inductive, weil sie durch vergleichende Bestimmung des Gemeinsamen im coordinirten Besonderen oder Einzelnen zu der des Allgemeinen, des Gattungsbegriffs führen (*inducunt*).

Z. B. das bejahende Urtheil: sowohl Theologie, als Jurisprudenz, als Medicin sind angewandte Wissenschaften, führt zu dem allgemein bejahenden: alle Facultätswissenschaften sind angewandte. Ebenso das verneinende : weder der Walfisch, noch der Delphin, noch der Pottfisch sind Fische, führt zu dem besonders verneinenden: manche fischähnliche Thiere sind nicht Fische. — Wir kommen hierauf bei den Schlüssen zurück.

§ 48.

Die Bestimmung des Umfangs eines Begriffs S wird vorbereitet durch besonders bejahende Urtheile der Form: einige S sind P, andre S sind Q, noch andre S sind R, wo P, Q, R coordinirte Arten von S bedeuten. Sind diese nun vollzählig, wird also durch ihre Gesammtheit der ganze Umfang von S dargestellt, so bildet sich hieraus das divisive Urtheil:

alle S sind theils P, theils Q, theils R,

oder auch das disjunctive:

alle S sind entweder P oder Q oder R,

obwohl dieses letztere, wie weiter unten (§ 54) sich zeigen wird, noch eine andere Bedeutung als die der Umfangsbestimmung von *S* hat.

Z. B. Die schönen Künste sind theils redende, theils tönende, theils bildende; alle Kegelschnitte sind entweder Ellipsen, oder Parabeln, oder Hyperbeln; alle Körper sind entweder feste, oder flüssige, oder luftförmige.

§ 49.

Der Begriff in seiner ersten Entstehung ist eine noch unbenannte Wahrnehmung, denn jede Benennung bezeichnet schon einen Gattungsbegriff des Benannten. Daher giebt es Urtheile mit unbenanntem, gleichwohl aber der Vorstellung nach völlig bestimmtem Subject. Sie sind Einzelurtheile, deren Subject seine eigenthümliche Benennung durch das Urtheil erst erhält, oder auch dadurch als ein von einem verwandten Begriff unterschiedenes Selbständiges bezeichnet wird, und haben je nachdem sie bejahen oder verneinen, die Formen:

$$\text{dies ist } P; \qquad \text{dies ist nicht } P.$$

Sie können werdende kategorische Urtheile genannt werden. Subject und Copula können in ihnen sogar ganz verschwinden, so dass nur das Prädicat in Form einer Interjection übrig bleibt.

Wir sagen z. B. bei Wahrnehmungen, die uns überraschen: das ist Hagel, Feuerlärm, Kanonendonner! ohne allgemeine Benennung der Wahrnehmung. Oder wir rufen noch kürzer: Feuer! eine Wespe! eine Sternschnuppe! ein Raubvogel! Ebenso verneinend: das ist kein Abendroth, kein Feuerschein, und setzen dann vielleicht hinzu: sondern ein Nordlicht. Das Kind, wenn es in der Nuss keinen Kern findet, ruft: taub! der Arme, wenn er vergebens in seinen Beutel greift: kein Heller! — Die ersten Sprechversuche des Kindes, in denen es die gehörten Namen der Dinge wiederholt, sind solche werdende Urtheile, die man auch enthymematische nennen könnte.

II. Formen der Beziehungsurtheile.

§ 50.

Die Grundform aller Beziehungsurtheile ist (§ 41) das hypothetische Urtheil: wenn *S* ist, so ist (ist nicht) *P*. Es drückt, wie schon bemerkt wurde, aus, dass mit der Setzung von *S* die Setzung von *P* verbunden oder nicht verbunden ist. Die Setzung von *S* heisst hier die Voraussetzung (*hypothesis*), die von *P* die Behauptung (*thesis*), *S* selbst der im Denken vorangehende Begriff (*praecedens, prior*), *P* der nachfolgende (*consequens, posterior*). Worauf sich diese bejahte oder verneinte Mitsetzung (Synthesis) des Prädicats mit dem Subject gründet, ist zunächst völlig gleichgiltig. Ein hypothetisches Urtheil ist gegeben, nicht nur, wenn *S* und *P* sich wie Bedingung und Bedingtes verhalten, sondern es kann auch umgekehrt *P* die Bedingung und *S* das Bedingte sein. Es braucht ferner nicht einen inneren Zusammenhang der Begriffe auszudrücken, sondern dieser kann auch ein bloss äusserer, auf Erfahrung, ja sogar ein auf blosser Meinung beruhender sein.

Zu den Beispielen in der Anmerk. § 41 mögen noch folgende kommen: wenn das Barometer steigt, so wird schönes Wetter; wenn eine Sonnenfinsterniss ist, so ist Neumond; wenn die Schwalben kommen, so wird Frühling; auf die Erscheinung eines grossen Kometen folgt Krieg und Theuerung; auf den Gebrauch von Arzeneimitteln Genesung u. s. w. Auch die von Trendelenburg hervorgehobenen Zweckurtheile, z. B.: damit die Feder der Taschenuhr eine gleichförmige Bewegung hervorbringe, ist die Kette um eine Schnecke gewunden, können wir nur als hypothetische betrachten. Der gewollte Zweck bedingt die Wahl der Mittel zu seiner Erfüllung. Er ist die Voraussetzung; dass die Mittel ihm entsprechen, die Behauptung. Dass das Urtheil: wenn die Kette um eine Schnecke gewunden ist, so ist der Gang der Uhr gleichförmig, ein hypothetisches ist, wird Niemand leugnen. Die Umkehrung giebt das Urtheil: in einem der Fälle, wo eine Uhr einen gleichförmigen Gang hat, ist die Kette um eine Schnecke gewunden. Wird nun die Hypothesis dieses Urtheils als Zweck gewollt, so wird die Thesis eines der Mittel zu seiner Erreichung. — Von den Kriterien der Giltigkeit der Urtheile überhaupt wird erst unter III gehandelt werden. Hier, wie unter I, ist es uns nur um die Bestimmung ihrer Formen zu thun.

§ 51.

Die für die kategorischen Urtheile nachgewiesenen Quantitätsunterschiede gelten auch für die hypothetischen. Denn auch die Setzung von *S* hat einen Umfang; es lassen sich Fälle unterscheiden, in denen *S* gesetzt ist, sei es dass *S* als generelle Bedingung mit mehreren speciellen Bedingungen zusammentreten kann (§ 36), oder dass, wie in empirischen Urtheilen, *S* wiederholt, von verschiedenen Nebenumständen begleitet, gesetzt ist, ohne dass ein innerer (rationaler) Zusammenhang zwischen seiner Setzung und der von P gegeben ist. Hieraus entstehen nun die Formen der hypothetischen **allgemeinen**, **besonderen** und **Einzelurtheile**:

in allen Fällen (oder immer) wenn S ist, ist (ist nicht) P,
in einigen Fällen (zuweilen) wenn S ist, ist (ist nicht) P,
in einem einzelnen Falle wenn S ist, ist (ist nicht) P.

Aber auch die Setzung von P hat einen Umfang. Es kann daher mit der Setzung aller oder einiger Fälle, in denen S ist, die Setzung entweder nur einiger oder aller Fälle, wo P ist, verbunden, oder auch nicht verbunden sein. So entstehen die bestimmteren Urtheilsformen:

mit der Setzung $\begin{Bmatrix} \text{aller} \\ \text{einiger} \end{Bmatrix}$ Fälle, in denen S ist, ist verbunden die Setzung einiger (aller) Fälle, in denen P ist;

mit der Setzung aller Fälle, in denen S ist, ist nicht verbunden die Setzung aller Fälle, in denen P ist;

mit der Setzung einiger Fälle, in denen S ist, ist nicht verbunden die Setzung einiger (aller) Fälle, in denen P ist.

Z. B. alle Fälle, wo eine Mondfinsterniss ist, sind verbunden mit einigen Fällen, wo Vollmond ist, aber mit allen Fällen, in denen der Erdschatten den Mond trifft. Mit allen Fällen, in welchen das Barometer sinkt, sind alle Fälle, in denen der Luftdruck abnimmt, aber keiner, in dem er zunimmt oder sich gleichbleibt, verbunden. In einigen Fällen, in denen das Barometer sinkt (z. B. bei Ostwind), bleibt schönes Wetter, in andern nicht; es sind also mit einigen Fällen des Sinkens des Barometers einige Fälle des bleibenden schönen Wetters verbunden. Von einigen Fällen, in denen das Barometer sinkt (z. B. bei Erhöhung des Standorts, oder Eindringen von Luft in das Torricelli'sche Vacuum) sind alle Fälle, in denen sich der Zustand der Atmosphäre ändert, ausgeschlossen.

Die Figuren in der Anmerk. zu § 45 können auch hier zur Versinnlichung dienen. Nur muss man sich jetzt, da nicht mehr an identische Beschaffenheiten, sondern an Zusammensetzen der Begriffe zu denken ist, die gemeinsamen Theile der Kreise nicht als identische, sondern als solche vorstellen, in welchen sich dieselben decken, in denen sie congruiren.

§ 52.

Der Inhalt der Begriffe S und P im hypothetischen Urtheil kann durch conjunctive Urtheile (§ 46) der Form S ist ein A, welches B ist, P ist ein C, welches D ist, näher bestimmt

werden. Substituirt man den Begriffen S und P diese Bestimmungen, so erhält man ein Urtheil von der Form: wenn
ein A ist, das B ist, so ist ein C, das D ist. Da dieses aber
nichts weiter aussagt, als dass das D-sein des C abhängt von
dem B-sein des A, so ergiebt sich hieraus die kürzere Form:
wenn A . . B ist, so ist (ist nicht) C . . D,
oder: wenn A . . B ist, so folgt (folgt nicht), dass auch C . . D
sei. Solche Urtheile heissen kategorisch-hypothetische,
von welchen die der einfacheren Form: wenn S ist, so ist P,
als rein hypothetische unterschieden werden. Es kann aber
auch sowohl ein rein hypothetisches als ein kategorisch-hypothe-
sches Urtheil zur Hypothesis, ein anderes zur Thesis eines neuen
hypothetischen Urtheils gemacht werden. Dann entsteht ein
hypothetisch-hypothetisches Urtheil der Form:
Angenommen, dass, wenn A . . B, so C . . D ist, so ist,
wenn E . . F, auch G . . H.

Z. B. die Urtheile: wenn der Sommer warm ist, so ist das Obst süss;
wenn die Seiten eines Vierecks gleich sind, so folgt nicht, dass auch die
Winkel gleich sind; stellen kategorisch-hypothetische dar. Das Urtheil: angenommen, dass, wenn der Mensch will, er kann, so ist ihm, wenn er in
Versuchung kommt, Widerstand möglich; ist ein Beispiel eines hypothetisch-
hypothetischen Urtheils.

Sowohl die Hypothesis als die Thesis eines kategorisch-hypothetischen
Urtheils kann auch verneinend, dabei aber dasselbe bejahend oder verneinend sein, je nachdem die Setzung (Giltigkeit) der kategorischen Thesis
abhängt oder nicht abhängt von der Hypothesis. So ist z. B. das Urtheil: wenn die Seiten eines Dreiecks nicht gleich sind, so sind auch die
ihnen gegenüberliegenden Winkel nicht gleich, ein bejahendes; dagegen das
Urtheil: wenn auch die Tugend keines Lohnes bedarf, so folgt daraus doch
nicht, dass das Laster keine Strafe verdient, ein verneinendes.

§ 53.

Werden in dem quantitativ bestimmten rein hypothetischen
Urtheil die Fälle, in denen S ist, oder nicht ist, specificirt, so
ergeben sich die copulativen und remotiven hypothetischen
Urtheile:
sowohl wenn L, als wenn M, als wenn N ist, ist P;
weder wenn L, noch wenn M, noch wenn N ist, ist P.
Sie sind offenbar zusammengesetzt aus den einfachen Urtheilen:
wenn L ist, so ist (ist nicht) P; wenn M ist, so ist (ist nicht) P;

wenn N ist, so ist (ist nicht) P; und können daher, wie die zusammengesetzten kategorischen in § 47, auch inductive in bejahender und verneinender Form genannt werden. In ähnlicher Weise giebt die Zusammenfassung der Urtheile: wenn L nicht ist, so ist auch nicht P; wenn M nicht ist, so ist auch nicht P, wenn N nicht ist, so ist auch nicht P; die Urtheilsform: wenn weder L, noch M, noch N ist, so ist auch nicht P. Sind endlich L, M, N vereinbare (disparate) Begriffe, mit denen, zwar nicht wenn sie einzeln, wohl aber wenn sie zusammen gesetzt werden, die Setzung von P verbunden ist, so entsteht das conjunctive hypothetische Urtheil:

wenn sowohl L als M als N ist, so ist P.

Beispiele: sowohl, wenn in zwei Dreiecken zwei Seiten sammt dem eingeschlossenen Winkel, als wenn alle drei Seiten, als wenn eine Seite und zwei Winkel, als wenn zwei Seiten und der der grösseren von beiden gegenüberliegende Winkel der Reihe nach gleich sind, sind die Dreiecke congruent. Weder wenn in zwei Dreiecken zwei Seiten beziehungsweise gleich sind, die dritten Seiten aber ungleich, noch wenn zwei Seiten gleich sind, die eingeschlossenen Winkel aber ungleich, noch wenn zwei Winkel gleich sind, eine Seite aber ungleich ist, sind die Dreiecke congruent. Wenn ein Volk weder werthvolle Naturproducte besitzt, noch Ackerbau, noch Viehzucht, noch Industrie treibt, hat es auch keinen Handel. Wenn es regnet, die Sonne scheint, und diese der Regenwand in einer Höhe von nicht mehr als 42^{0} gegenübersteht, so erscheint ein Regenbogen.

§ 54.

Ebenso lassen sich die einfachen Urtheile: wenn S ist, so ist (ist nicht) P; wenn S ist, so ist (ist nicht) Q; wenn S ist, so ist (ist nicht) R, zusammenziehen in die Form:

wenn S ist, so ist sowohl (weder) P, als (noch) Q, als (noch) R.
Wenn dagegen nur in einigen Fällen, in welchen S ist, P, in andern Q, in noch andern R ist, und P, Q, R disjuncte Begriffe sind, daher die Setzung des einen von ihnen immer die Setzung der beiden andern ausschliesst, so dass also die Urtheile:

wenn P ist, so ist weder Q noch R,

wenn Q ist, so ist weder P noch R,

wenn R ist, so ist weder P noch Q,
gegeben sind, so entsteht das disjunctive hypothetische Urtheil:

wenn S ist, so ist entweder P, oder Q, oder R.

Hieraus erhellt nun auch, dass dem kategorischen disjunctiven Urtheil (§ 48): S ist entweder P, oder Q, oder R, die drei kategorisch-hypothetischen:

wenn S . . P ist, so ist dasselbe weder Q noch R,

wenn S . . Q ist, so ist dasselbe weder P noch R.

wenn S . . R ist, so ist dasselbe weder P noch Q,

zu Grunde liegen. — Endlich ergiebt sich auch, dass, wenn P ein Prädicat ist, das einem, aber auch nur einem der Subjecte A, B, C zukommt, es aber noch unbestimmt ist, welchem, daher nur die drei kategorisch-hypothetischen Urtheile:

wenn A . . P ist, so ist weder B noch C . . P,

wenn B . . P ist, so ist weder A noch C . . P,

wenn C . . P ist, so ist weder A noch B . . P,

gegeben sind, diese sich in das Urtheil mit disjunctivem Subject:

entweder A, oder B, oder C ist P,

zusammenziehen lassen.

Beispiele: Wenn Dreiecke congruent sind, so sind sowohl ihre gleichnamigen Seiten, als ihre gleichnamigen Winkel, als ihre Flächen gleich. Wenn es Nacht ist, so ist entweder reiner, oder dunstiger, oder wolkiger, oder umzogener Himmel. Wenn die Welt einen Anfang hat, so ist sie entweder zufällig, oder mit Nothwendigkeit entstanden, oder absichtlich erschaffen. — Ferner: wenn nach der Ueberzeugung der Geschworenen von drei Angeklagten A, B, C, einer, aber nur einer, schuldig ist, so werden sie zunächst sagen: entweder A oder B oder C ist schuldig.

Dass jedem disjunctiven Urtheil hypothetische zu Grunde liegen, scheint zuerst Lambert (Organon I, § 133) bemerkt zu haben.

§ 55.

Dass im hypothetischen Urtheil, als der Grundform der Beziehungsurtheile, die Setzung des Subjects blosse Voraussetzung, die des Prädicats nur Setzung mit dem Subject ist, keines von beiden also schlechthin, unbedingt gesetzt wird, ist aus dem Vorangegangenen hinlänglich klar. Im kategorischen Urtheil, als der Grundform der Beschaffenheitsurtheile, ist zwar die Setzung der Begriffe nicht der eigentliche Gegenstand, worauf sich dasselbe bezieht; aber es ist doch die Frage berechtigt, in welcher Weise in ihm die Begriffe gesetzt werden. Dass nun hier das Prädicat, als bejahende oder verneinende Beschaffenheitsbestimmung des Subjects, nur mit diesem gesetzt oder nicht gesetzt wird, leuchtet von selbst ein. Aber auch das Subject wird in ihm nicht unbedingt gesetzt, sondern nur vorausgesetzt, und das kategorische Urtheil S ist (ist nicht) P, hat mit Bezug auf die Setzung von S nur den Sinn, wenn S gesetzt, d. i. gedacht wird, so ist damit auch P als eine Beschaffenheitsbestimmung von S gesetzt.

Die Urtheile: Gott ist gerecht, die Seele ist nicht vergänglich, enthalten eben so wenig die Behauptung, dass ein Gott sei, dass es eine Seele gebe, als etwa die: die Cyklopen sind einäugig, die Furien haben Schlangenhaare, die Gespenster erscheinen bei Nacht, die Subjecte: Cyklopen, Furien, Gespenster, unbedingt setzen; sondern alle diese Urtheile sagen nur aus, dass, wenn man das Subject setzt, ihm das Prädicat als eine Bestimmung seiner Beschaffenheit zukommt. Hiernach können also hypothetische und kategorische Urtheile einander nicht wie bedingte und unbedingte gegenübergestellt werden. Diese wichtige Bemerkung hat zuerst Herbart gemacht (Lehrbuch zur Einl. in d. Philos. § 53. WW. I., S. 92).

In der 3ten Ausgabe dieses Lehrbuches lautete die Interpretation des kategorischen Urtheils: wenn S ist, so ist (ist nicht) S . . P. Diese Formel war allerdings, wie Sigwart (Beiträge zur Lehre vom hypothetischen Urtheil, Tübingen 1871 S. 32) bemerkt, der Missdeutung ausgesetzt, als ob damit dann doch die Setzung des P als Prädicat von S abhängig gemacht werde von dem Sein d. i. der (von unserm blossen Denken unabhängigen) Existenz des S; und dies hat zu der obigen Abänderung veranlasst. Wenn jedoch Sigwart sagt: „Das Richtige ist vielmehr: wenn etwas S ist, so ist es P. Denn einen Begriff setzen, kann hier doch bloss heissen, etwas Reelles aufzeigen, das unter den Begriff fällt", so kann ich dem nicht beistimmen. Denn erstens bedeutet hier: etwas setzen, nicht mehr als: es denken, gleichviel ob diesem Gedachten auch ausserhalb des Denkens noch Realität zukommt oder nicht. Sodann aber wird in der als das Richtige bezeichneten Formel S nicht als Subject, sondern als Prädicat von Etwas gesetzt, und würde es sonach für alle Urtheile überhaupt kein andres Subject als dieses Etwas geben. Im Uebrigen tritt Sigwart der Herbart'schen Ansicht von der Bedeutung des kategorischen Urtheils ohne Vorbehalt bei (Logik I. S. 94) und vertheidigt sie gegen Mill, Ueberweg und W. Jordan.

§ 56.

Hieran knüpft sich aber sofort die weitere Frage: in welcher Form die unbedingte Setzung eines Begriffs ausgedrückt werden kann. Die einfache Antwort ist: durch bedingungslose Urtheile, d. i. solche, in welchen das bedingende Subject entweder gänzlich fehlt und nur noch die leere Stelle desselben bezeichnet ist, oder durch solche hypothetische Urtheile, in welchen das Subject einen so weiten Umfang seiner Geltung hat, dass die Bedingtheit der Setzung des Prädicats verschwindet. Im ersten Falle ergeben sich Urtheile der Form:

es ist P;

wo das Wörtchen „es" die leere Stelle des Subjects bezeichnet. Man kann solche Urtheile thetische oder absolute nennen. Die hypothetische Form, welche die unbedingte Setzung ausdrückt, ist:

wenn irgend etwas ist, so ist P;

was wiederum soviel bedeutet als:

unter jeder Bedingung ist P.

Ebenso wird die Setzung von P unbedingt verneint in den Formen:

es ist nicht P;

was immerhin auch sei, so ist doch nicht P.

Aus diesen bejahenden und verneinenden thetischen Urtheilen setzen sich weiter thetische copulative, remotive und disjunctive Urtheile zusammen, von den Formen:

es ist sowohl P als Q als R,

es ist weder P noch Q noch R,

es ist entweder P oder Q oder R.

Endlich kann auch das, dessen Setzung unbedingt bejaht oder verneint wird, ein kategorisches oder hypothetisches Urtheil sein. Alsdann entstehen thetische Urtheile von der Form:

es ist (ist nicht) wahr, dass S . . P ist;

es ist (ist nicht) wahr, dass, wenn A . . B, so C . . D ist.

Beispiele: es blitzt; es regnet; es ist Feuer; es giebt Ahnungen; es ist ein Gott; es giebt keinen Teufel, keine Hexen u. s. f.; es giebt sowohl religiöse als irreligiöse als indifferente Menschen; es giebt weder Feen, noch Elfen, noch Kobolde; es giebt entweder eine Vorsehung oder ein blindes Schicksal; es ist wahr, dass alles Gute schön ist; es ist nicht wahr, dass, wenn die Tugend nicht belohnt wird, alle Moralität eine leere Täuschung ist. — Dass diese thetischen Urtheile eine selbständige Bedeutung haben, nicht als kategorische anzusehen sind, die eigentlich die Form: P ist seiend, haben sollten, sondern dass dem unbedingt gesetzten Begriff die Prädicatsstelle gebührt, hat wiederum Herbart, im Zusammenhange mit der von ihm nachgewiesenen nur hypothetischen Setzung des Subjects im kategorischen Urtheil, zuerst deducirt. Er nennt solche Urtheile Existenzialsätze, weil, wie schon vor ihm Kant bemerkt hatte, der Begriff des Seins (der Existenz) kein Prädicat dessen, dem Sein zugeschrieben wird, ist, sondern eine Setzung seines Begriffs, nämlich, wie Herbart hinzufügte, die unbedingte Setzung desselben bedeutet. — Zur Erläuterung der zweiten Form der unbedingten Setzung wird Folgendes dienen. Einen je weiteren Umfang das Subject eines hypothetischen Urtheils hat, um so weniger bedingt ist die Setzung seines Prädicats; denn der Begriff von weiterem Umfang hat einen kleineren Inhalt, daher auch weniger Bedingungen seiner Geltung (§ 37.) Wird nun der Umfang des Subjects unendlich gross, was geschieht, wenn der inhaltsleere Begriff „irgend etwas" die Subjectsstelle einnimmt, so bleibt nur noch die Form der Abhängigkeit der Setzung des Prädicats, es wird dasselbe als ein unendlich wenig Bedingtes, d. i. als ein Unbedingtes gesetzt. Die Urtheile: wenn es Schwaben giebt, so giebt es Dichter; wenn es Deutsche giebt, giebt es Dichter; wenn es Germanen, Europäer, Menschen, wenn es mit Geist und Gemüth begabte Wesen giebt, so giebt es Dichter; — diese Urtheile vermindern offenbar successiv die Bedingtheit der Setzung des Begriffs Dichter, und endlich das Urtheil: wenn es irgend etwas giebt, so giebt es Dichter, unterscheidet sich von dem: es giebt Dichter, nur noch etwa, wie das Unendlichkleine von der Null.

III. Von den formalen Bedingungen der Giltigkeit der Urtheile.

§ 57.

Schon in der Einleitung (§ 3) ist es als eine Hauptaufgabe der Logik bezeichnet worden, das richtige Denken von dem falschen zu unterscheiden. Dieser Forderung ist zunächst in Bezug auf die Urtheile Genüge zu leisten. Da aber dort zugleich (§ 6) zwischen materialer und formaler Wahrheit unterschieden, und nur die letztere als im Bereich der Logik liegend erkannt wurde, so beschränkt sich die Aufgabe darauf, zu untersuchen, ob die Form eines Urtheils den gegebenen Beschaffenheiten und Beziehungen der in ihm verknüpften oder getrennten Begriffe angemessen ist, oder nicht; und hierauf beruht die logische Giltigkeit oder Ungiltigkeit der Urtheile. Diese lässt sich aber entweder unmittelbar oder nur mittelbar erkennen. Im letzteren Falle bedarf es zur Nachweisung der Giltigkeit eines Urtheils einer Ableitung desselben durch Folgerungen oder Schlüsse (§ 10); im ersteren nur der Untersuchung des logischen Verhältnisses, in dem die Begriffe stehen. Es lassen sich aber hierüber einige allgemeine Sätze aufstellen, die unter dem Namen der Grundsätze des Denkens bekannt sind und die allgemeinen Kennzeichen der Giltigkeit und Ungiltigkeit der Urtheile enthalten. Die allgemeine Forderung, dass jedes auf Giltigkeit Anspruch machende Urtheil einer logischen Rechtfertigung, eines (unmittelbaren oder mittelbaren) Nachweises, warum es giltig ist, bedarf, heisst der Satz vom zureichenden Grunde (*principium rationis sufficientis*).

Der zuerst von Leibniz aufgestellte Satz vom zureichenden Grunde darf nicht, wie es oft geschehen, missverstanden und so ausgelegt werden, als ob er für jedes Urtheil eine Begründung durch einen Beweis, mithin durch Schlüsse, verlangte, was ins Unendliche führen würde. Jede mittelbare Begründung setzt vielmehr Urtheile voraus, deren Giltigkeit, ohne Zuziehung anderer, sich unmittelbar erkennen lässt.

§ 58.

Es giebt ein einziges bejahendes Urtheil, dessen Giltigkeit unabhängig von der besonderen Beschaffenheit der Materie unmittelbar einleuchtet. Dies ist das Urtheil: *A* ist *A*, in dem Subject und Prädicat völlig ein und dasselbe, und das also den tautologischen Satz enthält: jeder Begriff ist das, was er ist. Dieser Satz heisst der Grundsatz der Einerleiheit (*principium identitatis*). Er würde jedoch ohne alle weitere Folge und daher ein völlig unfruchtbares Princip sein, wenn er sich nur auf die absolute Einerleiheit zweier Begriffe bezöge, bei welcher der eine nur eine Wiederholung des anderen im Denken ist. Es kann aber auch zwischen zwei Begriffen *A*, *B* relative Einerleiheit stattfinden, indem entweder der eine, in einer gewissen Beschränkung seines Inhaltes oder Umfanges gesetzt, mit dem beschränkt oder unbeschränkt gesetzten Inhalt oder Umfang des anderen identisch ist, oder die Identität nicht das im Denken Gesetzte, sondern die Setzung der Begriffe betrifft, wo sie dann Einstimmung (*convenientia*) derselben heisst. Mit Beziehung auf diese relative Identität besagt daher der Satz, dass, wenn und wiefern Subject und Prädicat eines bejahenden Urtheils sich als identisch nachweisen lassen, das Urtheil formal giltig ist.

Ist das kategorische Urtheil: *S* ist *P*, ein analytisches, also *P* entweder ein inneres Merkmal oder ein Gattungsbegriff von *S*, so ist im ersten Falle

P identisch mit einem Begriffstheil von *S*; im anderen *P*, durch einen gewissen Artunterschied beschränkt, identisch mit *S*. Wird das Urtheil mit Bezug auf die Quantität ausgedrückt in der Form: alle (einige) *S* sind *P*, so ist der ganze (theilweise) Umfang von *S* identisch mit einem Theile des Umfangs von *P*. Besteht aber zwischen *S* und *P* ein synthetisches Verhältniss, so dass entweder in dem kategorischen Urtheil: *S* ist (hat) *P*, *P* ein äusseres Merkmal von *S*, oder ein hypothetisches Urtheil: wenn *S* ist, so ist *P*, gegeben ist, so liegt zwar keine Identität des Inhalts oder Umfangs (des Gesetzten), wohl aber eine Identität der Setzung vor, da mit *S* auch *P* gesetzt ist, sei es, dass es für alle oder einige Fälle oder nur für einen einzelnen Fall gelte (vgl. § 51). Man kann daher eine analytische oder innere und eine synthetische oder relative Identität unterscheiden. Die letztere heisst dann Einstimmung oder Einstimmigkeit der Begriffe.

Wo weder Identität des Inhalts oder Umfangs noch der Setzung von *S* gegeben ist, da kann nur das verneinende Urtheil: *S* ist nicht *P*, oder, mit Beziehung auf die Quantität, eines der beiden Urtheile: kein *S* ist *P*, oder einige *S* sind nicht *P*, giltig sein, je nachdem die Nichtidentität den ganzen Umfang von *S* oder nur einen Theil davon trifft.

§ 59.

Wenn zwei Urtheile gegeben sind, von denen das eine dem Subject ein Prädicat beilegt, das andere demselben Subject dasselbe Prädicat abspricht, so stehen diese Urtheile mit einander im Widerspruch. Der Grundsatz des Widerspruchs (*principium contradictionis*) behauptet nun die Ungiltigkeit eines von diesen beiden Urtheilen in der Formel: ein und derselbe Begriff kann nicht das Nämliche sein und auch nicht sein; oder: wenn *S . . P* ist, so kann nicht auch *S* nicht *P* sein, und wenn *S* nicht *P* ist, so kann nicht auch *S . . P* sein. Ein Urtheil enthält einen Widerspruch und ist daher ungiltig, wenn es entweder von seinem Subject ein Prädicat bejaht, das mit ihm weder absolut noch relativ identisch ist, oder von ihm ein Prädicat verneint, das mit ihm absolut oder relativ identisch ist (*contradictio in adjecto*, d. i. im Prädicat). Da nun jedes bejahende Urtheil eine Identität, jedes verneinende eine Nichtidentität zwischen Subject und Prädicat ausdrückt, so besteht der Widerspruch entweder in der Behauptung der Identität des Nichtidentischen, oder in der Behauptung der Nichtidentität des Identischen. Der Widerspruch insbesondere, der mit einem äusserlich identischen oder einstimmigen Prädicat eines Begriffes stattfindet, heisst Widerstreit (*repugnantia*).

Man kann, genau genommen, nicht sagen, dass im Widerspruch Bejahung und Verneinung eines und desselben Prädicates von einem und demselben Subject sich aufheben, da ja dann das Prädicat gänzlich verschwinden würde; vielmehr liegen Bejahung und Verneinung mit einander in noch unentschiedenem Streit; jede von beiden strebt die andre aufzuheben, aber jede behauptet sich gegen diesen Angriff. — Begriffe heissen widersprechend, wenn die Analyse ihres Inhalts auf widersprechende Urtheile führt. Widersprechende Urtheile würden gar nicht vorkommen können, wenn bei jedem Worte der ihm entsprechende Begriff deutlich gedacht würde. Nur durch Uebereilung, Gedankenlosigkeit können so handgreifliche Widersprüche unbemerkt bleiben, wie etwa der eines schiefwinkligen Quadrats, eines im vollendeten sechszigsten Jahre Gestorbenen, eines nach den vier Himmelsgegenden orientirten Trapezes, oder gar Lichtenberg's „Messer ohne Heft, an dem die Klinge fehlt". In andern Fällen liegt der Widerspruch nicht eigentlich in den Begriffen, sondern nur in ihrer sprachlichen Bezeichnung, z. B. wenn man von einer Spitzkugel, einem vierbeinigen Dreifuss, einem fröhlichen Trauermahl, einem unwissenden Gelehrten hört. In noch andern Fällen sucht die Sprache den Widerspruch eines Gedankens zu verhüllen, wie etwa, wenn man von einem Königthum mit Verfassung, jedoch ohne Volksvertretung, geredet hat, oder in der diplomatischen Sprache die Belagerung und Eroberung der Citadelle von Antwerpen im Jahre 1832 eine bewaffnete Intervention im Friedenszustand nannte, oder heutzutage von einer, oft sehr unlogischen „Logik der Thatsachen" liest. — Je abstracter die Begriffe sind, und je mehr dabei gleichwohl ihre Giltigkeit durch Thatsachen verbürgt zu werden scheint, um so länger können Widersprüche in ihnen unbemerkt bleiben. Schon Leibniz sagt (*meditationes de cognitione, veritate et ideis, opp. philos. ed. Erdmann, p. 80a): quia cogitatione caeca contenti sumus, et resolutionem notionum non satis prosequimur, fit ut lateat nos contradictio, quam forte notio composita involvit.* Aber selbst wenn die Widersprüche endlich aufgedeckt worden sind, misstraut man lieber dem Denken, als dass man sie anerkennte und weitere Folgen daraus zöge. Wenn daher schon die Eleaten im Begriff des Werdens, wenn Herbart in dem der Veränderung, des Dinges mit mehreren Merkmalen, des Ichs u. a. Widersprüche nachwies, so gelten diese Nachweisungen Vielen nicht für Probleme, die zu einer Lösung auffordern, sondern für blosse Spitzfindigkeiten, oder man fand wohl gar mit Hegel im widersprechenden Begriff den Ausdruck einer höheren Wahrheit. Und wenn Herbart den von Kant in der Kritik der Urtheilskraft problematisch hingestellten Begriff eines „anschauenden Verstandes" ein „hölzernes Eisen" nannte, so fanden Andre, dass Kant nie sich genialer gezeigt habe, als indem er diesen Gedanken hinwarf, durch den er über sich selbst (den Verfasser der Kritik der reinen Vernunft) hinausgegangen sei. — Den Widerspruch gering achten, heisst alles Denken

in Verwirrung bringen. Sollte es gewisse Begriffe geben, die als „Durch-
gangspunkte für das Denken" oder als Mittel zu bestimmten Zwecken unentbehrlich sind, gleichwohl aber von inneren Widersprüchen sich nicht
befreien lassen, so ist die schärfste Bestimmung der Grenzen ihres Gebrauchs nothwendig. Zu der letzteren Gattung gehört nach des Verfassers
Ansicht der Begriff des mathematischen Unendlichkleinen (vgl. den Aufsatz
„über den Begriff des Stetigen und seine Beziehungen zum Calcul", in den
Berichten der math. phys. Classe der K. S. Gesellschaft der Wissenschaften
Jahrg. 1853. S. 155 und: „Synechologische Untersuchungen" in Fichte's
Zeitschrift für Philosophie. Neue Folge, Bd. 25. S. 179 und Bd. 26. S. 1).
Widerstreit ist der mittelbare Widerspruch, der entsteht, wenn einem
Subject ein Prädicat beigelegt wird, das mit einem abgeleiteten Merkmal
oder überhaupt einer Folge des Subjects in unmittelbarem Widerspruche
steht. So z. B. widerstreitet die Rechtwinkligkeit dem Begriffe des gleichseitigen Dreiecks, weil dieses drei gleiche Winkel hat, von denen jeder nur
$^1/_3$ eines Rechten beträgt, also dem Rechten nicht gleich ist. Ebenso stehen
Prädestination und Zurechnungsfähigkeit der Handlungen im Widerstreit.
Denn wenn es eine Prädestination giebt, so giebt es keine freien Handlungen, und wenn unsere Handlungen nicht frei sind, so sind sie nicht zu-
rechnungsfähig.

§ 60.

Die Ungiltigkeit eines Urtheils nöthigt zur Aufhebung der
in ihm ausgesprochenen Bejahung oder Verneinung. Aufhebung
der Bejahung aber führt auf Verneinung, Aufhebung der Verneinung zur Bejahung; ein Drittes giebt es nicht (*tertium non
datur*). Hierauf beruht der Grundsatz vom ausgeschlossenen Dritten (*principium exclusi tertii s. medii*): jedem
Subject kommt irgend ein Prädicat entweder zu oder nicht zu;
oder, was dasselbe: *S* ist entweder *P* oder ist nicht *P*. Vermöge dieses Grundsatzes ist unter zwei Urtheilen, von denen
das eine demselben Subjecte dasselbe Prädicat beilegt, welches
ihm das andere abspricht, das eine immer giltig. Wie die
Anwendung des Grundsatzes der Identität die absolute Giltigkeit, die des Grundsatzes des Widerspruchs die absolute Ungiltigkeit eines Urtheils erkennen lässt, so führt der Grundsatz
vom ausgeschlossenen Dritten zur Erkenntniss derjenigen bedingten Giltigkeit, die auf der Ungiltigkeit des ihm der Qualität nach entgegengesetzten Urtheils beruht. Die Folge wird
jedoch zeigen, dass, wenn das Urtheil quantitativ bestimmt ist,
die Aufhebung desselben zugleich zur Veränderung der Quantität nöthigt (§ 74).

Den Grundsatz vom ausgeschlossenen Dritten haben mehrere Neuere·
als unrichtig bestritten und an seine Stelle ein *principium tertii inter-*
venientis setzen wollen. Es liegt jedoch den vorgebrachten Einwänden
theils eine falsche Formulirung, theils eine unrichtige Anwendung des
Satzes zu Grunde. Drückt man nämlich den Grundsatz durch die Formel
aus: einem Subject *S* kommt entweder ein Prädicat *P* oder dessen Gegentheil zu, so ist er, wenn man unter dem Gegentheil von *P* einen diesem
conträr entgegengesetzten Begriff versteht, falsch. Das Gegentheil von
löblich z. B. ist schändlich. Aber es ist nicht wahr, dass, wenn eine Handlung nicht löblich ist, sie schändlich sein müsse; sie ist vielmehr nur eben
nicht löblich und es bleibt unentschieden, ob sie schändlich oder gleichgiltig ist. Mehr aber behauptet der richtig formulirte Grundsatz nicht.
Soll also die angeführte Formel zu richtigen Resultaten führen, so muss
man unter dem Gegentheil von *P* nicht bloss den ihm conträr entgegengesetzten Begriff, sondern unbestimmt entweder diesen oder irgend einen
der zwischen ihm und *P* liegenden, unter derselben gemeinsamen nächsthöheren Gattung enthaltenen, *P* coordinirten Begriffe verstehen (nach § 65
das contradictorische Gegentheil). Aber auch dann bleibt noch eine
Unangemessenheit des Ausdrucks übrig. Ein Prädicat kann nämlich auch
deshalb einem Subject nicht zukommen, weil es sich überhaupt nur auf
ein von ihm generisch verschiedenes Subject beziehen lässt. Z. B.
Alles, was durchsichtig ist, ist körperlich. Wollte man daher dem Subject
Geist das Prädicat durchsichtig beilegen, so würde man ihn als etwas
Körperliches bezeichnen und dadurch mit dem richtigen Urtheil: kein
Geist ist körperlich, mittelbar in Widerspruch kommen. Es folgt aber
hieraus weder, dass der Geist undurchsichtig, noch, dass er halbdurch-
sichtig ist, sondern dass ihm kein Glied dieser ganzen Reihe als Prädicat
zukommt. Soll nun auch dies die angeführte zweite Formel bezeichnen,
so muss man unter dem Gegentheil vom Durchsichtigen nicht bloss das
Undurchsichtige und Halbdurchsichtige, sondern überhaupt alle möglichen
Begriffe, mit einziger Ausschliessung des Begriffs durchsichtig verstehen
und überdies nicht sagen, dass ihm das Gegentheil, sondern etwas Gegen-
theiliges von *P* zukomme; denn unter dem so verstandenen Gegentheil
sind nicht nur Begriffe wie ewig, vernünftig, sondern auch solche wie
grün, sauer, flüssig u. s. f. enthalten. Jedenfalls hat aber schon an und für sich
selbst diese Erweiterung des Begriffs vom Gegentheil etwas Gewaltsames.
Dagegen lässt die im Paragraph gegebene Formel ganz unbestimmt, was
dem Subject Geist für ein Prädicat zukommt, wenn ihm durchsichtig nicht
zukommt. Der Satz sagt nur aus, dass, wenn das Urtheil: Geister sind
durchsichtig, falsch, das Urtheil: Geister sind nicht durchsichtig, richtig
ist, ohne damit ihre Undurchsichtigkeit oder Halbdurchsichtigkeit im mindesten
zu behaupten.

Eine andere Verdächtigung des Princips geht von folgender Bemerkung
aus. Ein Prädicat braucht einem Subject weder unbedingt beigelegt, noch
abgesprochen zu werden, sondern kann ihm auch nur bedingungsweise
zukommen. Eine Handlung z. B. kann weder unbedingtes Lob, noch be-

dingten Tadel verdienen, sondern nur bedingtes Lob; die Geschwornen können einen Angeklagten des angeschuldigten Verbrechens weder schuldig noch nichtschuldig, sondern nur bedingt schuldig finden. Aber bedingtes Lob ist Lob mit Tadel, bedingte Schuld Schuld mit Nichtschuld vermischt. Offenbar also scheint es hier ein Drittes zwischen dem Entgegengesetzten zu geben und das Urtheil sogar demselben Subject entgegengesetzte Prädicate zugleich beizulegen, was doch der Satz des Widerspruchs verbietet. Aber Beides ist nur Schein. Nicht eine und dieselbe Handlung ist hier das Subject, sondern die Handlung wird gespalten und dem einen Theil das eine, dem anderen das entgegengesetzte Prädicat beigelegt. Das Subject ist ein aus Theilen bestehender Objectsbegriff, und das Urtheil nur eine Zusammenziehung von zwei auf verschiedene logische Subjecte sich beziehenden Urtheilen. Der Satz vom ausgeschlossenen Dritten, der von einem und demselben Subjecte handelt, wird also hierdurch keineswegs angetastet.

Zur Kritik der vorstehenden drei logischen Grundsätze enthalten schätzbare Beiträge Herbart's *commentatio de principio logico exclusi medii inter contradictoria non negligendo*, Gotting. 1833 (WW. I., 533), und Hartenstein's *dissertatio de methodo philosophica logicae legibus adstringenda, finibus non terminanda*. Lips. 1835. (Dess. historisch-philosophische Abhandlungen, S. 1.)

§ 61.

Die Anwendung der vorstehenden drei Grundsätze führt auf Unterschiede in der Art der Giltigkeit (*modalitas*) der Urtheile. Die Giltigkeit eines Urtheils ist nämlich 1) wirklich (*actualis*), wenn die in ihm ausgesprochene Bejahung oder Verneinung bloss auf der Erkenntniss der Identität oder Nichtidentität von Subject und Prädicat beruht. 2) Die Giltigkeit eines Urtheils ist unmöglich (*impossibilis*), folglich das Urtheil schlechthin ungiltig, wenn die bejahte oder verneinte Verknüpfung des Prädicats mit dem Subject widersprechend ist. 3) Die Giltigkeit eines Urtheils ist nothwendig (*necessaria*), wenn die Aufhebung, d. i. die Verwandlung desselben in ein Urtheil von entgegengesetzter Qualität ein unmögliches Urtheil hervorbringt. 4) Ein Urtheil ist endlich möglich (*possibile*), wenn weder es selbst noch sein entgegengesetztes unmöglich ist.

1. Von diesen vier Unterscheidungen beruht also die erste auf dem Satze der Identität, die zweite auf dem des Widerspruchs, die dritte auf demselben und zugleich auf dem vom ausgeschlossenen Dritten, die vierte endlich zeigt offenbar eine noch mangelhafte Erkenntniss des Verhältnisses zwischen Subject und Prädicat an. Die erste begnügt sich mit der

Prüfung des gegebenen Urtheils, die anderen prüfen zugleich die Urtheile von entgegengesetzter Qualität. — Die Aufzählung ist vollständig, da der noch denkbare Fall, dass sowohl ein gegebenes Urtheil als sein entgegengesetztes widersprechend wäre, nach dem Satze vom ausgeschlossenen Dritten unmöglich ist. Auch hier werden jedoch in der Folge noch die Quantitätsunterschiede in besondere Erwägung gezogen werden.

2. Der Begriff der Nothwendigkeit ist hier auf den der Unmöglichkeit gegründet; doch sagen wir nicht: Nothwendigkeit ist die Unmöglichkeit des Gegentheils, sondern nur: sie ist die Folge derselben (nach dem Satze vom ausgeschlossenen Dritten). Wenn Trendelenburg (Log. Unters. 3. Aufl. II. S. 186 ff.) umgekehrt die Unmöglichkeit auf die Nothwendigkeit, und diese auf die „Allgemeinheit des Grundes" (Ebend. S. 206) zurückführen will, die Begründung dieser durch jene aber ihrer wahren Bedeutung unwürdig findet, so können wir uns damit nicht einverstanden erklären. Es giebt zwar eine abgeleitete Nothwendigkeit neben der ursprünglichen. Wenn wir z. B. behaupten, dass aus einer Annahme etwas mit Nothwendigkeit folge, so mag dies in den wenigsten Fällen eine unmittelbare Folgerung aus der Unmöglichkeit des Gegentheils, sondern weit öfter durch eine Reihe von Schlüssen vermittelt sein. Auch wollen wir zugeben, dass die Richtigkeit dieser Schlüsse auf blossen Identitäten beruhen kann. Aber dann hat streng genommen der sich ergebende Schlusssatz zunächst nur logisch wirkliche Geltung; dass er nothwendig ist, erhellt erst, wenn man sich überzeugt, dass nicht anders geschlossen werden kann. Jede Nothwendigkeit führt einen gewissen Zwang bei sich, der kein selbst auferlegter (keine Selbstnöthigung), sondern ein anderswoher kommender ist. Dieser Zwang ist der Widerspruch, der diejenige „Noth" bereitet, aus der sich das Denken durch Setzen eines nicht Widersprechenden rettet.

3. Ebenso gründen wir den Begriff der Möglichkeit auf den der Unmöglichkeit, indem wir die Giltigkeit eines Urtheils dann als mögliche bezeichnen, wenn weder es selbst noch sein Gegentheil unmöglich ist. Ein Urtheil, ohne Prüfung des ihm entgegengesetzten Urtheils, schon deshalb als ein mögliches zu bezeichnen, weil es keinen Widerspruch enthält, ist unstatthaft; denn enthält das ihm entgegengesetzte Urtheil einen Widerspruch, so ist es nicht bloss möglich, sondern nothwendig. — Hiernach bilden Unmöglichkeit, Möglichkeit und Nothwendigkeit eine Reihe coordinirter Begriffe, in der das erste Glied dem letzten conträr entgegengesetzt ist. Die Wirklichkeit des Urtheils aber, die es nur mit Identität oder Nichtidentität zu thun hat, ist von dieser Reihe, die sich auf den Widerspruch gründet, ganz auszuschliessen.

§ 62.

Alle giltigen Urtheile haben demnach entweder wirkliche, oder mögliche, oder nothwendige Geltung. Sie heissen im ersten Falle **assertorische**, im zweiten **problematische**, im dritten apodiktische Urtheile, und diese neue Eintheilung der Urtheile nennt man die nach ihrer Modalität. Die Form der assertorischen Urtheile ist im Allgemeinen, je nachdem sie bejahen oder verneinen: S ist P, oder S ist nicht P. Die problematische Geltung eines bejahenden Urtheils spricht die Formel: S kann P sein, aus, die eines verneinenden die Formel: S muss nicht P sein. Nur durch Verbindung beider Formeln wird jedoch vollständig bezeichnet, dass die Verknüpfung von P mit S nur eine mögliche und somit die Geltung des Urtheils eine bloss problematische ist (vgl. Anmerk. 3 zum vor. Paragraph). Die bejahende Form des die Nothwendigkeit der Verknüpfung von P mit S aussagenden apodiktischen Urtheils ist: S muss P sein, die verneinende Form, welche die Unmöglichkeit der Verknüpfung, daher die Nothwendigkeit der Trennung des P von S aussagt, ist: S kann nicht P sein.

Die Modalitätsunterschiede gelten gleichmässig für hypothetische wie für kategorische Urtheile. So z. B. ist das Urtheil: wenn der Kranke Arzenei nimmt, so kann er, muss aber deshalb nicht genesen, so gut ein problematisches, wie das kategorische: ein Polyhistor kann, muss aber nicht oberflächlich sein; und ebenso ist sowohl das hypothetische Urtheil: wenn der Richter gerecht ist, so muss er den Schuldigen verurtheilen, und: so kann er denselben nicht freisprechan, als das kategorische: jede Mondfinsterniss muss zur Zeit des Vollmonds und kann nicht zu einer andern Zeit stattfinden, ein apodiktisches Urtheil.

Ist in einem hypothetischen Urtheil die Hypothesis S nur eine der Bedingungen der Thesis P, ohne dass die übrigen Mitbedingungen gegeben sind, so ist das Urtheil immer nur ein problematisches; denn es ist eben so wenig widersprecheud, dass die fehlenden Mitbedingungen diejenigen sind, die mit S zusammen P zur Folge haben, als dass sie solche sind, die eine disjunct verschiedene Folge geben. Enthält aber S die gesammten Bedingungen von P, wo das Urtheil dann vollständig ausgesprochen ein conjunctives sein muss, so ist es ein apodiktisches, weil es dann widersprechend wäre, P nicht als Folge von S anzusehen. Es wäre dann nämlich sowohl ein Widerspruch, die Bedingung ohne Bedingtes zu setzen, als eine andere Folge anzunehmen, die eine Mitbedingung haben müsste, welche mit den gegebenen Mitbedingungen unvereinbar wäre. Wenn z. B. die Sonnenstrahlen auf eine Wasserfläche fallen, so ist es möglich, aber nicht nothwendig, dass ein Beobachter am Ufer ein Bild der Sonne sieht; denn seine Stellung kann ebensowohl eine solche sein, dass die reflectirten Strahlen sein Auge treffen, als dass sie es nicht treffen. Es ist aber nothwendig, dass er die Mitte der Sonne sieht, wenn unter denjenigen von seinem Auge nacn der spiegelnden Fläche gezogenen Sehstrahlen, welche in der durch das Auge und den Mittelpunkt der Sonne gehenden Verticalebene liegen, einer mit der Fläche einen Winkel macht, der der Sonnenhöhe gleich ist. Denn es würde widersprechend sein, dass das Auge die Mitte der Sonne nicht sähe, weil dies als Bedingung forderte, dass kein Sehstrahl die angegebene Lage hätte.

Hieraus erhellt, dass die sogenannte reale Möglichkeit und Nothwendigkeit, die darein gesetzt wird, dass entweder nur einige oder alle Bedingungen einer Folge gegeben seien (in welchem Sinne man gewöhnlich von möglichen oder nothwendigen Ereignissen zu sprechen pflegt) durchaus nur Anwendungen der im vorigen Paragraph festgestellten allgemeinen Begriffe über das logisch Mögliche und Nothwendige auf das synthetische Verhältniss der Bedingungen zum Bedingten sind.

§ 63.

Werfen wir einen Rückblick auf die Mannigfaltigkeit der Urtheilsformen, so lassen sich die einfachen Urtheile überhaupt auf viererlei Weise eintheilen: 1) nämlich hinsichtlich ihrer Qualität in bejahende und verneinende, was wir bezüglich durch + und — bezeichnen wollen; 2) hinsichtlich ihrer Quantität, mit Uebergehung der Einzelurtheile, in allgemeine (u) und besondere (p); 3) hinsichtlich der Relation zwischen Subject und Prädicat, je nachdem diese auf die Beschaffenheit des Inhaltes dieser Begriffe oder den Zusammenhang ihrer Setzung geht, in kategorische (k) und hypothetische (h); 4) endlich hinsichtlich der Modalität in assertorische (a), problematische (π) und apodictische (α). Da nun jedes Urtheil hinsichtlich seiner Form sowohl nach Qualität als nach Quantität, Relation und Modalität bestimmbar sein muss, so ergeben sich die vollständigen Grundformen der einfachen Urtheile erst, wenn man jede der unter diesen vier Titeln enthaltenen Formen mit jeder der unter allen übrigen enthaltenen der Reihe nach combinirt. Auf diese Weise erhält man zuerst durch Verbindung der Qualität mit der Quantität die vier Formen:

$$+ u, \quad — u, \quad + p, \quad — p;$$

ferner durch Verbindung dieser zusammengesetzten Formen mit den Unterschieden der Relation:

$$+ u\,k, \quad + u\,h, \quad — u\,k, \quad — u\,h, \quad + p\,k, \quad + p\,h, \quad — p\,k, \quad — p\,h.$$

Fügen wir diesen Combinationen endlich noch die Modalitätsunterschiede hinzu, so erhalten wir

$$+ u\,k\,a, \quad + u\,k\,\pi, \quad + u\,k\,\alpha, \quad + u\,h\,a, \quad + u\,h\,\pi, \quad + u\,h\,\alpha,$$
$$- u\,k\,a, \quad - u\,k\,\pi, \quad - u\,k\,\alpha, \quad - u\,h\,a, \quad - u\,h\,\pi, \quad - u\,h\,\alpha,$$
$$+ p\,k\,a, \quad + p\,k\,\pi, \quad + p\,k\,\alpha, \quad + p\,h\,a, \quad + p\,h\,\pi, \quad + p\,h\,\alpha,$$
$$- p\,k\,a, \quad - p\,k\,\pi, \quad - p\,k\,\alpha, \quad - p\,h\,a, \quad - p\,h\,\pi, \quad - p\,h\,\alpha.$$

Jedes einfache Urtheil muss sich also einer dieser 24 Grundformen unterordnen lassen.

Die nur auf Qualität und Quantität bezüglichen Formen: $+ u, - u,$ $+ p, - p$ bezeichnen die Logiker seit Michael Psellus (geb. 1020; s. Prantl's Geschichte der Logik, II, 275) durch die vier Vocale, $A, E, I, O,$ so dass also A ein allgemein bejahendes, E ein allgemein verneinendes, I ein besonderes bejahendes, O ein besonderes verneinendes Urtheil anzeigt, nach den Gedenkversen

Asserit A, *negat* E, *verum generaliter ambo,*
Asserit I, *negat* O, *sed particulariter ambo.*

Dritter Abschnitt.

Von den Formen der Folgerungen.

§ 64.

Nach § 10 heisst folgern: aus einem gegebenen Urtheil ein anderes ableiten, das **dieselben Begriffe**, aber **in anderer Form** verknüpft oder trennt, und das als **Folge** des ersteren durch dieses **begründet** wird. Die erste und einfachste Classe der Folgerungen ist die, wo das abgeleitete Urtheil in andrer Form vollkommen dasselbe aussagt wie das gegebene. Solche gleichbedeutende Urtheile heissen äquipollente, daher die Folgerungen, die auf dieser Transformation beruhen, die durch Aequipollenz. Eine zweite Classe von Folgerungen ergiebt sich, wenn das abgeleitete Urtheil nur der Quantität, nicht aber der Qualität nach von dem ursprünglichen verschieden ist; es sind dies die Folgerungen durch Subalternation. Ist dagegen das abgeleitete Urtheil der Qualität nach von dem ursprünglichen verschieden, wobei die Quantität entweder unverändert bleibt oder sich gleichfalls ändert, so ergeben sich als dritte Classe die Folgerungen aus der Opposition der Urtheile. In allen diesen drei Classen ist das Subject und das

Prädicat des ursprünglichen Urtheils auch in dem abgeleiteten bzw. Subject und Prädicat. Wird dagegen untersucht, in wiefern, wenn man das Prädicat des gegebenen Urtheils zum Subject eines andern macht, demselben das Subject des ersteren als Prädicat zukommt, so heisst die Ableitung dieses Urtheils die Conversion des gegebenen, wenn sich dabei die Qualität des letzteren nicht ändert, im entgegengesetzten Falle aber die Contraposition.

Man rechnet gewöhnlich, wie auch in der zweiten Auflage dieses Lehrbuchs geschehen, die Folgerungen zu den Schlüssen und unterscheidet sie von den eigentlichen oder mittelbaren Schlüssen als unmittelbare. Sowohl aber das deutsche Wort Schluss, als das lateinische *conclusio* und das griechische συλλογισμός, weist auf das Zusammenbringen zweier Begriffe hin, die zwar mit einem dritten, noch nicht aber unter sich verbunden sind, ein Verhältniss, das bei den Folgerungen nicht stattfindet. Richtiger wäre es, unmittelbare und mittelbare Folgerungen zu unterscheiden, von denen die letzteren gleichbedeutend mit den Schlüssen sein würden; denn in beiden ist das Abgeleitete eine Folge, bei jenen aus einem, bei diesen aus zwei oder mehreren Urtheilen. Da dies aber der herkömmliche Sprachgebrauch nicht zulässt, so schien es angemessener, einen gemeinsamen Titel für Folgerungen und Schlüsse ganz aufzugeben und sie getrennt zu behandeln.

I. Aequipollenz der Urtheile.

§ 65.

Alle einem Begriffe *A* gleichartige, aber durch disjuncte Merkmale von ihm unterschiedene Begriffe heissen dem *A* contradictorisch entgegengesetzt (*contradictorie opposita*) und bilden zusammen genommen den contradictorischen Gegensatz oder das contradictorische Gegentheil von *A*, weil, wenn man irgend einen derselben dem *A* als Prädicat beilegt, ein Widerspruch (*contradictio*) entsteht. Das Gemeinsame dieser Begriffe ist, dass sie etwas bezeichnen, was *A* nicht nur nicht ist, sondern nicht sein kann. Ihre gemeinsame Gattung ist daher der dem *A* zwar gleichartige, aber das Eigenthümliche seines Inhalts verneinende Begriff *Non-A*. Offenbar ist der conträre Gegensatz (§ 24) nur ein specieller Fall des contradictorischen; denn der dem *A* conträr entgegengesetzte Begriff ist das Ende der Reihe, deren Anfang *A*, und deren übrige Glieder sämmtlich dem A contradictorisch entgegengesetzt sind.

Man kann zwar wohl auch dem Begriffe Non-A eine noch weitere Bedeutung als die angegebene beilegen, darunter nämlich (wie schon im § 60 Anm. bemerkt) nicht bloss die von A disjunct verschiedenen Begriffe verstehen, sondern schlechthin alle andere Begriffe als A, die disparaten mit eingeschlossen, also z. B. unter Nicht-gelb nicht bloss grün oder blau u. s. w., sondern auch sauer oder bitter, kalt oder warm, tugendhaft oder lasterhaft u. s. w.; aber dann verdient dieser Gegensatz nicht den Namen des contradictorischen, denn disparate Begriffe sind nicht unvereinbar, sondern verhalten sich indifferent, und nur die Erfahrung entscheidet, ob sie irgendwo als Merkmale eines und desselben Begriffs vereint vorkommen. Ein solcher Gegensatz würde nur der abstracte Ausdruck der noch unbestimmten Verschiedenheit sein, die sich weiter in disparate und disjuncte gliedert, und wo aus der letzteren erst der contradictorische und conträre Gegensatz hervorgeht. Beachtet muss aber werden, dass der contradictorische Gegensatz eine Mehrheit von Begriffen umschliesst, dagegen der conträre immer nur zwischen zweien statthat.

§ 66.

Vermöge der Einführung der verneinenden Begriffe sind nun die verneinenden assertorischen, problematischen und apodiktischen Urtheile: S ist nicht P, S muss nicht P sein, S kann nicht P sein, äquipollent den mit derselben Modalität bejahenden: S ist ein Non-P, S kann ein Non-P sein, S muss ein Non-P sein. Man nennt solche in bejahender Form verneinende Urtheile unendliche (*infinita*), insofern sie das Subject nicht in den begrenzten Umfang eines Prädicats einschliessen, sondern von einem solchen nur ausschliessen und damit eine unbegrenzte Anzahl bejahender Bestimmungen zulassen. Richtiger ist es, sie unbestimmte Urtheile (*indefinita*) zu nennen, da sie unbestimmt lassen, was das Subject ist. — Offenbar ist es aber auch einerlei, ob einem Subject S ein Prädicat P beigelegt, oder dessen contradictorisches Gegentheil Non-P abgesprochen wird. Dieser Satz heisst der Grundsatz der doppelten Verneinung. Vermöge desselben sind auch die bejahenden Urtheile: S ist P, S kann P, S muss P sein, äquipollent den verneinenden: S ist kein Non-P, S muss nicht ein Non-P, S kann nicht ein Non-P sein.

Wenn die unendlichen, oder, wie sie auch genannt werden, limitirenden Urtheile, nach Kant's Vorgange, von den Logikern häufig den bejahenden und verneinenden coordinirt werden, so erhellt, dass dies, wenigstens in der formalen Logik, unzulässig ist; denn sie sind ihrer Form nach nur eine besondere Art der bejahenden Urtheile. Mit gleichem Rechte würden dann die in verneinender Form bejahenden Urtheile Anspruch auf eine Stelle neben den bejahenden, verneinenden und unendlichen haben. — Im Uebrigen ist noch zu bemerken, dass man sich bei der Bildung von unendlichen Urtheilen vor der Verwechselung contradictorisch oder conträr entgegengesetzter Begriffe zu hüten hat. Das Nichthässliche z. B. ist keineswegs das Schöne, das Nichttadelnswerthe ebensowenig das Löbliche, oder das Nichtverwerfliche das Vorzügliche.

§ 67.

Eine zweite Art der Aequipollenz gründet sich auf die an mehreren Stellen des vorigen Abschnitts (vgl. § 41 Anmerk., § 52 und 55) nachgewiesene Zulässigkeit der Umwandlung kategorischer Urtheile in hypothetische und rein hypothetischer in kategorisch - hypothetische. Hiernach ist das kategorische Urtheil: S ist (ist nicht) P, äquipollent dem hypothetischen: wenn S ist, so ist (ist nicht) S . . P; und wenn A die Gattung, B den Artunterschied von S bedeutet, so ist dasselbe kategorische Urtheil äquipollent dem kategorisch-hypothetischen: wenn A . . B ist, so ist (ist nicht) auch A . . P. Ebenso, wenn C die Gattung, D den Artunterschied von P bezeichnet, so ist das reinhypothetische Urtheil: wenn S ist, so ist (ist nicht) P, äquipollent dem kategorisch-hypothetischen; wenn A . . B ist, so ist (ist nicht) C . . D. Man kann in gleicher Weise sagen, dass die conjunctiven, inductiven und disjunctiven Urtheile den kategorischen und hypothetischen, in die sie sich auflösen lassen, zusammengenommen äquipollent sind.

§ 68.

Eine dritte Art der Aequipollenz der Urtheile beruht auf dem Zusammenhang zwischen ihrer Quantität und Modalität, der zum Theil schon in § 43 angezeigt ist.

Zuerst nämlich gilt jedes ohne Quantitätsbestimmung gegebene (unbezeichnete) assertorisch bejahende Urtheil einem allgemein bejahenden assertorischen Urtheil gleich. Denn die Urtheilsformen: S ist P, und: wenn S ist, so ist P, bezeichnen, dass P mit S gesetzt ist, mag es nun ein Theil seines Inhaltes oder nur mit ihm verbunden sein. Ueberall wo S, kommt daher auch P vor, also auch bei allen Arten von S, d. i. alle S sind P, in allen Fällen, wo S ist, ist P. Dagegen kann jedes ohne Quantitätsbestimmung gegebene assertorisch verneinende Urtheil im allgemeinen nur einem besonders verneinenden assertorischen Urtheil gleich gesetzt werden. Denn die Urtheilsformen: S ist nicht P und: wenn S ist, so ist nicht P, drücken nur aus, dass mit S nicht P gesetzt ist, nicht aber, dass unter keiner Bedingung P dem S zukommen kann; vielmehr lassen sie die Möglichkeit offen, dass P gewissen Arten von S zukomme, P aus S unter gewissen Nebenbedingungen folge. Da also P nicht von dem ganzen Umfang von S oder den Fällen seiner Setzung ausgeschlossen ist, so haben jene quantitätslosen Urtheile nur die Geltung von besonderen.

Z. B. das Urtheil: Genuss ist nicht Sünde, schliesst keineswegs das Urtheil: unmässiger oder verbotener Genuss ist Sünde, aus. Ebenso der Satz: wenn Jemand nicht Alles sagt, was er weiss, so thut er nicht Unrecht, lässt sehr wohl den Satz zu: wenn Jemand, vom Richter befragt, diesem nicht Alles sagt, was er von dem Gegenstande der Untersuchung weiss, so thut er Unrecht.

§ 69.

Ferner folgt aus der Giltigkeit der quantitätslosen apodiktischen Urtheile: S muss (kann nicht) P sein, und: wenn S ist, so muss (kann nicht) P sein, die Giltigkeit der assertorischen allgemeinen: alle S sind (sind nicht) P; in allen Fällen, wo S ist, ist (ist nicht) P. Denn da die ersteren Formen besagen, dass es widersprechend sei, S ohne (mit) P zu setzen, so muss überall (kann nirgends), wo S ist, P gesetzt sein, d. i. es ist P für den ganzen Umfang von S (bejahendes oder verneinendes) Prädicat. — Dagegen folgt nicht umgekehrt aus der Giltigkeit des assertorischen allgemeinen Urtheils die Giltigkeit des quantitätslosen apodiktischen. Denn die assertorische Verknüpfung (Trennung) von Subject und Prädicat ist nur eine wirklich giltige, besagt aber nicht, dass die Trennung (Verknüpfung) widersprechend sei. Es sind daher zwar alle nothwendig giltigen Urtheile allgemeine, nicht aber alle allgemeingiltigen auch nothwendige.

Endlich folgt aus der Giltigkeit der assertorisch besonderen Urtheile: einige S sind (sind nicht) P, und: in manchen Fällen, wo S ist, ist (ist nicht) P, die Giltigkeit der problematischen quantitätslosen Urtheile: S kann (muss nicht) P sein, und: wenn S ist, so kann (muss nicht) P sein. Denn da wenigstens für einen Theil des Umfangs von S die Verknüpfung mit (Trennung von) P eine wirkliche ist, so kann diese nicht widersprechend sein. Es ist aber auch die Trennung (Verknüpfung) beider Begriffe nicht widersprechend. Denn neben dem assertorischen besonderen Urtheil kann auch das ihm entgegengesetzte besondere giltig sein, was unmöglich wäre, wenn die Trennung (Verknüpfung) der Begriffe einen Widerspruch enthielte. — Dagegen lässt sich nicht umgekehrt aus dem quantitätslosen problematischen Urtheil ein assertorisch besonderes folgern. Denn die Widerspruchslosigkeit der Verknüpfung oder Trennung von Subject und Prädicat begründet noch nicht die logische Wirklichkeit derselben.

Durch Vorstehendes ist die alte Regel: *ab esse ad posse, ab oportere ad esse valet consequentia*, auf ihren wahren logischen Werth zurückgeführt. Das metaphysische Verhältniss des wirklich Seienden zum Denken des Möglichen und Nothwendigen wird durch sie nicht festgestellt; denn es ist eine Erschleichung, ohne weitere Untersuchung die logische Wirklichkeit mit der metaphysischen zu identificiren. Auch bloss logisch gefasst, wird jedoch dieser Regel ein weiterer Sinn als der oben angegebene beigelegt, nämlich der, dass aus jedem apodiktischen Urtheil ein assertorisches, und aus jedem assertorischen ein problematisches von derselben Qualität und Quantität folge. Das erstere ist zuzugeben und wird namentlich durch die Mathematik bestätigt, die meistens ihre apodiktisch gewissen Sätze nur assertorisch ausdrückt. Das zweite aber ist nur dann richtig, wenn man unter einem problematischen Urtheil bloss ein solches versteht, das nicht widersprechend ist, ohne zugleich zu fordern, dass auch sein Gegentheil nicht widersprechend sei. Durch die oben (§ 61) gegebene Erklärung des Möglichen ist jedoch diese Auffassung des problematischen Urtheils ausgeschlossen.

II. Subalternation der Urtheile.

§ 70.

Ein besonderes Urtheil heisst demjenigen allgemeinen subalternirt (*propositio subalternata*), das mit ihm Materie, Qualität und Stellung der Begriffe gemein hat, folglich sich nur durch die Quantität von ihm unterscheidet; das allgemeine Urtheil heisst dann das subalternirende (*prop. subalternans*). Auf dieses Verhältniss bezieht sich der unter dem Namen des *Dictum de omni et nullo* bekannte Grundsatz des Folgerns: jedes Prädicat, das allen Arten eines Subjects zukommt (nicht zukommt), kommt auch einigen und jeder einzelnen unter den Arten desselben zu (nicht zu), (*quicquid de omnibus valet, etiam de quibusdam et singulis; quicquid de nullo valet, nec de quibusdam nec de singulis valet*); offenbar nur eine Anwendung des Satzes der Identität. Vermöge desselben lässt sich aus der Giltigkeit jedes allgemeinen Urtheils ($\pm u$) die Giltigkeit des subalternirten besonderen ($\pm p$) von derselben Qualität folgern, so dass also, wenn das Urtheil $\pm u$, auch das materiell von ihm nicht verschiedene Urtheil $\pm p$ giltig ist. Diese Folgerung heisst die *a majori ad minus* oder die Folgerung *ad subalternatam propositionem*. Sie gilt für kategorische wie für hypothetische Urtheile, für Urtheile mit einfachen und zusammengesetzten Prädicaten, und die Modalität des subalternirten Urtheils ist dieselbe, wie die des subalternirenden, denn die Copula wird durch die Folgerung, die sich nur auf den Umfang des Subjects bezieht, nicht berührt.

Man kann diese Folgerung auch durch den allgemeineren Satz begründen: mit dem Ganzen ist jeder Theil desselben gesetzt; zu welchem dann die Bemerkung hinzukommt, dass das subalternirte Urtheil ein Theil des subalternirenden ist. Diese Begründung ist dann ein eigentlicher Schluss (Syllogismus); aber sie ist nicht die Folgerung selbst, das Resultat der Begründung, die aus dieser entspringende Regel, die nicht ein Syllogismus heissen kann, weil das gefolgerte Urtheil von dem subalternirenden materiell nicht verschieden ist.

§ 71.

Umgekehrt folgt aus der Ungiltigkeit eines subalternirten Urtheils auch die Ungiltigkeit seines subalternirenden, so dass, wenn das Urtheil $\pm p$ nicht giltig, auch das materiell nicht verschiedene Urtheil $\pm u$ nicht giltig ist. Denn angenommen, dieses allgemeine Urtheil wäre giltig, so folgte nach dem vorigen Paragraph daraus auch die Giltigkeit jedes ihm subalternirten besonderen, also auch dessen, von dem die Ungiltigkeit vorausgesetzt ist, was einen Widerspruch giebt. Diese Folgerung heisst die *a minori ad majus* oder *ad subalternantem propositionem*. Die Ungiltigkeit des subalternirenden Urtheils tritt hier als eine nothwendige hervor, indess bei der Folgerung *ad subalternatam* das gefolgerte Urtheil als ein wirklich giltiges erscheint. — Dagegen lässt sich aus der Ungiltigkeit des subalternirenden Urtheils nur die mögliche Ungiltigkeit des subalternirten, und ebenso aus der Giltigkeit des subalternirten nur die mögliche Giltigkeit des subalternirenden folgern. Denn wenn $\pm u$ ungiltig, so ist es nicht widersprechend, dass auch $\pm p$ ungiltig sei, aber auch nicht widersprechend, dass $\pm p$ giltig sei. Die Ungiltigkeit von $\pm u$ kann sich nämlich entweder auf die Qualität und Quantität zugleich beziehen, dann ist auch $\pm p$ ungiltig, oder bloss auf die Quantität, wo dann $\pm p$ giltig ist. Ebenso wenn $\pm p$ giltig ist, so ist es nicht widersprechend, dass auch $\pm u$ giltig sei, aber auch nicht widersprechend, dass es ungiltig sei, sofern diese Ungiltigkeit sich nur auf die Quantität bezieht.

Wenn also z. B. der Satz: alle Erhöhungen am Schädel zeigen Seelenorgane an, nicht wahr ist, so ist es möglich, dass auch der Satz: manche Erhöhungen am Schädel zeigen Seelenorgane an, nicht wahr sei. Andererseits, wenn der Satz: manche Hieroglyphen haben nicht symbolische Bedeutung, wahr ist, so ist es möglich, dass auch der Satz: keine Hieroglyphe hat symbolische Bedeutung, wahr sei; ebenso wenn es wahr ist, dass manche Hieroglyphen Lautzeichen sind, so ist es möglich, dass dieses von allen Hieroglyphen gelte.

III. Opposition der Urtheile.

§ 72.

Die dritte Classe der Folgerungen bezieht sich auf die Entgegensetzung der Urtheile. Da ein Widerspruch (*contradictio*) entsteht, wenn von einem und demselben Subject dasselbe Prädicat sowohl bejaht als verneint wird, so heissen im allgemeinen solche Urtheile, die sich nur durch die Qualität unterscheiden, contradictorisch entgegengesetzte (*contradictorie opposita*). In diesem Verhältnisse stehen die Urtheile ohne Quantitätsbezeichnung: *S* ist *P*, und: *S* ist nicht *P*. Durch die Bezeichnung der Quantität aber erhält dieser Gegensatz eine nähere Bestimmung. Dem allgemein bejahenden (verneinenden) Urtheil: alle S sind (sind nicht) P, widerspricht nämlich nicht nur das allgemein verneinende (bejahende) Urtheil: alle S sind nicht (sind) P, sondern auch das besonders verneinende (bejahende): einige S sind nicht (sind) P, insofern aus dem erstgenannten allgemeinen (nach § 70) das subalternirte besondere: einige S sind (sind nicht) P folgt, wo die „einige S" dieselben sind, von denen im entgegengesetzten Urtheil P verneint (bejaht) wird. Der contradictorische Gegensatz lässt also, in diesem Sinne genommen, die Quantität des entgegengesetzten Urtheils unbestimmt. Bildet man nun aus dem allgemein bejahenden ($+ u$), dem allgemein verneinenden ($- u$) und dem besonders verneinenden Urtheil ($- p$) eine geordnete Reihe (§ 23), so hat diese die Form $+ u, - p, - u$, so dass $- p$ zwischen $+ u$ und $- u$ liegt, und diese die äussersten Enden derselben bilden. Denn das besonders verneinende Urtheil ist dem allgemein bejahenden weniger entgegengesetzt als das allgemein verneinende, da es nur mit einem Theile seines Umfangs in Widerspruch steht. Hieraus erhellt (nach § 24), dass $+ u$ und $- u$ im conträren Gegensatz stehen, der also hier, wie in § 65, als eine besondere Art des contradictorischen Gegensatzes erscheint.

§ 73.

Auf dieselbe Weise folgt, dass das allgemein verneinende, das allgemein bejahende und das besonders bejahende Urtheil die geordnete Reihe $- u, + p, + u$ geben, da das besonders bejahende dem allgemein verneinenden weniger als das allgemein bejahende entgegengesetzt ist, so dass also $+ u$ und $- u$ durch zwei Reihen mit einander verbunden sind. Da nun für das Verhältniss von $+ u$ zu $- u$ die Bezeichnung des conträren Gegensatzes gegeben ist, so kann man die Bezeichnung des contradictorischen Gegensatzes, in einem engeren Sinne als dem ursprünglichen, im vorigen Paragraph nachgewiesenen, gebrauchen und auf das Verhältniss des allgemein bejahenden (verneinenden) zum besonders verneinenden (bejahenden) beschränken, unter dem Gegentheil (*oppositum*) eines gegebenen Urtheils aber das conträr entgegengesetzte mit dem (im eben bezeichneten engeren Sinne) contradictorisch entgegengesetzten zusammengenommen verstehen. Das noch übrig bleibende Verhältniss zwischen dem besonders bejahenden und besonders verneinenden Urtheil ist, da die „einigen" *S*, von denen in dem einen dieser Urtheile *P* bejaht, in dem andern verneint wird, keineswegs dieselben Theile des Umfangs von *S* zu bezeichnen brauchen, die Bezeichnung also unbestimmt ist, im allgemeinen selbst unbestimmt. Insofern aber diese Urtheile den allgemeinen von der nämlichen Qualität subalternirt sind, heissen sie subconträr entgegengesetzte.

Die sämmtlichen logischen Verhältnisse zwischen den vier Urtheilsformen $+u, -u, +p, -p$, oder nach der herkömmlichen Bezeichnung *A*, *E*, *I*, *O*, lassen sich in folgendem Schema bequem übersehen, bei dessen Anordnung (wie schon oben in § 24 hinsichtlich des Begriffs vom conträren Gegensatz) auf Trendelenburg's begründete Bemerkungen Rücksicht genommen ist. Dieses Schema erklärt zugleich, weshalb der in ihm eine Diagonale des Quadrats oder einen Durchmesser des umschriebenen Kreises bildende conträre Gegensatz zuweilen auch der diametrale genannt wird.

A *oppos. contradict.* O

I *oppos. contradict.* E

Diese Entgegensetzungen gelten, wie man leicht sieht, gleichmässig für hypothetische wie für kategorische Urtheile. Verbindet man statt der Quantität die Modalität mit der Qualität, so ist dem quantitätslosen apodiktisch bejahenden(verneinenden)Urtheil das problematisch verneinende (bejahende) contradictorisch, das apodiktisch verneinende (bejahende) conträr entgegengesetzt. Denn zwischen: *S* muss *P* sein, und: *S* kann nicht *P* sein, liegt einerseits: *S* kann *P* sein, andererseits: *S* muss nicht *P* sein. Sind die Urtheile assertorisch, so lässt sich ohne Quantitätsbestimmung ihr conträrer Gegensatz von dem contradictorischen nicht scheiden.

Mit gleichmässiger Berücksichtigung von Modalität und Quantität sind nach der in § 63 gebrauchten Bezeichnung.

$$+ u\,a \text{ und } - u\,a, + u\,\alpha \text{ und } - u\,\alpha$$

conträr, dagegen

$$+ u\,a \text{ und } - p\,a, - u\,a \text{ und } + p\,a,$$
$$+ u\,\alpha \text{ und } - p\,\pi, - u\,\alpha \text{ und } + p\,\pi,$$
$$+ u\,\pi \text{ und } - p\,\alpha, - u\,\pi \text{ und } + p\,\alpha$$

contradictorisch entgegengesetzt.

Für Einzelurtheile als quantitätslose Urtheile (§ 43. Anmerk.) fällt der conträre Gegensatz mit dem contradictorischen zusammen. Das Urtheil: Jacobi war kein speculativer Philosoph, und das Urtheil: Jacobi war ein speculativer Philosoph, sind widersprechende Urtheile, von denen jedes das vollständige Gegentheil des anderen ist.

§ 74.

Hieraus ergiebt sich nun zunächst die Folgerung *ad contradictoriam propositionem.* Es lässt sich nämlich 1) aus der Giltigkeit eines Urtheils die Ungiltigkeit seines contradictorisch entgegengesetzten, und 2) aus der Ungiltigkeit eines Urtheils die Giltigkeit seines contradictorisch entgegengesetzten folgern.

Zu 1. Es wird behauptet:

wenn $\pm\, u$ gilt, so gilt nicht $\pm\, p$,

und wenn $\pm\, p$ gilt, so gilt nicht $\pm\, u$.

Dies lässt sich, wie folgt, erweisen. Wenn $\pm\, u$ gilt, so gilt (§ 70, *ad subalternat.*) auch $\pm\, p$, d. i. jedes besondere Urtheil der nämlichen Qualität. Angenommen nun, es gälte auch $+ p$, so gälte auch das $\pm\, p$, welches dasselbe besondere Subject hat wie $\mp\, p$, was ein Widerspruch ist. — Ebenso, angenommen, dass, wenn $\pm\, p$ gilt, auch $\mp\, u$ gälte, so würde auch $\mp\, p$ mit demselben Subject wie $\pm\, p$ gelten, was abermals ein Widerspruch ist.

Zu 2. Es wird behauptet:

wenn $\pm\, u$ nicht gilt, so gilt $\mp\, p$,

und wenn $\pm\, p$ nicht gilt, so gilt $\mp\, u$.

Denn angenommen, wenn $\pm\, u$ nicht gilt, gälte auch nicht $+ p$, so würde folgen (§ 71, *ad subalternantem*), dass dann auch nicht $\mp\, u$ gälte. Also gälte dann weder $\pm\, u$ noch sein Gegentheil ($\mp\, u$ und $\mp\, p$), was gegen den Satz vom ausgeschlossenen

Dritten ist. Ebenso angenommen, dass, wenn $+p$ nicht gilt, auch $+u$ nicht gälte, so würde, da aus der Annahme (nach § 71) folgt, dass auch $+u$ nicht gelten kann, abermals folgen, dass weder dieses noch sein Gegentheil gelten könnte, gegen das *princ. excl. tertii.*

Mit Bezug auf die Anmerkung zum vorigen Paragraph folgt, dass, wenn das die Folgerung begründende Urtheil assertorisch ist, es auch das als giltig oder ungiltig gefolgerte sein wird; ist aber jenes apodiktisch (problematisch), so ist das gefolgerte problematisch (apodiktisch). Ist es z. B. wahr, dass alle Menschen sterben müssen, so ist es nicht wahr, dass manche Menschen nicht sterben müssen; ist es nicht wahr, dass keine krumme Linie rectificirt werden kann, so folgt, dass manche krumme Linien rectificirt werden können; und ebenso umgekehrt.

§ 75.

Eine zweite Folgerung ist die *ad contrariam propositionem,* von der Giltigkeit eines allgemeinen Urtheils auf die Un-giltigkeit des conträr entgegengesetzten allgemeinen. Wenn also $+u$ gilt, so gilt $+u$ nicht. Denn offenbar steht das eine dieser Urtheile mit dem andern in Widerspruch. — Dagegen lässt sich aus der Ungiltigkeit eines allgemeinen Urtheils nur die mögliche Giltigkeit des conträr entgegen-gesetzten allgemeinen folgern. Denn wenn $+u$ ungiltig, so ist zwar $+p$ giltig (vor. §), aber es folgt (§ 71) daraus nur die mögliche Giltigkeit seines subalternirenden Urtheils $+u$.

Ist es z. B. nicht wahr, dass alle Arzeneimittel in unendlich kleinen Gaben wirksam sind, so folgt zwar mit Gewissheit, dass manche Arzenei-mittel, in solchen Gaben gereicht, nichts wirken, aber nur mit Möglichkeit, dass überhaupt kein Arzeneimittel in unendlich kleinen Gaben wirksam ist.

Nach der Bemerkung zu § 73 über entgegengesetzte Einzelurtheile lässt sich sowohl aus der Giltigkeit des einen derselben die Ungiltigkeit des anderen, als aus der Ungiltigkeit des einen die Giltigkeit des anderen folgern. Auch hieraus ergiebt sich, dass die Ansicht, welche sie als allge-meine Urtheile betrachtet wissen will, nicht durchschlagend ist.

§ 76.

Eine dritte Folgerung endlich ist die *ad subcontrariam pro-positionem,* von der Ungiltigkeit eines besonderen Urtheils auf die Giltigkeit des subconträr entgegengesetzten besonderen

Wenn also $\underline{+}\,p$ nicht gilt, so gilt $\overline{\mp}\,p$ (wobei jedoch beide
Urtheile keineswegs auf dieselben Theile des Umfangs des
Subjects sich zu beziehen brauchen). Denn wenn $\underline{+}\,p$ nicht
gilt, so gilt (§ 74) $\overline{\mp}\,u$, folglich (§ 70) auch $\overline{\mp}\,p$. — Dagegen
folgt aus der Giltigkeit von $\underline{+}\,p$ nur die mögliche Ungiltigkeit von $\overline{\mp}\,p$. Denn aus dem giltigen $\underline{+}\,p$ folgt (§ 74) die
Ungiltigkeit von $\overline{\mp}\,u$, hieraus aber (§ 71) nur die mögliche
Ungiltigkeit von $\overline{\mp}\,p$. Subconträr entgegengesetzte Urtheile
können also zugleich giltig sein.

Offenbar kann sich diese Folgerung hinsichtlich ihrer Wichtigkeit den
vorhergehenden nicht gleich stellen. Denn wie sie nur eine Verbindung
der Folgerungen *ad contradictoriam* und *ad subalternatam* ist, so giebt
sie nur ein Resultat, was unter der ersteren dieser beiden Folgerungen
als ein besonderer Fall steht.

§ 77.

Die vorstehenden Folgerungen der Subalternation und Opposition (§§ 72—76) bilden ein in sich abgeschlossenes voll
ständiges System, durch welches die Frage beantwortet wird:
was folgt, wenn eine der vier Urtheilsformen $+\,u$, $-\,u$, $+\,p$,
$-\,p$ für irgend einen materiellen Inhalt giltig oder ungiltig ist,
in Absicht auf die Giltigkeit aller übrigen? Die Antwort lautet:

1) wenn $+\,u$ gilt, so gilt $+\,p$, kann nicht gelten $-\,u$ und $-\,p$;
2) wenn $-\,u$ gilt, so gilt $-\,p$, kann nicht gelten $+\,u$ und $+\,p$;
3) wenn $+\,p$ gilt, so kann nicht gelten $-\,u$, kann gelten $+\,u$
   und $-\,p$;
4) wenn $-\,p$ gilt, so kann nicht gelten $+\,u$, kann gelten $-\,u$
   und $+\,p$;
5) wenn $+\,u$ nicht gilt, so muss gelten $-\,p$, kann gelten $-\,u$
   und $+\,p$;
6) wenn $-\,u$ nicht gilt, so muss gelten $+\,p$, kann gelten $+\,u$
   und $-\,p$;
7) wenn $+\,p$ nicht gilt, so muss gelten $-\,u$ und $-\,p$, kann
   nicht gelten $+\,u$;
8) wenn $-\,p$ nicht gilt, so muss gelten $+\,u$ und $+\,p$, kann
   nicht gelten $-\,u$.

Hieraus ergiebt sich nun, dass erkannt werden kann: *a*) Wahres
aus Wahrem, mit assertorischer Gewissheit in 1 und 2, mit

problematischer in 3 und 4; *b*) Wahres aus Falschem, mit apodiktischer Gewissheit in 5, 6, 7. 8, mit problematischer in 5 und 6; *c*) Falsches aus Wahrem, mit apodiktischer Gewissheit in 1, 2, 3, 4; *d*) Falsches aus Falschem mit apodiktischer Gewissheit in 7 und 8.

IV. Conversion und Contraposition der Urtheile.

§ 78.

In jedem Urtheile ist unmittelbar nur eine einseitige Beziehung des Prädicats auf das Subject gegeben, in welcher dieses das Vorausgesetzte, jenes das Anzuknüpfende ist. Jede Beziehung ist aber eine gegenseitige Verbindung der auf einander bezogenen Glieder. Daher entsteht die Frage, in welcher Form das Subject mit dem Prädicat zu verknüpfen ist. wenn dieses zum Vorausgesetzten werden soll. Sofern nun hierbei zur Bedingung gemacht wird, dass das auf diese Weise abzuleitende Urtheil dieselbe Qualität habe wie das gegebene, heisst die Beantwortung dieser Frage die Umkehrung des Urtheils (*conversio*). Sie heisst reine (*conv. pura*), wenn das gefolgerte Urtheil dieselbe Quantität hat wie das ursprüngliche, veränderte Umkehrung (*conv. per accidens*), wenn sich dabei die Quantität ändert.

§ 79.

Was zuerst die Umkehrung bejahender Urtheile betrifft, so lässt sich

1) das allgemein bejahende Urtheil im Allgemeinen nur verändert umkehren.

Das kategorische Urtheil: alle *S* sind *P*, bedeutet nämlich im allgemeinen nicht, dass alle *S* zu allen *P* in einem Verhältniss der Identität stehen, sondern nur zu einigen; ebenso bedeutet das hypothetische Urtheil: immer, wenn *S* ist, so ist *P*, nur, dass die Setzung aller der Fälle, in denen *S* ist, identisch ist mit der Setzung eines Theils der Fälle. in denen *P* ist. Vollständig ausgedrückt heissen also diese Urtheile:

alle *S* sind einige P;

mit allen Fällen, in denen *S* ist, sind einige Fälle, in denen *P* ist, gesetzt.

Daher giebt die Umkehrung nur die besonderen Urtheile:
einige P sind S;
in manchen Fällen, in denen P ist, ist S.
Rein umkehrbar ist das allgemeine Urtheil nur dann, wenn
das Prädicat dem Subject ausschliesslich zukommt. Dies
bedarf aber immer einer besonderen Nachweisung. Rein umkehrbare bejahende Urtheile heissen reciprocable. Zu ihnen
gehören die kategorischen conjunctiven Urtheile (§ 46),
da in ihnen das Prädicat den vollständigen Inhalt des Subjects
ausdrückt; desgleichen die divisiven (§ 48), da sie den
Umfang des Subjects erschöpfen; ebenso die hypothetischen
conjunctiven Urtheile (§ 53), weil sie die vollständigen Bedingungen der Setzung des Prädicats angeben; endlich auch
die disjunctiven Urtheile (§ 54), da sie das Gebiet der
Grundbedingung vollständig darstellen.

Die Urtheile z. B.: alles Gute ist schön, alle Begriffe sind Vorstellungen, immer wenn Feuer ausbricht wird gestürmt, geben umgekehrt: manches
Schöne ist gut, manche Vorstellungen sind Begriffe, in manchen Fällen,
wo gestürmt wird, ist Feuer ausgebrochen (denn es kann auch bei Auf-
ruhr, Wassersnoth u. dgl. die Sturmglocke gezogen werden); dagegen sind
Urtheile wie: jeder Vater hat ein Kind, alle Körper sind schwer, wo
Licht ist, da ist Schatten, reciprocable. — Eben weil jedes allgemein bejahende Urtheil sich im allgemeinen nur verändert umkehren lässt, unter-
lässt es die Mathematik nie, die Umkehrbarkeit bejahender allgemeiner
Lehrsätze jedesmal zu beweisen (vgl. hierüber den Anhang III., 2.

§ 80.

2) Das besonders bejahende Urtheil lässt sich wenigstens
der allgemeinen Form nach unverändert umkehren; doch kann
diese Umkehrung streng genommen nicht für eine reine gelten.
Auf dieselbe Weise wie im vorigen Paragraph vervollständigt
lautet nämlich im allgemeinen das kategorische besonders bejahende Urtheil: einige S sind einige P, und ebenso bedeutet
das hypothetische Urtheil: in manchen Fällen, in denen S ist,
ist P, dass einige Fälle, in denen S ist, mit einigen Fällen,
in denen P ist, der Setzung nach zusammenfallen. Die Umkehrung giebt daher:
einige P sind S,
und: in einigen Fällen, in denen P ist, ist S.

Gleichwohl kann dies nicht für eigentliche reine Umkehrung gelten. Denn der Theil des Umfangs von S, der durch „einige S" bezeichnet wird, ist seiner Grösse nach durch sein Verhältniss zum ganzen Umfange von S bestimmt; ebenso der Theil von P durch sein Verhältniss zum ganzen Umfange von P. Diese verhältnissmässige Grösse kann nun aber für beide sehr verschieden und braucht keineswegs gleich zu sein. Daher ist die Quantität des gefolgerten Urtheils, obgleich es auch ein besonders bejahendes ist, nicht immer streng dieselbe wie die des ursprünglichen. — Im Uebrigen kann auch, wenn das Prädicat des besonders bejahenden Urtheils dem particulären Subject ausschliesslich zukommt, die Umkehrung ein allgemein bejahendes Urtheil geben (vgl. § 44).

Das Urtheil: manche Frauen sind Schriftsteller, giebt umgekehrt: manche Schriftsteller sind Frauen. Die Zahl der Frauen, die Schriftsteller sind, ist nun allerdings der Zahl der Schriftsteller, die Frauen sind, gleich; aber nicht auf diese Zahl kommt es an, sondern darauf, der wievielte Theil der Frauen Schriftsteller und der wievielte Theil der Schriftsteller Frauen sind, und hierbei ist offenbar der letztere Theil kleiner als der erste. — Als Beleg zu der Bemerkung am Ende des Paragraphs können die Beispiele dienen: manche Steine sind Edelsteine, meistens ist mit dem Blitz Donner verbunden; die umgekehrt die allgemeinen Urtheile: alle Edelsteine sind Steine, immer ist mit dem Donner Blitz verbunden, geben.

§ 81.

3) Jedes allgemein verneinende Urtheil ist rein umkehrbar. Dagegen giebt es

4) keine allgemeine Regel über die Umkehrbarkeit des besonders verneinenden Urtheils.

Was das erstere betrifft, so bedeutet das kategorische Urtheil: kein S ist P, dass der ganze Umfang von S ausgeschlossen ist von dem Umfang von P, zwischen beiden also auch nicht einmal einem Theile nach Identität stattfindet. Ebenso das hypothetische Urtheil: in keinem Falle, wenn S ist, ist P, besagt, dass keiner der Fälle, in denen S ist, identisch ist mit der Setzung eines der Fälle, in denen P ist; die Setzung von S ist also von der Setzung von P ausgeschlossen. Ist aber S seinem Inhalt oder seiner Setzung nach ausgeschlossen von P, nicht identisch mit ihm, so gilt dies auch von P in Bezug auf S. d. i.

kein P ist S,

und: in keinem Falle, in welchem P ist, ist S.

Dagegen lässt das besonders verneinende Urtheil eine doppelte Auslegung zu. Es bedeutet nämlich entweder 1) man wisse, dass nur ein Theil des Subjectumfangs S mit dem Prädicatsumfang P nicht zusammenfällt, oder 2) es bedeutet, man wisse nicht, ob dieses Nichtzusammenfallen nur für einen Theil von S oder für das ganze S gilt. Im ersten Falle weiss man weiter, entweder dass auch ein Theil von P nicht mit S zusammenfällt, der übrige Theil von P aber mit einem Theil von S zusammenfällt (vgl. Fig. 3 zu § 45); oder dass mit dem Nichtzusammenfallen eines Theils von S mit P das Zusammenfallen des ganzen P mit einem Theile von S verbunden ist (Fig. 4 zu § 45). Die Umkehrung des besonders verneinenden Urtheils giebt also in diesem ersten Falle entweder ein besonders verneinendes und zugleich ein besonders bejahendes Urtheil, oder sogar ein allgemein bejahendes. Im zweiten Falle, welcher die Möglichkeit zulässt, dass das ganze S nicht zusammenfalle mit P, würde dann auch das ganze P nicht zusammenfallen mit S, daher die Umkehrung des besonders verneinenden Urtheils auf ein allgemein verneinendes Urtheil führen.

1. Urtheile wie: kein Ehrenmann ist wortbrüchig, oder: in keinem Falle, wo Körper in relativer Bewegung sind, befinden sie sich im Gleichgewicht, sind rein umkehrbar. Dagegen lässt das Urtheil: ein Theil der im Wasser lebenden Thiere sind nicht Säugethiere, unbestimmt, ob alle Säugethiere oder nur ein Theil derselben nicht im Wasser lebt. Das Urtheil: ein Theil der im Wasser lebenden Thiere sind nicht Fische, lässt aber sogar nur die Umkehrung: alle Fische leben im Wasser, zu. Ebenso giebt das Urtheil: in manchen Fällen, wo zwei Körper in relativer Ruhe sind, befinden sie sich nicht im Gleichgewicht, die Umkehrung: immer sind zwei Körper, die sich im Gleichgewicht befinden, in relativer Ruhe. Ein Theil der Fälle der relativen Ruhe ist nämlich von allen Fällen des Gleichgewichts ausgeschlossen, der übrige Theil aber fällt mit der Gesammtheit der Fälle des Gleichgewichts zusammen.

2. Die vorstehenden Regeln der Conversion beziehen sich zwar zunächst auf assertorische Urtheile, sie gelten aber auch für apodiktische und problematische, ohne dass sich bei der Umkehrung die Modalität ändert. Den von der Unzulässigkeit der reinen Umkehrung des allge-

mein verneinenden problematischen Urtheils, welche Aristoteles behauptet, können wir uns, obwohl mit seinem Begriffe der Möglichkeit im wesentlichen einverstanden, nicht überzeugen. Das Urtheil: es ist möglich, das alle *S* nicht *P* sind, drückt nämlich aus, dass weder das Urtheil: alle *S* sind nicht *P*, noch eins der ihm entgegengesetzten: einige ʹalle) *S* sind *P*, widersprechend ist. Es ist daher auch weder die Umkehrung des ersten: alle *P* sind nicht *S*, noch die des entgegengesetzten: einige *P* sind *S*, widersprechend. Dies bedeutet aber, dass das Urtheil: alle *P* sind nicht *S*, möglich, folglich das Urtheil: es ist möglich, dass alle *S* nicht *P* sind, rein umkehrbar ist. Oder kürzer: ist es weder unmöglich noch nothwendig, dass alle *S* nicht *P*, also alle *S* von allen *P* ausgeschlossen sind, so ist es auch weder unmöglich noch nothwendig, dass alle *P* nicht *S* sind. Es steht damit nicht in Widerspruch, wenn in der That einige *P* mit Nothwendigkeit *S* nicht sind; denn die Umkehrung behauptet nur, dass es nicht für alle *P* nothwendig ist, nicht *S* zu sein. Das Ausführliche über diese Controverse zwischen Aristoteles und seinen Schülern Theophrast und Eudemus findet sich in Prantl's Gesch. der Logik I., S. 267 u. 364; vgl. auch Ueberweg, System d. Log. 3. Aufl. S. 239.

§ 82.

Wenn bei der Conversion der Urtheile die Qualität derselben unverändert bleibt, so ist dagegen die Contraposition (*conversio per contrapositionem*) eine Umkehrung, bei der das gefolgerte Urtheil von dem ursprünglich gegebenen qualitativ verschieden ist. Sie entsteht aber dadurch, dass ein qualitativ und quantitativ bestimmtes Urtheil durch Aequipollenz (§ 66) in ein entgegengesetztes umgewandelt und dieses umgekehrt wird. Nach den Regeln der Umkehrung (§§ 79—81) ergeben sich nun folgende Regeln der Contraposition von kategorischen Urtheilen, wobei reine und veränderte Contraposition in demselben Sinne wie bei der Conversion unterschieden wird.

1) Jedes allgemein bejahende Urtheil lässt sich rein contraponiren. Denn dem Urtheil: alle *S* sind *P*, ist äquipollent das Urtheil: kein *S* ist Non-*P*; welches, rein umkehrbar, das allgemein verneinende: kein Non-*P* ist *S*, giebt, das also dieselbe Quantität wie das ursprünglich gegebene hat.

2) Für das besonders bejahende Urtheil giebt es keine allgemeine Regel der Contraposition. Denn dem besonders bejahenden Urtheil ist ein besonders verneinendes äquipollent, das sich nicht umkehren lässt.

3) Das allgemein verneinende Urtheil lässt sich nur verändert contraponiren. Denn dem Urtheil: kein S ist P, ist äquipollent: alle S sind $Non\text{-}P$; was umgekehrt giebt: einige $Non\text{-}P$ sind S.

4) Jedes besonders verneinende Urtheil lässt sich wenigstens der allgemeinen Form nach rein contraponiren. Denn dem Urtheil: einige S sind nicht P, ist äquipollent: einige S sind $Non\text{-}P$; woraus durch Umkehrung folgt: einige $Non\text{-}P$ sind S, jedoch mit der (§ 80) bemerkten Beschränkung des Begriffs der reinen Umkehrung.

Beispiele: alles Ausgedehnte ist theilbar; also nicht untheilbar; folglich: alles Untheilbare ist nicht ausgedehnt. Keine Transscendente ist eine rationale Grösse; also jede Transscendente eine nichtrationale Grösse; folglich: manche nichtrationale Grössen sind Transscendenten. Mancher Genuss ist nicht erlaubt; also Nichterlaubtes; folglich: manches Nichterlaubte ist ein Genuss.

Der obigen Begründung des zweiten Satzes, dass es für besonders bejahende Urtheile keine allgemeine Regel der Contraposition gebe, ist von Ueberweg (System der Logik 1. Ausg. S. 243) Oberflächlichkeit vorgeworfen worden, und zwar hauptsächlich deshalb, weil sich nicht von selbst verstehe, dass der Beweis der Nichtumkehrbarkeit des besonders verneinenden Urtheils für ein positives Prädicat, P, auch ohne Weiteres für ein negatives, $Non\text{-}P$ gelte. Dies ist aber allerdings der Fall. Denn für das besondere verneinende Urtheil: einige S sind nicht P, lässt sich einzig und allein wegen der Mehrdeutigkeit der „einigen S," wie sie in der Anmerkung zu § 82 dargelegt ist, keine allgemeine Regel angeben. Ob P einen positiven oder einen negativen Inhalt hat, bleibt dabei ganz gleichgiltig. Bedeutet das Urtheil: einige S sind nicht $Non\text{-}P$, soviel als: nur einige S u. s. w.. so kann dies anzeigen, dass dieser Theil der S ausgeschlossen ist von dem Umfang des $Non\text{-}P$, der andre Theil der S aber entweder a) nur mit einem Theil des Umfangs von $Non\text{-}P$, oder b) mit dem ganzen Umfang von $Non\text{-}P$ zusammenfällt. Im Falle a) ist angezeigt sowohl, dass ein Theil der $Non\text{-}P$ mit einem Theil der S zusammenfällt, als auch, dass der übrige Theil der $Non\text{-}P$ mit keinem Theil der S nicht zusammenfällt. Es ergiebt also dann die Umkehrung des Urtheils die beiden Urtheile: einige $Non\text{-}P$ sind S, und: die übrigen $Non\text{-}P$ sind nicht S. So giebt z. B. die Umkehrung des Urtheils: manche Fluida sind durchsichtige, also nicht undurchsichtige Körper, die beiden Urtheile: manche undurchsichtige Körper sind Fluida, die übrigen aber sind nicht Fluida. — Im Falle b) giebt die Umkehrung des Urtheils: einige S sind nicht $Non\text{-}P$, das allgemein bejahende Urtheil: alle $Non\text{-}P$ sind S, z. B. das Urtheil: ein Theil der Menschen sind Gebildete, also nicht Ungebildete, das allgemein bejahende Urtheil: alle Ungebildeten sind Menschen. — Endlich kann das Urtheil: einige S sind nicht $Non\text{-}P$, auch bedeuten, dass man zwar von einem Theil der S weiss, dass ihnen das Prädikat Non-P nicht zukommt, von dem übrigen Theil es aber nicht weiss, wo dann möglicher Weise auch das Urtheil: alle S sind nicht Non-P, gelten kann, welches umgekehrt ergiebt: kein Non-P ist S. So weiss man z. B., dass manches, was real ist, auch materiell, also nicht immateriell ist, kann es aber auch für möglich halten, dass alles Reale nicht immateriell sei; woraus dann folgen würde: kein Immaterielles ist real.

Hiermit werden nun auch die Einwürfe beseitigt sein, die Ueberweg in der 2ten und 3ten Auflage seines Systems (bezw. S. 232 u. 250) gegen die Rechtfertigung des 2ten Satzes des vorstehenden §'s in der dritten Auflage dieses Lehrbuches erhoben hat.

§ 83.

Bei der Anwendung der Contraposition auf hypothetische Urtheile ist zuvörderst zu beachten, dass in dem verneinenden Urtheil: wenn S ist, so ist nicht P, die Verneinung nicht die Beschaffenheit, sondern die Setzung von P betrifft, daher dieselbe der Bejahung der Nichtsetzung von P äquipollent ist, so dass das äquipollente Urtheil die Form hat: wenn S ist, so gilt: es ist nicht P oder abgekürzt, wenn S ist, so ist P nicht. Eben so ist dem bejahenden Urtheil: wenn S ist, so ist P, äquipollent: wenn S ist, so gilt nicht: es ist nicht P; oder abgekürzt: wenn S ist, so ist nicht P nicht. Hieraus ergiebt sich nun, wie bei den kategorischen Urtheilen, folgendes:

1) Das allgemein bejahende Urtheil: in allen Fällen, wo S ist, ist P, giebt das äquipollente: in allen Fällen, wo S ist, ist nicht P nicht: woraus durch Umkehrung folgt das allgemein verneinende; in allen Fällen, wo P nicht ist, ist auch nicht S:

2) Das allgemein verneinende Urtheil: in allen Fällen, wo S ist, ist nicht P, giebt das äquipollente: in allen Fällen, wo S ist, ist P nicht; woraus durch Umkehrung folgt das besonders bejahende: in einigen Fällen, wo P nicht ist, ist S.

3) Das besonders verneinende Urtheil: in einigen Fällen, wo S ist, ist nicht P, giebt das äquipollente: in einigen Fällen, wo S ist, ist P nicht; woraus durch Umkehrung folgt das besonders bejahende: in einigen Fällen, wo P nicht ist, ist S.

Auch hier lässt sich also das allgemein bejahende und besonders verneinende rein, das allgemein verneinende aber nur verändert contraponiren. Für das besonders bejahende giebt es aus denselben Gründen wie für die kategorischen Urtheile keine allgemeine Regel der Contraposition.

Beispiele. Aus dem Satze: immer wenn der Grund giltig ist, ist es auch die Folge, würde durch blosse Umkehrung sich ergeben; zuweilen, wenn die Folge giltig ist, ist es auch der Grund; dagegen ergiebt sich durch Contraposition: immer, wenn die Folge nicht giltig ist, ist es auch der Grund nicht. Ebenso aus: immer wenn sich Thau bildet, enthält die Luft Wasserdämpfe, folgt durch blosse Umkehrung: zuweilen wenn die Luft Wasserdämpfe enthält, bildet sich Thau; durch Contraposition aber: niemals wenn die Luft Wasserdämpfe nicht enthält, bildet sich Thau. Ferner aus: niemals wenn Wind und trüber Himmel ist, bildet sich Thau folgt durch Umkehrung: niemals wenn sich Thau bildet, ist Wind und trüber Himmel; dagegen durch Contraposition: zuweilen wenn sich Thau, nicht bildet, ist Wind und trüber Himmel. Es bildet sich nämlich auch bei Windstille und heiterem Himmel Thau nicht, wenn die Luft keine Wasserdämpfe enthält. Daher auch der Satz: zuweilen wenn Windstille und heiterer Himmel ist, bildet sich nicht Thau, der sich nicht umkehren, aber contraponiren lässt, und dann giebt: zuweilen wenn sich Thau nicht bildet, ist Windstille und heiterer Himmel.

Da die Contraposition auf der Conversion beruht, so bleibt, wie bei dieser, die Modalität der Urtheile unverändert.

- - -

Vierter Abschnitt.

Von den Formen der Schlüsse.

§ 84.

Im Schluss (*syllogismus*) soll (§ 10) ein Urtheil aus einer Mehrheit von begründenden Urtheilen abgeleitet werden. Diese letzteren heissen im allgemeinen Vordersätze (*praemissae*), das aus ihnen abgeleitete Urtheil der Schlusssatz (*conclusio*). Die einfachste Voraussetzung ist nun offenbar die, nur zwei Vordersätze anzunehmen. Von diesen wird der eine das Subject *S*, der andere das Prädicat *P* des Schlusssatzes enthalten müssen. Letzterer heisst der Obersatz (*propositio major*), und übereinstimmend damit das in ihm enthaltene Prädicat des Schlusssatzes der Oberbegriff (*terminus major*); ersterer dagegen der Untersatz (*propositio minor*), und das in ihm enthaltene Subject des Schlusssatzes der Unterbegriff (*terminus minor*). Um den Oberbegriff mit dem Unterbegriff verknüpfen zu können, muss der in jedem der beiden Vordersätze ausserdem noch enthaltene zweite Begriff ein und derselbe sein. Dieser gemeinsame, die unmittelbare Verknüpfung von S und P vermittelnde Begriff heisst der Mittelbegriff (*terminus medius*). Hiernach ist nun die einfachste Aufgabe der Lehre von den Schlüssen oder der Syllogistik: zu bestimmen, ob und in welcher Form aus zwei einen gemeinsamen Mittelbegriff enthaltenden, ihrer Form nach gegebenen Vordersätzen ein Schlusssatz folgt. Indess auch so gefasst ist die Aufgabe noch zu verwickelt, daher am zweckmässigsten die Untersuchung zunächst auf kategorische Vordersätze sich beschränkt und für diese nur assertorische Modalität voraussetzt.

I. Schlüsse aus kategorischen Vordersätzen.

§ 85.

Wenn A und B die beiden im Schlusssatz verbundenen Begriffe sind, von denen noch unentschieden bleiben mag, welcher darin Subject und welcher Prädicat wird, wenn ferner M den hinzukommenden Mittelbegriff bezeichnet, so sind, abgesehen von der Quantität, für die beiden Vordersätze folgende Formen möglich, in denen das zwischen Subject und Prädicat gesetzte $+$ oder $-$ bezüglich ein bejahendes oder verneinendes Urtheil, der erste Buchstabe aber das Subject, der zweite das Prädicat anzeigt:

$$A + M, \quad A - M, \quad M + A, \quad M - A;$$
$$B + M, \quad B - M, \quad M + B, \quad M - B.$$

Jede der vier Formen des ersten Vordersatzes kann mit jeder der vier Formen des zweiten verbunden werden, woraus sich 16 Verbindungen ergeben. Sie zerfallen nach der Stellung des Mittelbegriffs in drei Classen, von denen die erste diejenigen Verbindungen enthält, bei welchen der Mittelbegriff in dem einen Vordersatz als Prädicat, in dem anderen als Subject vorkommt, der zweiten Classe diejenigen Verbindungen angehören, bei denen der Mittelbegriff in beiden Vordersätzen Prädicat ist, der dritten Classe endlich diejenigen Verbindungen zukommen, bei welchen der Mittelbegriff in beiden

Vordersätzen Subject ist. Hieraus ergeben sich folgende drei Stellungen der drei in den Vordersätzen enthaltenen Begriffe:

$$\text{I.} \quad \begin{array}{c} A\,M \\ M\,B \end{array}$$

$$\text{II.} \quad \begin{array}{c} A\,M \\ B\,M \end{array}$$

$$\text{III.} \quad \begin{array}{c} M\,A \\ M\,B \end{array}$$

Es scheint zwar hierzu noch als eine vierte $\dfrac{M\,A}{B\,M}$ kommen zu müssen. Aber da weder einer der Vordersätze, noch einer der Begriffe A, B vor dem anderen einen Vorrang hat, so ist sie gleichbedeutend mit $\dfrac{B\,M}{M\,A}$, welche Verbindung sich unwesentlich von der unter I nur dadurch unterscheidet, das B und A ihre Stellen vertauscht haben. Da jede dieser drei Stellungen, wie sich zeigen wird, auf eine eigenthümliche Weise zur Verknüpfung von A und B in einem Schlusssatz führt, so gehen hieraus drei verschiedene Schlussformen hervor, welche die drei Schlussfiguren (*figurae syllogismi*) heissen.

Aristoteles kennt nur diese drei Schlussfiguren. Später führte die besondere Berücksichtigung der eben bemerkten vierten Begriffsstellung auf die sogenannte vierte, dem Claudius Galenus (im 2. Jahrhundert) zugeschriebene Figur (vgl. hierüber Prantl, Geschichte der Logik, I. S. 570, und Ueberweg, System der Logik, 3. A. S. 285). Jedenfalls hat sie keinen Anspruch darauf, den drei älteren Figuren coordinirt zu werden, sondern höchstens den, als eine Unterart der ersten in Betracht zu kommen. Aber auch dazu ist nur Anlass gegeben, wenn man im voraus bestimmt, dass A Subject und B Prädicat des Schlusssatzes werden soll; eine Annahme, die der Untersuchung, aus der sich eben erst ergeben soll, ob A oder B Subject des Schlusssatzes wird, willkürlich vorgreift. Da nun auch überdies in dieser Figur weder die Ableitung des Schlusssatzes auf eigenthümlichen Principien beruht, noch dieselbe sich durch irgend welche praktische Brauchbarkeit auszeichnet, so wird es gerechtfertigt sein, wenn sie im Nachfolgenden nicht weiter berücksichtigt werden wird.

§ 86.

Zur ersten Figur gehören nun von den 16 möglichen

Verbindungen der vier Formen der Vordersätze folgende acht:

$$1)\ A + M \quad 2)\ A + M \quad 3)\ A - M \quad 4)\ A - M$$
$$M + B \quad\quad M - B \quad\quad M + B \quad\quad M - B$$
$$5)\ M + A \quad 6)\ M + A \quad 7)\ M - A \quad 8)\ M - A$$
$$B + M \quad\quad B - M \quad\quad B + M \quad\quad B - M,$$

unter denen jedoch die vier letzten von den vier ersten, aus den im vorigen Paragraph angegebenen Gründen, nicht wesentlich verschieden sind und daher keiner besonderen Betrachtung bedürfen.

Zur zweiten Figur gehören folgende vier Verbindungen:

$$9)\ A + M \quad 10)\ A + M \quad 11)\ A - M \quad 12)\ A - M$$
$$B + M \quad\quad B - M \quad\quad B + M \quad\quad B - M.$$

Zur dritten Figur endlich:

$$13)\ M + A \quad 14)\ M + A \quad 15)\ M - A \quad 16)\ M - A$$
$$M + B \quad\quad M - B \quad\quad M + B \quad\quad M - B.$$

Da nun (wie aus § 79—81 deutlich hervorgeht) in jedem bejahenden kategorischen Urtheil, je nachdem es ein allgemeines oder besonderes, der ganze oder theilweise Subjectsumfang im Umfange des Prädicats enthalten, und ebenso im verneinenden kategorischen Urtheil der erstere von dem letzteren ausgeschlossen ist, so wird überall da ein Schlusssatz sich ergeben, wo sich zeigen lässt, dass der ganze oder theilweise Umfang von A, vermittelst seines Verhältnisses zum Umfang von M und des Verhältnisses von diesem zum Umfang von B, in dem letzteren enthalten oder von ihm ausgeschlossen ist.

Das kategorische Urtheil kann als Ausdruck sowohl des Inhalts- als des Umfangsverhältnisses von Subject und Prädicat aufgefasst werden. Von dem ersteren geht Aristoteles bei seiner Begründung der Schlussfiguren aus, die neueren Logiker dagegen von dem letzteren, das sich besser an den sprachlichen Ausdruck anschliesst. Ist das bejahende kategorische Urtheil ein analytisches, so ist das Prädicat ein inneres Merkmal des Subjects oder wenigstens einer Art desselben, und dann offenbar der ganze oder theilweise Umfang des Subjects ein Theil des Prädicatsumfangs. Ist das Urtheil ein synthetisches, so ist das Prädicat nur ein äusseres Merkmal des Subjects oder einer Art desselben. Es findet aber dann doch eine Identität der Setzung von beiden statt, so dass mit dem ganzen oder theilweisen Umfange des Subjects ein Theil des Prädicatsumfanges zusammen gesetzt wird, der eine mit dem andern zusammenfällt. Man kann daher in diesem Falle sagen, dass der Subjectsumfang (ganz oder theilweise) seiner Setzung nach enthalten ist in der Setzung des Prädicatsumfangs, und kann demnach das „Enthaltensein", und ebenso die „Ausschliessung" des Subjectsumfangs vom Umfange des Prädicats, auf synthetische wie auf analytische Urtheile beziehen.

§ 87.

Um nun diesem allgemeinen Princip gemäss Schlüsse der ersten Figur zu erhalten, genügt die Anwendung folgender zwei Grundsätze:

1) worin das Ganze enthalten ist, darin ist auch sein Theil enthalten;

2) wovon das Ganze ausgeschlossen ist, davon ist auch jeder Theil desselben ausgeschlossen.

Vermöge des ersten dieser Grundsätze ergiebt sich nämlich

$$\text{aus } \underline{\begin{array}{l} A + M \\ \text{und } M + B \end{array}} \qquad (1)$$

der Schlusssatz $A + B$,

wenn $M + B$ ein allgemein bejahendes Urtheil ist, indess $A + M$ sowohl ein allgemeines als ein besonderes sein kann. Denn alsdann ist der ganze Umfang von M in dem von B enthalten, zugleich aber auch der ganze oder theilweise Umfang von A ein Theil des Umfangs von M, also auch, nach Grundsatz 1, in dem Umfang von B enthalten.

Ebenso ergiebt der zweite Grundsatz

$$\text{aus } \underline{\begin{array}{l} A + M \\ \text{und } M - B \end{array}} \qquad (2)$$

den Schlusssatz $A - B$

wenn $M - B$ ein allgemein verneinendes Urtheil bedeutet, indess $A + M$ ein allgemein oder besonders bejahendes sein kann. Denn dann ist der ganze Umfang von M ausgeschlossen von dem Umfang des B, zugleich aber auch der ganze Umfang von A ein Theil des Umfangs von M, also auch, nach Grunds. 2, ausgeschlossen vom Umfange des B.

Dagegen giebt weder die dritte noch die vierte Verbindung der Prämissen in § 86 einen bestimmten Schlusssatz. Denn was zuerst

$$A - M$$
$$M + B$$

betrifft, so ist hier A ausgeschlossen von M, dieses aber ein Theil von B, also A ausgeschlossen nur von einem Theil von B, was unbestimmt lässt, ob es auch von dem übrigen Theil, mithin vom Ganzen ausgeschlossen ist oder nicht. — Ebenso wenig folgt aus

$$A - M$$
$$M - B$$

ein bestimmter Schluss. Denn wenn hier M ausgeschlossen ist von B, und A ausgeschlossen von M, so kann A zwar ebenfalls ausgeschlossen von B, aber auch ganz oder theilweise in B enthalten sein, da dann offenbar auch M von A oder einem Theil desselben, mithin auch A ganz oder theilweise von M ausgeschlossen ist.

§ 88.

Wir erhalten demnach, wenn Qualität und Quantität der Vordersätze zugleich berücksichtigt werden, aus der ersten Figur giltige Schlusssätze in vier verschiedenen Fällen, die wir mit Anschliessung an das Herkömmliche in folgender Weise darstellen können. Bezeichnet S das Subject, P das Prädicat des Schlusssatzes, M den Mittelbegriff, werden ferner die Vordersätze so geordnet, dass der (P enthaltende) Obersatz die erste, der (S enthaltende) Untersatz die zweite Stelle einnimmt, und bezeichnen a, e, i, o der Reihe nach allgemeine Bejahung, allgemeine Verneinung, besondere Bejahung, besondere Verneinung, so erhalten wir aus (1) im vorigen Paragraph folgende zwei Schlussformen:

$$\frac{M\,a\,P}{S\,a\,M} \quad (1) \qquad \frac{M\,a\,P}{S\,i\,M} \quad (2)$$
$$S\,a\,P \qquad\qquad S\,i\,P$$

Aus (2) ebendaselbst aber ergeben sich auf die nämliche Weise folgende:

$$\frac{M\,e\,P}{S\,a\,M} \quad (3) \qquad \frac{M\,e\,P}{S\,i\,M} \quad (4)$$
$$S\,e\,P \qquad\qquad S\,o\,P$$

Diese Schlussformen heissen die vier Modi der ersten Figur und führen, gewöhnlich in der Ordnung 1, 3, 2, 4 aufgezählt, die aus der Bezeichnung der Qualität der in ihnen enthaltenen drei Urtheile abgeleiteten Namen *Barbara, Celarent, Darii, Ferio*. Man könnte ihnen durch Folgerung *ad subalternatam* noch zwei abgeleitete Modi beifügen, indem aus *S a P* in (1) *S i P*, und aus *S e P* in (3) *S o P* folgt, welche Modi nach Analogie zu den übrigen *Barbari* und *Celaront* heissen würden. Doch wären dies nicht mehr reine Schlüsse, sondern Combinationen von Schlüssen mit Folgerungen.

1. Beispiele. *Barbara*: alle empfindenden Geschöpfe sind beseelt; alle Thiere sind empfindende Geschöpfe; also sind alle Thiere beseelt. *Celarent*: kein durch Lungen athmendes Thier ist ein Fisch; alle Cetaceen athmen durch Lungen; also sind alle Cetaceen nicht Fische. *Darii*: alle Zugvögel sind Wanderthiere; viele Singvögel sind Zugvögel; also sind viele Singvögel Wanderthiere. *Ferio*: keine Amphibie ist ein warmblütiges Thier; manche eierlegende Thiere sind Amphibien; also sind manche eierlegende Thiere nicht warmblütige.

2. Zur Erläuterung der vorstehenden sowohl als der nachfolgenden Schlussmodi kann man sich mit Vortheil der oben (§ 45 Anmerk.) mitgetheilten Versinnlichung der kategorischen Urtheilsformen durch einander ein- oder

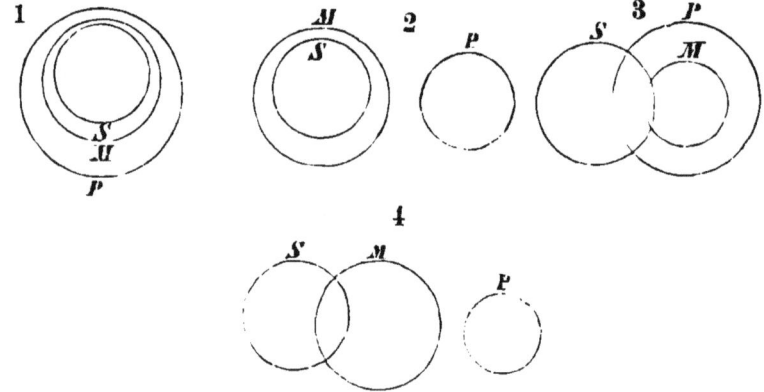

ausschliessende Kreise bedienen, die besonders durch Euler's Briefe an eine deutsche Prinzessin über verschiedene Gegenstände der Physik und Philosophie (Bd. II. S. 90 ff.) allgemeiner bekannt, viel früher aber schon von Joh. Christ. La n g e, Professor zu Giessen, in seinem 1712 erschienenen *Nucleus Logicae Weisianae* gebraucht und, wie es scheint, zuerst von Christ. Weise, Rector des Gymnasiums zu Zittau (gest. 1708; derselbe, der sich auch um das gelehrte Schulwesen und die Förderung der deutschen Literatur mannigfache Verdienste erworben hat, vgl. K o b e r s t e i n, Geschichte der deutschen Nationalliteratur I. S. 486) erfunden worden ist (s. Lambert's Architektonik, Bd. I. S. 128). Ploucquet bediente sich der Vierecke, Maass der Dreiecke statt der Kreise. Weniger bequem ist die durch Lambert (Neues Organon, Bd. I. S. 111) angewandte Versinnlichung durch ausgezogene und punktirte Linien. Durch Anwendung dieser Kreise versinnlichen nun die Figuren 1 bis 4 der Reihe nach die Modi *Barbara, Celarent, Darii* und *Ferio*. Auch die Fälle, wo die Prämissen von der Art sind, dass sich aus ihnen keine bestimmte Conclusion ergiebt, lassen sich durch dieses Hilfsmittel sehr wohl erläutern (vgl. die elegante Abhandlung von Gergonne, *essai de dialectique rationelle* in dessen *Annales des mathémat.* T. VII. p. 189). Eigentliche Beweiskraft liegt jedoch in diesen Anschauungen nicht, sondern nur in dem, was man sich dabei denkt, d. i. in den angeführten Grundsätzen (§ 87). Bewiesen können die Schlussmodi nur durch Schlüsse werden, was nach dem in der Einleitung über die Begründung der Denkformen durch Denken Gesagten keinen Anstoss erregen wird.

3. Schon Locke bemerkt (*essay concerning human understanding* B. IV. c. 17. § 8), dass es zweckmässiger sei, statt der üblichen Anordnung des Prämissen, nach der der Obersatz die erste, der Untersatz die zweite Stelle einnimmt, die Ordnung umzukehren, wobei dann der Mittelbegriff, in der ersten Figur wenigstens, zwischen die beiden anderen Begriffe zu stehen kommt und sie in natürlicher Weise verbindet. Leibniz (*nouveaux essais sur l'entend. hum.* liv. IV. ch. 17. § 4.; vgl. § 8. *opp. philos. ed. Erdmann.* p. 395 und 398) tritt ihm bei und weist den Vortheil dieser Anordnung insbesondere bei den Kettenschlüssen nach. Die herkömmliche Anordnung rührt von Aristoteles her, bei dem sie aber, da er nicht das Umfangs-, sondern das Inhaltsverhältniss der Begriffe betrachtet, eine natürliche ist. Aristoteles schliesst nämlich: *P* ist (als Merkmal) enthalten in *M, M* enthalten in *S*, also *P* enthalten in *S*. Fängt man dagegen das Urtheil nach unserer Weise mit dem Subject an, so ist es natürlicher, zu schliessen: *S* ist *M, M* ist *P*, also ist *S . . P*.

4. Die scholastischen Namen *Barbara, Celarent, Darii, Ferio,* so wie die der Modi der andern Figuren, sind besonders durch des Petrus Hispanus (st. als Pabst Johann XXI. i. J. 1277) *summulae logicales* in Aufnahme gekommen und den griechischen des Michael Psellus (um's J. 1100), in dessen σύνοψις εἰς τὴν Ἀριστοτέλους λογικήν, enthaltenen: γράμματα, ἔγραψε, γραφίδι, τεχνικός, nachgebildet. die den zusammenhängenden Satz geben: Buchstaben schrieb mit dem Griffel der Gelehrte (vgl. Prantl, Geschichte der Logik II. S. 275).

§ 89.

Schlüsse in der zweiten Figur ergeben sich durch Anwendung folgender zwei Grundsätze:

1) jeder Theil eines Ganzen ist ausgeschlossen von dem, was vom Ganzen ausgeschlossen ist;

2) was vom Ganzen ausgeschlossen ist, ist auch von jedem seiner Theile ausgeschlossen.

Nach dem ersten dieser Grundsätze folgt in § 86, 10

$$\text{aus } A + M$$
$$\text{und } \underline{B - M} \qquad (1)$$
$$\text{der Schlusssatz } A - B,$$

wenn $B - M$ ein allgemein verneinendes Urtheil ist, indess $A + M$ sowohl ein allgemein als besonders bejahendes sein kann. Denn alsdann ist der ganze oder theilweise Umfang von A ein Theil dessen von M, von dem der ganze Umfang von B ausgeschlossen ist. Ist aber nur ein Theil des Umfangs von B ausgeschlossen von dem Umfang des M, so entsteht kein bestimmter Schlusssatz, indem die Ausschliessung von dem Theile eines Umfangs weder eine bestimmte Bejahung noch Verneinung giebt.

Ebenso folgt nach dem zweiten Grundsatz in § 86, 11

$$\text{aus } A - M$$
$$\text{und } \underline{B + M} \qquad (2)$$
$$\text{der Schlusssatz } A - B,$$

wenn $B + M$ allgemein ist, indess $A - M$ sowohl allgemein als besonders verneinen kann. Denn dann ist M das Ganze, von dem B der Theil, und A ganz oder theilweise vom Ganzen ausgeschlossen.

Dagegen giebt weder 9 noch 12 in § 86 einen bestimmten Schlusssatz. Denn in

$$A + M$$
$$B + M$$

sind (hinsichtlich des Umfangs) A und B Theile von M; diese Theile aber können ebensowohl ganz oder theilweise in einander eingeschlossen, also von einander ausgeschlossen sein, haben also kein bestimmtes Verhältniss. Dasselbe gilt von

$$A - M$$
$$B - M,$$

wo A sowohl als B nur von M ausgeschlossen sind, dadurch aber das Verhältniss ihrer Ein- oder Ausschliessung nicht bestimmt ist.

§ 90.

Wir erhalten hieraus durch Umstellung der Prämissen und Anwendung desselben Verfahrens wie in § 88 ebenfalls vier Schlussformen, nämlich aus § 89, (1)

$$\frac{P\,e\,M \quad \; S\,a\,M}{S\,e\,P}\;(1) \qquad\qquad \frac{P\,e\,M \quad \; S\,i\,M}{S\,o\,P}\;(2)$$

Aus § 89, (2)

$$\frac{P\,a\,M \quad \; S\,e\,M}{S\,e\,P}\;(3) \qquad\qquad \frac{P\,a\,M \quad \; S\,o\,M}{S\,o\,P}\;(4)$$

Dies die vier Modi der zweiten Figur, die, gewöhnlich in der Ordnung 1, 3, 2, 4 aufgeführt, die Namen *Cesare*, *Camestres*, *Festino*, *Baroco* führen. Man kann durch Folgerung *ad subalternatam* auch hier noch zwei abgeleitete Modi hinzufügen, indem aus (1) sowohl als (3) sich *S o P* ergiebt, Modi, welche *Camestros* und *Cesaro* heissen müssten, von denen jedoch das Gleiche wie von den der ersten Figur beigefügten *Barbari* und *Celaront* gilt.

1. Beispiele: *Cesare*: kein Tapferer ist furchtsam; jeder Abergläubische ist furchtsam; also ist kein Abergläubischer tapfer. *Camestres*: jedes gebildete Volk pflegt die Wissenschaften; kein Hirtenvolk pflegt die Wissenschaften; kein Hirtenvolk ist ein gebildetes Volk. *Festino*: kein Ehrliebender ist ein Müssiggänger; manche Reiche sind Müssiggänger; manche Reiche sind nicht ehrliebend. *Baroco*: jeder sittliche Mensch verabscheut die Lüge; manche grosse Politiker verabscheuen nicht die Lüge; manche grosse Politiker sind nicht sittliche Menschen.

2. Die älteren Logiker suchten die Giltigkeit der Modi der zweiten (und ebenso der dritten) Figur dadurch zu erweisen, dass sie durch Veränderung der Prämissen sie auf die erste Figur zurückführten, womit freilich die Selbständigkeit der Figur, als einer eigenthümlichen Art zu schliessen, aufgegeben wird. In (1) und (2) geschieht dies leicht, da *P e M* rein umkehrbar ist und also *M e P* giebt, wodurch nun die erste Figur hergestellt ist, und nach *Celarent* und *Ferio* geschlossen werden kann. In (3) muss *S e M* rein umgekehrt werden und überdies eine Vertauschung der Prämissen stattfinden. Dies giebt $\dfrac{M\,e\,S}{P\,a\,M}$ woraus nach *Celarent P e S* folgt, das endlich rein umgekehrt *S e P* giebt. Gekünstelter ist die Ableitung von (4). Sie geschieht durch den Beweis der Unmöglichkeit des Gegentheils. Angenommen nämlich, es folge hier aus den Prämissen *P a M* und

$S \circ M$ nicht $S \circ P$, so folgte, wenn letzteres ungiltig, *ad contradictoriam*, dass das Urtheil $S \, a \, P$ giltig wäre. Dann also wäre

als giltig gegeben $P \, a \, M$
als Folge der Annahme, dass $S \circ P$ ungiltig, $\underline{S \, a \, P}$
woraus nach *Barbara* folgte $S \, a \, M$,

was aber mit dem als giltig gegebenen Urtheil $S \circ M$ in Widerspruch steht.

Diese Reduction der Modi der zweiten Figur auf die erste ist auf versteckte Weise durch ihre Benennungen angezeigt. Der Anfangsbuchstabe derselben bezeichnet nämlich den Modus der ersten Figur, auf welchen jeder Modus der zweiten reducirt wird, also *Camestres* und *Cesare* auf *Celarent*, *Baroco* auf *Barbara*, *Festino* auf *Ferio*. Ferner zeigt der Buchstabe *s* die reine Umkehrung, der Buchstabe *p* die veränderte Umkehrung, der Buchstabe *m* die Umstellung der Prämissen, *c* endlich die Zurückführung auf die Unmöglichkeit des Gegentheils für diejenigen Urtheile an, deren Qualitäts- und Quantitätszeichen *a, e, i, o* jenen Consonanten unmittelbar vorangehen. Dies wird ausgedrückt in der Regel:

S *vult simpliciter verti*, P *verti per accid (ens)*,
M *vult transponi*, C *per impossibile duci.*

§ 91.

Schlüsse in der dritten Figur ergeben sich durch Anwendung des Grundsatzes: identische Begriffsbestimmungen können für einander gesetzt (einander substituirt) werden.

Da nämlich in jedem allgemein bejahenden Urtheil der ganze Subjectsumfang als (innerlich oder äusserlich) identisch mit einem Theil des Prädicatsumfangs betrachtet werden kann, so folgt hiernach, wenn beide Prämissen allgemein sind, in § 86, 13

$$\begin{array}{r} \text{aus} \quad M + A \\ \text{und} \quad \underline{M + B} \\ \text{der Schlusssatz} \quad A + B \end{array} \qquad (1)$$

als ein besonders bejahender.
Ebenso folgt in § 86, 14

$$\begin{array}{r} \text{aus} \quad M + A \\ \text{und} \quad \underline{M - B} \\ \text{der Schlusssatz} \quad A - B \end{array} \qquad (2)$$

als ein besonders verneinender. Es ergeben sich nun zwar in beiden Fällen auch noch Schlusssätze, wenn nur einer der Vordersätze allgemein ist, jedoch nur mit Zuziehung der Folgerung *ad subalternatam.* Wenn nämlich in (1) nur einige $M \ldots A$, aber alle M . . B sind, so folgt *ad subalternatam*, dass dieselben einigen M, welche A sind, auch B sind, daher, nach dem obigen Grundsatz, einige A . . B sind. Dasselbe ergiebt sich auf die nämliche Weise, wenn $M \div A$ allgemein und $M + B$ besonders. Ebenso in (2), wenn nur einige M . . A, aber alle M nicht B sind, folgt *ad subalternatam*, dass dieselben einigen M, welche A, auch nicht B sind. Dasselbe folgt auf die nämliche Weise, wenn $M + A$ allgemein und $M - B$ besonders. Im Uebrigen ist hier aber noch zu bemerken, dass in (1) und (2) die Schlusssätze $A + B$ und $A - B$ in dem besonderen Falle allgemeine werden, wo die Prämisse $M + A$ ein reciprocables Urtheil, also der ganze Umfang von M mit dem ganzen Umfang von A identisch ist.

Was § 86, 15 betrifft, so giebt dies, auf dieselbe Weise wie 14 behandelt, einen Schlusssatz der Form $B - A$, der sich aber, da er ein besonders verneinender ist, nicht umkehren lässt. Die Schlussform unterscheidet sich also nicht wesentlich von der bei 14, indem nur A und B, sowie die Prämissen vertauscht sind. — Aus § 86, 16 folgt aus den schon bei Nr. 4 und 12 angegebenen Gründen kein bestimmter Schlusssatz.

§ 92.

Hiernach hat nun die dritte Figur streng genommen nur zwei reine, d. h. durch blosse Anwendung des Grundsatzes der Substitution sich ergebende Modi, zu denen jedoch mit Zuziehung der Folgerung *ad subalternatam* noch vier abgeleitete kommen. Alle sechs stellen sich nach derselben Bezeichnung wie bei den beiden ersten Figuren so dar:

$$\frac{\begin{array}{c} M \, a \, P \\ M \, a \, S \end{array}}{S \, i \, P} \ (1) \qquad \frac{\begin{array}{c} M \, e \, P \\ M \, a \, S \end{array}}{S \, o \, P} \ (2)$$

$$\frac{\begin{array}{c} M \, i \, P \\ M \, a \, S \\ (M \, i \, S) \end{array}}{S \, i \, P} \ (3) \qquad \frac{\begin{array}{c} M \, o \, P \\ M \, a \, S \\ (M \, i \, S) \end{array}}{S \, o \, P} \ (4)$$

$$M \, a \, P \qquad\qquad M \, e \, P$$
$$(M \, i \, P) \qquad\qquad (M \, o \, P)$$
$$\frac{M \, i \, S}{S \, i \, P} \ (5) \qquad \frac{M \, i \, S}{S \, o \, P} \ (6)$$

Die in Parenthesen eingeschlossenen Urtheile sind die aus den unmittelbar darüber stehenden durch die Folgerung *ad subalternatam* abgeleiteten, und ihre Quantität immer genau dieselbe wie die der anderen Prämisse. Diese sechs Modi führen der Reihe nach die Namen *Darapti, Felapton, Disamis, Bocardo, Datisi, Ferison*, die, auf dieselbe Art wie die der zweiten Figur gebildet, auf die erste zurückweisen.

Beispiele. *Darapti:* alle Vögel legen Eier; alle Vögel sind Wirbelthiere; manche Wirbelthiere legen Eier. *Felapton:* kein wahrer Gelehrter ist ein Pedant; jeder wahre Gelehrte ist gründlich gebildet; manche gründlich Gebildete sind nicht Pedanten. *Disamis:* manche Romane sind belehrend; alle Romane sind erzählende Dichtungen; manche erzählende Dichtungen sind belehrend. *Bocardo:* manche geniale Ideen sind nicht ausführbar; alle geniale Ideen sind ansprechend; manches Ansprechende ist nicht ausführbar. *Datisi:* alle schlüpfrige Dichtungen sind verwerflich; manche solche Dichtungen sind unterhaltend; manches Unterhaltende ist verwerflich. *Ferison:* keine langweilige Dichtung ist ästhetisch erlaubt; manche langweilige Dichtungen sind sehr moralisch; manches sehr Moralische ist nicht ästhetisch erlaubt.

Wollte man aus § 86, 15 Schlüsse ziehen, so würde z. B. kommen

$$\frac{\begin{array}{c} M \, a \, P \\ M \, e \, S \end{array}}{P \, o \, S} \qquad \frac{\begin{array}{c} M \, i \, P \\ M \, e \, S \end{array}}{P \, o \, S} \quad \text{u. s. f.}$$

wo die Schlusssätze sich nicht umkehren lassen, also weder S Subject, noch P Prädicat des Schlusssatzes werden kann. Setzt man aber für $B \, . \, . \, S$ und für $A \, . \, . \, P$, so wird $M - A$ Obersatz, $M + B$ Untersatz, d. i. die Prämissen sind die in (2), (4) und (6), und es ergiebt sich also keine neue Schlussform. Wollte man aber $M \, e \, S$ umkehren, so fiele man aus der dritten Figur in die erste.

§ 93.

Zur Charakteristik des Eigenthümlichen der drei Schlussfiguren I, II, III, dienen folgende Bemerkungen:

1) Die erste Figur giebt Schlusssätze von jeder Qualität und Quantität; die der zweiten sind stets verneinende Urtheile, die der dritten in der Regel besondere, und nur

in dem Falle, wo beide Prämissen allgemeine Urtheile sind, der Untersatz aber reciprocabel ist, ergiebt sich ein allgemeiner Schlusssatz.

2) In I und II ist der Obersatz stets ein allgemeiner, nur in III kann er ein besonderer sein.

3) In I ist der Untersatz ein allgemein oder besonders bejahender, in II hat er jede beliebige Qualität und Quantität, in den beiden reinen Modis von III ist er nur ein allgemein bejahender, in den abgeleiteten kann er auch ein besonders bejahender sein.

4) Ein allgemein bejahender Schlusssatz folgt im allgemeinen nur aus dem Modus *Barbara* der ersten Figur, ist also (mit Ausnahme des unter 1 bezeichneten besondern Falls) nur auf eine Art möglich.

5) Ein allgemein verneinender Schlusssatz folgt aus I nach *Celarent* und aus II nach *Camestres* und *Cesare*, ist also (gleichfalls mit Ausschluss des besondern Falls unter 1) auf dreierlei Art möglich.

6) Ein besonders bejahender Schlusssatz folgt aus I nach *Darii* und dem abgeleiteten Modus *Barbari;* aus III nach dem reinen Modus *Darapti* und den abgeleiteten *Disamis* und *Datisi,* also aus reinen Modis nur auf zweierlei, aus den Modis im weiteren Sinne auf fünferlei Art.

7) Ein besonders verneinender Schlusssatz folgt aus I nach *Ferio* und dem abgeleiteten Modus *Celaront;* aus II nach *Baroco* und *Festino* und den abgeleiteten Modis *Camestros* und *Cesaro;* aus III nach *Felapton* und den abgeleiteten *Bocardo* und *Ferison;* also aus reinen Modis auf viererlei, aus den Modis überhaupt auf neunnerlei Art.

Lässt man also 18 Modi zu, so kommen von diesen einer auf die allgemeine Bejahung, drei auf die allgemeine Verneinung, fünf auf die besondere Bejahung und neun auf die besondere Verneinung des Schlusssatzes.

Für die Erweiterung unserer Erkenntniss ist das Allgemeine wichtiger als das Besondere, das Bejahende wichtiger als das Verneinende, auch kann man der allgemeinen Verneinung einen höheren Werth beilegen als der besonderen Bejahung. Demnach nimmt mit der wachsenden Wichtigkeit der abgeleiteten Urtheile die Möglichkeit, sie durch verschiedene

Schlussformen zu erhalten, ab, so dass für die allgemein bejahenden, die
wichtigsten von allen, sogar nur eine einzige Schlussform möglich ist.

§ 94.

Im allgemeinen kann man auch sagen, dass die erste Figur
durch Subsumtion, die zweite durch Opposition, die dritte
durch Substitution der Begriffe zu einem Schlusssatze gelangt. Denn in I wird S, sofern es unter M steht, der Bestimmung untergeordnet, die M in M .. P hat. In II kommt
S durch Vermittelung von M mit P in Opposition. Denn
entweder ist S ein M und P ein Non-M, oder S ein Non-M
und P ein M, wodurch in beiden Fällen der Inhalt des Begriffs P vom Inhalt des Begriffs S, folglich der (ganze oder
theilweise) Umfang des S von dem von P ausgeschlossen
wird. Was III betrifft, so erhellt das Gesagte von selbst. —
Hinsichtlich der Resultate ist die erste Figur die univer-
sellste, zugleich hinsichtlich der Stellung des Mittelbegriffs
die natürlichste und einfachste Art zu schliessen, daher auch
die am häufigsten gebrauchte. Doch zeigt in der zweiten
Figur namentlich der Modus *Baroco* ihre Unentbehrlichkeit.
Die dritte aber ist namentlich im mathematischen Denken von
ausgedehntem Gebrauche.

Das bekannte Axiom: zwei Grössen, die einer dritten gleich sind, sind
selbst gleich, ist nur eine Anwendung des logischen Grundsatzes der Substitution auf Grössen. Gleichwohl führt er in der Mathematik nicht zu
particularen Schlusssätzen. Dies erklärt sich daraus, dass, wo in der
Mathematik die Substitution angewandt wird, die Sätze allgemeine reciprocable, nämlich conjunctive Urtheile sind. So sagt z. B. die
Gleichung $y = ax + b$ aus, dass jeder Werth von y identisch ist mit
einem bestimmten durch a multiplicirten und um die Grösse b vermehrten
Werth von x; ebenso sagt $y = cx^2$, dass jeder Werth von y identisch ist
mit einem bestimmten durch sich selbst und durch c multiplicirten Werthe
von x; woraus dann allgemein folgt, dass alle durch cx^2 gegebene Werthe
identisch sind mit den entsprechenden, durch $ax + b$ gegebenen Werthen.

§ 95.

Aus der vorstehenden Lehre von den kategorischen
Schlüssen ergeben sich folgende allgemeine Gesetze
derselben:

1, *a*) Ein bejahender Schlusssatz folgt immer nur aus bejahenden Vordersätzen, und umgekehrt *b*) bejahende Vordersätze geben immer nur einen bejahenden Schlusssatz.

2, *a*) Ein allgemeiner Schlusssatz folgt nur aus allgemeinen Vordersätzen, *b*) aber allgemeine Vordersätze geben nur in der ersten und zweiten Figur immer einen allgemeinen Schlusssatz.

3) Wenn der eine Vordersatz bejaht, der andere verneint, so verneint der Schlusssatz.

4) Wenn der eine Vordersatz ein allgemeiner, der andere ein besonderer ist, so ist der Schlusssatz ein besonderer.

5) Aus blossen verneinenden und blossen besonderen Vordersätzen folgt kein bestimmter Schlusssatz.

Die Beweise dieser Sätze ergeben sich folgendermaassen: 1, *a* folgt aus der Vergleichung der Modi *Barbara, Barbari, Darii, Darapti, Disamis, Datisi,* der alleinigen Modi, welche bejahende Schlusssätze geben. 1, *b* folgt aus denselben Modis, da sie allein bejahende Vordersätze haben. 2, *a* folgt aus *Barbara, Celarent, Camestres, Cesare,* da diese Modi allein allgemeine Schlusssätze geben; 2, *b* aber wird theils durch dieselben Modi, theils durch *Darapti* und *Felapton* dargethan, welche bei allgemeinen Vordersätzen doch besondere Schlusssätze haben. 3 wird erwiesen durch *Celarent, Celaront, Ferio, Camestres, Camestros, Baroco, Cesare, Cesaro, Festino, Felapton, Bocardo, Ferison.* 4 folgt aus *Darii, Ferio, Baroco, Festino, Disamis, Bocardo, Datisi, Ferison.* 5 endlich ergiebt sich, schon durch Ausschliessung, daraus, dass keiner der erhaltenen Modi, welche, wie die geführte Untersuchung zeigt, die einzig möglichen sind, bloss verneinende oder bloss besondere Vordersätze enthält. Der Satz ergiebt sich aber auch direct aus folgenden Ueberlegungen, die indess im Grunde schon in der vorstehenden Ableitung der Modi enthalten sind. Wenn beide Vordersätze allgemein verneinende sind, so ist der ganze Umfang von *S* sowohl als *P* ausgeschlossen vom Umfang des *M*, dadurch aber über das Ein- oder Ausgeschlossensein des *S* in Bezug auf *P* nichts bestimmt. Eben so wenig ist das Umfangverhältniss von *S* und *P* bestimmt, wenn beide Vordersätze besonders bejahende, also im Umfang von *M* Theile der Umfänge von *S* und *P* enthalten sind, die aber sowohl in einander ganz oder theilweise enthalten, als von einander ausgeschlossen sein können. Sind endlich die Vordersätze besonders verneinende, so ist die Unbestimmtheit, die bei allgemein verneinenden und besonders bejahenden stattfindet, zugleich vorhanden.

Die Sätze unter 3 und 4 werden in der alten Regel zusammengefasst: *conclusio sequitur partem debiliorem,* in der das verneinende Urtheil in Vergleichung mit dem bejahenden, das besondere in Vergleichung mit dem

allgemeinen als der schwächere Theil der Prämissen (*pars debilior*) bezeichnet ist.

§ 96.

Es bleibt noch zu bemerken übrig, welche Modalität dem
Schlusssatze zukommt, wenn die Vordersätze nicht, wie bisher
vorausgesetzt wurde, ausschliesslich assertorische sind. Hierauf
beziehen sich folgende Bestimmungen:

1) Wenn b eide Vordersätze problematische oder apodiktische
sind, so leuchtet unmittelbar ein, dass auch der Schlusssatz
nur bzw. ein problematischer oder apodiktischer sein kann.

2) Ist der eine Vordersatz assertorisch oder apodiktisch,
der andere aber problematisch, so kann der Schlusssatz nur
problematisch sein. Denn durch die assertorisch oder apodiktisch
gewisse Verknüpfung des Mittelbegriffs mit dem Subject oder
Prädicat des Schlussatzes in dem einen Vordersatz kann, bei
der Ungewissheit, welche die problematische Verknüpfung
desselben bzw. mit dem Prädicat oder Subject des Schlusssatzes im andern Vordersatz anzeigt, die unmittelbare Verknüpfung von Subject und Prädicat weder assertorisch noch
apodiktisch gewiss werden.

3) Ist der Obersatz apodiktisch, der Untersatz aber assertorisch, so geht die apodiktische Verknüpfung des Prädicats
mit dem Mittelbegriff durch diesen auch auf das Subject des
Schlusssatzes über, und dieser ist daher apodiktisch. Ist dagegen
der Obersatz assertorisch, und der Untersatz apodiktisch, so
kann auf das Subject des letzteren nur die im Obersatz gegebene assertorische Verknüpfung des Prädicats mit dem Mittelbegriff übergehen, daher ist dann der Schlusssatz assertorisch.

Aristoteles hat den Zusammenhang der Modalität des Schlusssatzes mit
den Modalitäten der Vordersätze mit erschöpfender Ausführlichkeit für
alle drei Schlussfiguren untersucht. Seine Schüler Theophrast und Eudemus
wichen von ihm ab und behaupteten, dass auch hinsichtlich der Modalität
der Schlusssatz allgemein der schwächeren Prämisse folge, daher, wenn die
eine Prämisse apodictisch, die andere assertorisch, stets assertorisch sei.
(Vgl. Prantl, Gesch. der Log. I. S. 278 ff. und S. 370 ff.) Die Unterscheidung der zwei Fälle in der dritten Regel wird insofern praktisch
irrelevant, als, wie schon bemerkt wurde, häufig apodiktisch gewisse Sätze
durch assertorisch allgemeine ersetzt werden, und dann der Schlusssatz stets
assertorisch ist. Im übrigen braucht wohl kaum der Anfänger darauf auf-

merksam gemacht zu werden, dass zwar jeder nach den Gesetzen der drei Schlussfiguren abgeleitete Schlusssatz eine nothwendige Folge seiner Prämissen ist, diese Nothwendigkeit aber bei jeder Modalität des Schlusssatzes besteht.

II. Schlüsse aus hypothetischen und zusammengesetzten Vordersätzen.

§ 97.

Die vorstehende Theorie der drei Schlussfiguren beschränkt sich auf die Voraussetzung, dass die Vordersätze nur kategorische seien. Wir haben jetzt zu untersuchen, unter welchen Bedingungen sich aus hypothetischen und zusammengesetzten Prämissen Schlusssätze ergeben. Es wird hierbei genügen, nur auf diejenigen Formen Rücksicht zu nehmen, die am häufigsten zur Anwendung kommen.

Am unmittelbarsten knüpfen sich an die Schlüsse aus kategorischen Vordersätzen diejenigen an, deren Vordersätze kategorisch-hypothetische Urtheile sind (§ 52). In demselben Sinne nämlich, in welchem man von einem kategorischen Urtheile auch dann, wenn es ein synthetisches ist, (nach § 86 Anm.) sagen kann, dass sein Subjectsumfang in seinem Prädicatsumfange enthalten, oder, sofern das Urtheil verneinend, von ihm ausgeschlossen sei, gilt dies auch von dem kategorisch-hypothetischen Urtheil der Form: in allen (einigen) Fällen, wenn $A . . B$ ist, ist (ist nicht) auch $M . . N$. Denn es findet dann eine Identität (Nichtidentität) der Setzung der Fälle, in denen $A . . B$ ist, mit der Setzung eines Theils (aller) der Fälle statt, in denen $M . . N$ ist, und ist insofern die erstere Setzung in der letzteren enthalten (von ihr ausgeschlossen). Daher sind die in den §§ 87, 89 und 91 aufgestellten Grundsätze auch auf kategorisch-hypothetische Prämissen anwendbar, und ergeben sich, wie aus nachstehenden Formeln erhellt, für solche Prämissen Schlüsse in allen drei Figuren und deren Modis, welche man kategorische Schlüsse in hypothetisher Form nennen kann.

I. In allen Fällen, wenn $M . . N$ ist, $\begin{Bmatrix} \text{ist} \\ \text{ist nicht} \end{Bmatrix} C . . D$;

In allen (einigen) Fällen, wenn $A . . B$ ist, ist $M . . N$;

In allen (einigen) Fällen, wenn $A . . B$ ist, $\begin{Bmatrix} \text{ist} \\ \text{ist nicht} \end{Bmatrix} C . . D$.

II. In allen Fällen, wenn $C..D$ ist, $\begin{Bmatrix}\text{ist}\\\text{ist nicht}\end{Bmatrix}$ $M..N$;

In allen (einigen) Fällen, wenn $A..B$ ist, $\begin{Bmatrix}\text{ist nicht}\\\text{ist}\end{Bmatrix}M..N$;

In allen (einigen) Fällen, wenn $A..B$ ist, ist nicht $C..D$.

III. In allen (einigen) Fällen, wenn $M..N$ ist, $\begin{Bmatrix}\text{ist}\\\text{ist nicht}\end{Bmatrix}C..D$;

In allen Fällen, wenn $M..N$ ist, ist $A..B$;

In einigen Fällen, wenn $A..B$ ist, $\begin{Bmatrix}\text{ist}\\\text{ist nicht}\end{Bmatrix}$ $C..D$.

Beispiele.

Zu I. Wenn die Gesetze herrschen, so gelangt auch der Schwache zu seinem Recht;
Wenn der Staat wohlgeordnet ist, so herrschen die Gesetze;

Wenn der Staat wohlgeordnet ist, so gelangt auch der Schwache zu seinem Recht.

Zu II. Wenn Regen droht, so ist immer die Luft mit feuchten Dünsten erfüllt;
Wenn Nebel gefallen ist, so ist die Luft nicht mehr mit feuchten Dünsten erfüllt;

Wenn Nebel gefallen ist, so droht kein Regen.

Zu III. In allen Fällen, wo Nothwehr erlaubt ist, ist es gestattet, den Angreifenden zu tödten;
In allen Fällen, wo Nothwehr erlaubt ist, ist das Leben in Gefahr;

In manchen Fällen, wo das Leben in Gefahr ist, ist es gestattet, den Angreifenden zu tödten.

§ 98.

Nur als ein specieller Fall dieser Schlussformen sind diejenigen Schlüsse anzusehen, die man gewöhnlich als die eigentlichen oder rein hypothetischen bezeichnet, und in welchen der Obersatz ein hypothetisches oder kategorisch-hypothetisches, der Untersatz aber ein thetisches Urtheil (§ 56) ist, das entweder die Giltigkeit der Hypothesis des Obersatzes bejaht oder die Giltigkeit seiner Thesis verneint und hieraus im ersten Falle die Giltigkeit der Thesis, im zweiten die Ungiltigkeit der Hypothesis schliesst. Ihre Formen sind folgende:

I, 1. In allen Fällen, wenn $M . . N$ ist, ist $C . . D$;
Nun ist in allen (einigen) Fällen $M . . N$;
Also ist in allen (einigen) Fällen $C . . D$.

I, 2. In allen Fällen, wenn $M . . N$ ist, ist nicht $C . . D$;
Nun ist in allen (einigen) Fällen $M . . N$;
Also ist in allen (einigen) Fällen nicht $C . . D$.

II, 1. In allen Fällen, wenn $A . . B$ ist, ist $M . . N$;
Nun ist in allen (einigen) Fällen nicht $M . . N$;
Also ist in allen (einigen) Fällen nicht $A . . B$.

II, 2. In allen Fällen, wenn $A . . B$ ist, ist nicht $M . . N$;
Nun ist in allen (einigen) Fällen $M . . N$;
Also ist in allen (einigen) Fällen nicht $A . . B$.

In allen diesen Formen nimmt das Urtheil M ist N die Stelle des Mittelbegriffs, in den beiden ersten das Urtheil C ist D, in den beiden letzten das Urtheil A ist B die Stelle des Oberbegriffs ein; der Unterbegriff aber fehlt in allen, weil in den thetischen Urtheilen die Hypothesis, das Subject fehlt. Offenbar aber sind I und II den Formen I und II des vorigen Paragraphs untergeordnet und als specielle Fälle darunter enthalten. Daher erkennt man ohne Mühe in I, 1 die Modi *Barbara* und *Darii*, in I, 2 die Modi *Celarent* und *Ferio*, in II, 1 *Camestres* und *Baroco*, in II, 2 endlich *Cesare* und *Festino* wieder. Zugleich erhellt aber auch klar, dass es für Schlüsse dieser Art keine dritte Figur geben kann, weil dem Untersatz das Subject fehlt, mithin die Bedingung dieser Figur, dass in beiden Vordersätzen der Mittelbegriff die Subjectsstelle einnehmen soll, unerfüllbar ist.

Statt dieser Subsumtion unter die kategorischen Schlussfiguren pflegen die Logiker diese Schlüsse aus folgenden zwei Grundsätzen abzuleiten: 1) Mit der Bedingung ist auch das Bedingte gesetzt; 2) mit dem Bedingten ist auch die Bedingung aufgehoben. Demgemäss wird auch die Schlussform unter I als *modus ponens*, die unter II als *modus tollens* der rein hypothetischen Schlüsse bezeichnet. Es würde genauer sein, I, 1 als *modus ponendo ponens*, I, 2 und II, 2 als *modus ponendo tollens*, II, 1 als *modus tollendo tollens* zu bezeichnen. Einen *modus tollendo ponens*, der noch denkbar wäre, giebt es nicht, da auch hier aus zwei verneinenden Prämissen

kein Schluss möglich ist. Im übrigen folgt der zweite der obigen Grundsätze aus dem ersten durch Contraposition, wie aus dem ersten Beispiel
in der Anm. zu § 83 erhellt.

Beispiele.

Zu I, 1. Wenn die fallenden Körper nach Osten von der Lothlinie ab-
weichen, so dreht sich die Erde von Westen nach Osten um
ihre Axe (ist in Bezug auf ihre Axe nicht in Ruhe);
Nun weichen in der That die fallenden Körper nach Osten
von der Lothlinie ab;

Also dreht sich die Erde von Westen nach Osten um ihre Axe
(ist in Bezug auf ihre Axe nicht in Ruhe).

Zu I, 2. Wenn die Natur einen horror vacui hat, so kann das Queck-
silber in der Barometerröhre keinen leeren Raum übrig lassen;
Nun lässt dasselbe aber einen leeren Raum übrig;

Also kann die Natur nicht einen horror vacui haben.

Zu II, 1. Wenn die Erde im Weltraume ruht, so werden die Fixsterne in
allen Jahreszeiten nach derselben Richtung gesehen;
Nun werden aber (vermöge der Aberration) die Fixsterne nicht
in allen Jahreszeiten nach derselben Richtung gesehen;

Also ruht die Erde im Weltraume nicht.

Zu II, 2. Wenn die Erde gleichförmig dicht ist, so kann ihre mittlere
Dichtigkeit nicht mehr als $2^1/_4$ mal so gross sein als die des
Wassers;
Nun ist sie aber mehr als $2^1/_4$ (nämlich $5^1/_2$ mal) so gross;

Also ist die Erde nicht von gleichförmiger Dichtigkeit.

Die Geometrie bedient sich vorzugsweise der vorstehenden Schlussform
unter I in den directen Beweisen ihrer allgemeinen hypothetischen
Lehrsätze. Auch in den obigen, in den §§ 87, 89 und 91 enthaltenen
Ableitungen der giltigen Modi der drei Schlussfiguren kommt sie zur
Anwendung.

§ 99.

Noch unmittelbarer als für kategorisch-hypothetische Prämissen erhellt für inductive und conjunctive die Giltigkeit
der drei Schlussfiguren, wie folgende Formeln deutlich zeigen.

I. $\begin{Bmatrix} \text{Sowohl} \\ \text{Weder} \end{Bmatrix}$ alle A $\begin{Bmatrix} \text{als} \\ \text{noch} \end{Bmatrix}$ alle B $\begin{Bmatrix} \text{als} \\ \text{noch} \end{Bmatrix}$ alle C sind P;

Alle (einige) S sind sowohl A als B als C;

Alle (einige) S $\begin{Bmatrix} \text{sind} \\ \text{sind nicht} \end{Bmatrix}$ P.

— 114 —

II. Alle P sind $\begin{Bmatrix} \text{sowohl} \\ \text{weder} \end{Bmatrix}$ A $\begin{Bmatrix} \text{als} \\ \text{noch} \end{Bmatrix}$ B $\begin{Bmatrix} \text{als} \\ \text{noch} \end{Bmatrix}$ C;

Alle (einige) S sind $\begin{Bmatrix} \text{weder} \\ \text{owohl} \end{Bmatrix}$ A $\begin{Bmatrix} \text{noch} \\ \text{als} \end{Bmatrix}$ B $\begin{Bmatrix} \text{noch} \\ \text{als} \end{Bmatrix}$ C;

Alle (einige) S sind nicht P.

III. $\begin{Bmatrix} \text{Sowohl} \\ \text{Weder} \end{Bmatrix}$ alle A $\begin{Bmatrix} \text{als} \\ \text{noch} \end{Bmatrix}$ alle B $\begin{Bmatrix} \text{als} \\ \text{noch} \end{Bmatrix}$ alle C sind P;

Sowohl alle (einige) A als alle (einige) B als alle (einige) C sind S;

Einige S $\begin{Bmatrix} \text{sind} \\ \text{sind nicht} \end{Bmatrix}$ P.

Beispiele.

Zu I. Sowohl Roth, als Orange, Gelb, Grün, Blau, Indigo und Violett
sind prismatische Farben;
Jeder Regenbogen enthält sowohl Roth, als Orange, Gelb, Grün,
Blau, Indigo und Violett;

Jeder Regenbogen enthält prismatische Farben.

Zu II. Alle Menschen der äthiopischen Rasse haben krauses Haar, vorstehende Kiefern, wulstige Lippen und stumpfe Nasen;
Die Araber haben alle diese Kennzeichen nicht;

Die Araber gehören nicht zur äthiopischen Rasse.

Zu III. Sowohl Mercur, als Venus, Mars, Jupiter und Saturn drehen
sich um ihre Axen;
Eben dieselben sind Planeten;

Einige Planeten drehen sich um ihre Axen.

1. Die erste dieser Schlussweisen kommt bei allen classificirenden „Bestimmungen" gegebener Naturkörper vor. Der Obersatz ist dann ein conjunctives reciprocables Urtheil, die systematische Definition eines Natur-
körpers, der Untersatz ein individuelles Urtheil, welches aussagt, dass alle
in jener Definition enthaltenen Bestimmungen an einem gegebenen Körper
vorkommen; woraus geschlossen wird, dass er ein Exemplar des definirten
Körpers ist. Scheinbar ist daher die Form eines solchen Schlusses diese:
P ist diejenige Art von A, welche die eigenthümlichen Merkmale $a, b, c \dots$
hat; nun ist dieses S ein solches A; also ist dieses S ein P. Ein solcher
Schluss ist aber unzulässig, da er der zweiten Figur angehört und doch
zwei bejahende Prämissen hat. Gleichwohl ist er richtig, weil sich hier
der Obersatz rein umkehren lässt in: jede Art von A, welche die eigenthümlichen Merkmale $a, b, c \dots$ hat, ist ein P; wo nun der Schluss der
ersten Figur gesetzmässig erfolgt.

2. Hinsichtlich der dritten Form muss, mit Verweisung auf § 91, darauf
aufmerksam gemacht werden, dass, wenn der Untersatz ein reciprocables

Urtheil, der Schlusssatz allgemein ist, wie folgendes Beispiel erläutert.

Sowohl Mercur, als Venus, Erde, Mars, die Planetoiden, Jupiter, Saturn, Uranus und Neptun beschreiben kreisähnliche elliptische Bahnen um die Sonne;

Eben dieselben sind alle bekannten Planeten;

Alle bekannten Planeten beschreiben kreisähnliche elliptische Bahnen um die Sonne.

§ 100.

In ganz ähnlicher Weise ergeben sich in allen drei Figuren Schlüsse, wenn eine der Prämissen ein disjunctives, die andere ein kategorisches inductives (copulatives oder remotives) Urtheil ist, wie folgende Schemata zeigen, deren Giltigkeit erhellt, wenn man die disjunctiven Prämissen nach § 54 in die hypothetischen Urtheile auflöst, aus denen sie zusammengesetzt sind.

I. $\begin{Bmatrix} \text{Sowohl} \\ \text{Weder} \end{Bmatrix}$ alle A $\begin{Bmatrix} \text{als} \\ \text{noch} \end{Bmatrix}$ alle B $\begin{Bmatrix} \text{als} \\ \text{noch} \end{Bmatrix}$ alle C sind P;

Alle (einige) S sind entweder A oder B oder C;

Alle (einige) S $\begin{Bmatrix} \text{sind} \\ \text{sind nicht} \end{Bmatrix}$ P.

II. 1. Alle P sind entweder A oder B oder C;

Alle (einige) S sind weder A noch B noch C;

Alle (einige) S sind nicht P.

2. Alle P sind weder A noch B noch C;

Alle (einige) S sind entweder A oder B oder C;

Alle (einige) S sind nicht P.

III. Entweder alle A oder alle B oder alle C sind P;

$\begin{Bmatrix} \text{Sowohl} \\ \text{Weder} \end{Bmatrix}$ alle (einige) A $\begin{Bmatrix} \text{als} \\ \text{noch} \end{Bmatrix}$ alle (einige) B $\begin{Bmatrix} \text{als} \\ \text{noch} \end{Bmatrix}$ alle (einige) C sind S;

Einige S $\begin{Bmatrix} \text{sind} \\ \text{sind nicht} \end{Bmatrix}$ P.

Zur Erläuterung der vorstehenden dritten Form dient folgende Ueberlegung. Vermöge des Obersatzes ist eins der drei Urtheile: alle A sind P, alle B sind P, alle C sind P, immer

8*

gültig. Der Untersatz fügt beziehungsweise die Urtheile: alle

(einige) A $\left\{\begin{array}{l}\text{sind} \\ \text{sind nicht}\end{array}\right\}$ S, alle (einige) B $\left\{\begin{array}{l}\text{sind} \\ \text{sind nicht}\end{array}\right\}$ S, alle

(einige) C $\left\{\begin{array}{l}\text{sind} \\ \text{sind nicht}\end{array}\right\}$ S hinzu, wodurch in allen drei Fällen

in der dritten Figur der kategorischen Schlüsse der Schlusssatz:

(einige) S $\left\{\begin{array}{l}\text{sind} \\ \text{sind nicht}\end{array}\right\}$ P, sich ergiebt.

Beispiele.

Zu I. Sowohl alle festen, als alle tropfbarflüssigen, als alle luftförmigen
Körper sind elastisch;
Alle Körper sind entweder feste oder tropfbarflüssige oder luft-
förmige;

Alle Körper sind elastisch.

Zu II. Von zwei ungleichen Geraden ist die eine entweder grösser oder
kleiner als die andere;
In jedem Dreieck, das zwei gleiche Winkel hat, ist keine von
den beiden diesen Winkeln gegenüberliegenden Geraden (Seiten)
grösser oder kleiner als die andere;

In keinem Dreieck, das zwei gleiche Winkel hat, sind die diesen
gegenüberliegenden Geraden (Seiten) ungleich.

Zu III. Entweder die christliche oder die jüdische oder die mohame-
danische Religion enthält die wahre Offenbarung Gottes;
Sowohl die christliche als die jüdische als die mohamedanische
Religion ist monotheistisch;

Eine monotheistische Religion enthält die wahre Offenbarung
Gottes.

§ 101.

Nur als eine Erweiterung der sogenannten rein hypothetischen Schlüsse (§ 98) sind folgende zusammengesetzte Formen
in der ersten und zweiten Figur zu betrachten.

I. $\left\{\begin{array}{l}\text{Sowohl} \\ \text{Weder}\end{array}\right\}$ wenn A $\left\{\begin{array}{l}\text{als} \\ \text{noch}\end{array}\right\}$ wenn B $\left\{\begin{array}{l}\text{als} \\ \text{noch}\end{array}\right\}$ wenn C ist, ist P;
Nun ist entweder A oder B oder C;

Also $\left\{\begin{array}{l}\text{ist} \\ \text{ist nicht}\end{array}\right\}$ P.

II. 1. Wenn P ist, so ist entweder A oder B oder C;

Nun ist weder P noch B noch C;

Also ist A nicht.

II. 2. Wenn P ist, so ist weder A noch B noch C;

Nun ist entweder A oder B oder C;

Also ist P nicht.

Hier kann I als *modus ponendo* $\begin{Bmatrix} ponens \\ tollens \end{Bmatrix}$, II, 1 als *modus tollendo tollens*, II, 2 als *modus ponendo tollens* bezeichnet werden. Gewöhnlich macht man in I und II, 2 die disjunctive Prämisse zum Obersatz, wodurch aber die Subsumtion dieser Schlüsse unter die bekannten Schlussfiguren verloren geht. Diese Schlussformen heissen Dilemmen (Trilemmen, Polylemmen).

Beispiele.

Zu I. Sowohl wenn ich den König wegziehe, als wenn ich ihn decke, als wenn ich die schachbietende Figur schlage, werde ich beim nächsten Zuge matt;

Nun kann ich nur entweder das Erste oder das Zweite oder das Dritte thun;

Also werde ich beim nächsten Zug matt.

Zu II, 1. Wenn es eine Gnadenwahl giebt, so ist entweder Gott ungerecht, oder der Mensch unzurechnungsfähig;

Nun ist weder Gott ungerecht, noch der Mensch unzurechnungsfähig;

Also giebt es keine Gnadenwahl.

Zu II, 2. Wenn es wahr ist, dass Alles, was geschieht, durch die absolute Macht des Weltgeistes bewirkt wird, so sind die absichtlichen Handlungen der Menschen weder gut noch böse;

Nun sind aber die absichtlichen Handlungen der Menschen entweder gut oder böse;

Also ist nicht Alles, was geschieht, Wirkung des Weltgeistes.

Unter die erste Form fallen auch die unter den Namen des Krokodillschlusses und des Sophisma des Euathlus im Alterthum berühmten Dilemmen. Das letztere, welches zugleich ein juristisches Interesse hat, ist in folgender Erzählung des Gellius (*noctes atticae* V, 10) enthalten. Euathlus nahm beim Protagoras Unterricht in der Sophistik und schloss mit ihm den Contract: die eine Hälfte des Honorars voraus, die andere aber erst dann zu bezahlen, wenn er den ersten Process geführt und gewonnen haben würde. Nach beendigtem Unterricht nahm er aber keinen Process an, zahlte jedoch auch nicht die zweite Hälfte des Honorars.

Protagoras verklagte ihn endlich in folgender Form: In jedem Falle bist du verbunden, das Honorar mir zu zahlen. Denn entweder werden dich die Richter verurtheilen oder freisprechen. Geschieht das Erste, so bist du zufolge des Richterspruchs, geschieht das Andere, in welchem Falle du deinen ersten Process gewonnen haben wirst, vermöge unsres Contracts zur Zahlung verbunden. Euathlus aber entgegnete: in keinem Falle bin ich zur Zahlung verbunden. Denn entweder sprechen mich die Richter davon frei, oder, wenn sie mich verurtheilen, habe ich meinen ersten Process nicht gewonnen und bin daher, vermöge unsres Contractes, zur Zahlung nicht verpflichtet. Die Erzählung des Gellius schliesst mit den Worten: *tum judices, dubiosum esse quod utrimque dicebatur rati, — — rem injudicatam reliquerunt causamque in diem longissimam distulerunt.* Göschel hat (Zerstreute Blätter aus den Hand- und Hilfsacten eines Juristen, Erf. 1832—42) eine juristische Abhandlung hierüber geschrieben, in welcher er zu zeigen sucht, wie dem Lehrer zu seinem guten Recht zu verhelfen ist. Den klugen Sophisten trifft jedoch immer der Vorwurf, auf einen verfänglichen Contract eingegangen zu sein.

§ 102.

Ebenso lassen sich auch folgende Schlussformen, welche vorzugsweise als disjunctive Schlüsse bezeichnet zu werden pflegen, auf die rein hypothetischen zurückführen.

I. 1. P ist im allgemeinen entweder A oder B oder C;
    Nun ist in gewissen Fällen P . . A;

    Also ist in diesen Fällen P weder B noch C.

Hier ist das Urtheil: P ist A, der Mittelbegriff, wie deutlich erhellt, wenn man dem Schluss folgende Form giebt:

    Wenn P . . A ist, so ist es weder B noch C;
    Nun ist in gewissen Fällen P . . A;

    Also ist in diesen Fällen P weder B noch C.

Ebenso erhellt:

I. 2. P ist im allgemeinen entweder A oder B oder C;
    Nun ist in gewissen Fällen P nicht A;

    Also ist in diesen Fällen P entweder B oder C;

denn der Obersatz enthält hier das hypothetische Urtheil:

    Wenn P nicht A ist, so ist es entweder B oder C.

I, 1 ist als *modus ponendo tollens*, I, 2 als *modus tollendo ponens* zu betrachten.

Der Untersatz kann ferner ebenfalls disjunctiv sein. Dann ergiebt sich folgende Schlussform:

I. 3. P ist im allgemeinen entweder A oder B oder C;
Nun ist in gewissen Fällen P entweder A oder B;
Also ist in diesen Fällen P nicht C.

Ist endlich der Untersatz remotiv, so folgt:

I. 4. P ist im allgemeinen entweder A oder B oder C;
Nun ist in gewissen Fällen P weder A noch B;
Also ist in diesen Fällen P .. C.

Alle diese Formen gehören der ersten Figur. Ihnen entsprechen in der zweiten folgende:

II. 1. Im allgemeinen ist entweder A oder B oder C .. P;
In gewissen Fällen ist A .. P;
Also ist in diesen Fällen weder B noch C .. P.

Ebenso, wenn wir zur Abkürzung den Obersatz weglassen:

II. 2. In gewissen Fällen ist nicht A .. P;
Also ist in diesen Fällen entweder B oder C .. P.

II. 3. In gewissen Fällen ist entweder A oder B .. P;
Also ist in diesen Fällen nicht C .. P.

II. 4. In gewissen Fällen ist weder A noch B .. P;
Also ist in diesen Fällen C .. P.

Beispiele zu den Formen unter I kann man aus dem Obersatz bilden: Die Bahnen der Kometen sind im allgemeinen entweder Parabeln oder Ellipsen oder Hyperbeln. Als Untersatz kann man dann entweder hinzufügen: die Bahnen mancher Kometen (z. B. des Halley'schen, Encke'schen, Biela'schen, d'Arrest'schen u. s. w.) sind Ellipsen; oder: die Bahnen mancher Kometen sind nicht Ellipsen; sind entweder Parabeln ode Ellipsen; sind weder Parabeln noch Ellipsen u. s. f. Für II kann z. B. der Obersatz sein: Entweder ein Miasma oder ein Contagium oder blosse Furcht ist die Ursache einer Epidemie; woraus sich die Bildung der verschiedenen Untersätze von selbst ergiebt. — Offenbar kann der Obersatz auch die Form haben: P kann nur entweder A oder B oder C sein; der Untersatz heissen: Es ist aus gewissen Gründen P .. A u. s. w., woraus sich dann die Form des Schlusssatzes von selbst ergiebt.

§ 103.

Die vorstehenden §§ 99—102 zeigen genügend, dass die Theorie der drei Schlussfiguren nicht bloss für kategorische, sondern auch für hypothetische und solche Prämissen, die zusammengesetzte Urtheile sind, anwendbar ist, also die allgemeinen Bedingungen des Schliessens überhaupt darlegt. Die logische (formale) Richtigkeit jedes Schlusses beruht aber auf der Identität des Mittelbegriffs in den beiden Vordersätzen. Ist er dagegen nur dem Namen nach derselbe, der Sache nach aber in jeder Prämisse ein anderer, was häufig in Folge von synonymen Bedeutungen der Worte oder homonymen Benennungen verschiedener Sachen übersehen wird, so ist eine durch ihn vermittelte Verknüpfung des Prädicats mit dem Subject nicht möglich, und der gezogene Schluss fehlerhaft. Dieser Fehler im Schliessen heisst der Schluss aus vier Hauptbegriffen (*quaternio terminorum, fallacia falsi medii*), oder die Erschleichung (*subreptio*). Unabsichtliche fehlerhafte Schlüsse überhaupt heissen Fehlschlüsse (*paralogismi*); absichtliche, auf Täuschung berechnete, Trugschlüsse (*sophismata*). — Im übrigen führt auch jeder Verstoss gegen die Gesetze der drei Schlussfiguren zu einem Fehlschluss.

Vor dem Fehlschluss aus vier Hauptbegriffen haben sich selbst die scharfsinnigsten Denker nicht immer zu bewahren vermocht. Als Beispiel hiervon mag nur der Anselm'sche (ontologische) Beweis für das Dasein Gottes (vgl. des Verf.'s Religionsphilosophie, S. 95) und Kant's Begründung des Satzes, dass Raum und Zeit nothwendige Vorstellungen seien (vgl. Herbart's Psychologie als Wissenschaft, II, § 141) angeführt werden. — Die Trugschlüsse spielten im Alterthum eine wichtige Rolle, wie Plato's Euthydemus und Aristoteles' Schrift περὶ σοφιστικῶν ἐλέγχων beweisen. Von den neueren Logikern hat Fries (System der Logik § 109) sie mit besonderer Sorgfalt behandelt, dem griechischen Witz jedoch nicht selten die Spitze abgebrochen. Als eine Probe dieser Schlüsse mag hier folgender aus dem Euthydemus (p. 301) entnommene stehen: Wenn man Einem thut, was ihm zukommt, so thut man Recht. Nun kommt dem Koch Schlachten, Zerlegen, Kochen und Braten zu. Also wenn Jemand den Koch schlachtet, zerlegt, kocht und bratet, so thut er ihm was ihm zukommt, also Recht. Eigentlich eine Folgerung, verbunden mit einem Schluss. Aus dem ersten Satze folgert man nämlich *ad subalternatam* richtig: wenn man dem Koch thut, was ihm zukommt, so thut man Recht. Hieran schliesst sich als Untersatz: Schlachten, Zerlegen u. s. w. ist das, was dem Koch zukommt; woraus nun der Schluss folgt. Offenbar aber bedeutet das Zukommen im Obersatz so viel als Zukommen zu dulden (leiden), im Untersatz dagegen Zukommen zu thun. — Ein Fehler gegen die Gesetze der Schlussfiguren überhaupt würde es sein, wenn man z. B.

in der ersten Figur aus einem allgemein bejahenden Obersatz und verneinenden Untersatz, in der zweiten Figur aus zwei bejahenden Prämissen einen Schluss ziehen, oder in der dritten aus allgemeinen, aber nicht reciprocablen Prämissen einen allgemeinen Schlusssatz ableiten wollte. Ein Verstoss gegen die zweite Schlussfigur, in der eine Prämisse immer negativ sein muss, ist z. B. der von Schopenhauer (Die beiden Grundprobleme der Ethik, 2. Aufl. S. XXIII) gerügte Schluss Hegel's (Encyklopädie d. philos. Wissensch. § 293): Wenn ein in seinem Schwerpunkt unterstützter Stab nachmals auf einer Seite schwerer wird, so senkt er sich nach dieser Seite. Nun aber senkt ein Eisenstab, nachdem er magnetisirt worden, sich nach einer Seite. Also ist er daselbst schwerer geworden.

§ 104.

Die ganze Theorie der Syllogismen giebt zu erkennen, dass die Möglichkeit eines Schlusssatzes auf der Bedingung von zwei Vordersätzen beruht, welche drei Begriffe enthalten, die sich nur in den rein hypothetischen und daraus abgeleiteten zusammengesetzteren Schlüssen auf zwei reduciren. Eine scheinbare Ausnahme von dieser Regel machen die enthymematischen Schlüsse (*enthymemata, syllogismi decurtati*), in welchen bald der Obersatz, bald der Untersatz fehlt, und deren wir uns im gewöhnlichen Denken sehr häufig bedienen. Aber sie sind keine eigenthümlichen Schlussformen, sondern nur Abkürzungen der vollständigen Syllogismen, bei welchen der eine Vordersatz verschwiegen wird. Jedes Enthymem bedarf daher zur Prüfung seiner Richtigkeit immer der Auflösung in einen vollständigen Syllogismus, mithin der Ergänzung durch die fehlende Prämisse.

Enthymematisch wird z. B. geschlossen: alle Thiere, die lebendige Junge gebären, sind Säugethiere; daher sind alle Walen Säugethiere; oder: alle Walen gebären lebendige Junge, daher sind sie Säugethiere. In der ersten Form fehlt der Untersatz: alle Walen gebären lebendige Junge, in der zweiten der Obersatz: alle Thiere, welche lebendige Junge gebären, sind Säugethiere. Sogar beide Prämissen können unterdrückt werden, und die Form des Schlusses sich in der Form eines Urtheils von hypothetischer Art, in dem jedoch der Vordersatz nicht bedingungsweise gesetzt wird, gänzlich verstecken. Diese Form ist dann:

$$\text{Da } A \ldots B \text{ ist, so ist } C \ldots D;$$

im Beispiel: da alle Wale lebendige Junge gebären, so sind sie Säugethiere. Die Bedingung wird hier zum Grunde, das Bedingte zur Folge; und die Zusammengesetztheit des Grundes verbirgt sich.

III. Schlussketten und Kettenschlüsse.

§ 105.

Die Syllogismen, deren Formen in der vorstehenden Abth. II. abgehandelt wurden, sind einfache Schlüsse. Aus der Verbindung von zwei oder mehreren derselben lassen sich aber unter sogleich anzugebenden Bedingungen zusammengesetzte Schlüsse ableiten, die von den einfachen Schlüssen aus zusammengesetzten Prämissen zu unterscheiden sind. Jeder Schlusssatz eines Syllogismus kann nämlich im allgemeinen zum Vordersatz eines zweiten Schlusses werden, wenn noch ein neues Urtheil hinzukommt, das mit ihm einen Begriff als Mittelbegriff gemein, den anderen aber nicht gemein hat. Von diesen beiden durch den Schlusssatz des ersteren zusammenhängenden Schlüssen heisst dann der erste der Vorschluss (*prosyllogismus*), der zweite der Nachschluss (*episyllogismus*), das Ganze die Schlusskette (*syllogismus concatenatus*). Offenbar aber ist der Begriff einer Schlusskette nicht auf die Aneinanderreihung von zwei Schlüssen beschränkt, da der durch zwei Schlüsse erhaltene Schlusssatz, mit einem neuen Urtheil verbunden, das einen neuen Begriff hinzubringt, indess der andere in ihm enthaltene zugleich in dem letzten Schlusssatz vorkommt, einen dritten Schluss giebt u. s. f. Man kann daher zwei- und mehrgliedrige Schlussketten unterscheiden. Die Zahl der in ihnen enthaltenen Hauptbegriffe ist, wie man leicht sieht, immer um zwei Einheiten grösser als die Zahl der successiv gezogenen Schlüsse. In einer vielgliedrigen Schlusskette ist es willkürlich, ob man nur den ersten Schluss als Vorschluss und alle übrigen als Nachschlüsse oder nur den letzten Schluss als Nachschluss, alle vorangehenden aber als Vorschlüsse bezeichnen, oder einen Theil der Schlüsse Vorschlüsse und den anderen Nachschlüsse nennen will.

Obgleich hieraus die Möglichkeit von Schlussketten im allgemeinen genügend erhellt, so kann man sich doch die nähere Aufgabe stellen: zu bestimmen, auf wievielfache Art zunächst aus vier Begriffen P, M, N, S, von denen je zwei nächste in einem Urtheil verbunden sind, und von welchen S das Subject, P das Prädicat des letzten Schlusssatzes werden soll, nach der Lehre von den drei Schlussfiguren eine zweigliedrige Schlusskette möglich ist.

Um diese Aufgabe zu lösen, werden wir zuerst den Vorschluss in der ersten, dann in der zweiten, endlich in der dritten Figur gegeben annehmen, und für jeden dieser drei Fälle besonders untersuchen, welche der drei Figuren und ihrer Modi einen Nachschluss zulassen, und umgekehrt, welche Modi der Figuren, in denen der Vorschluss erfolgt, dabei vorausgesetzt werden müssen. Wir nehmen hierbei nach der herkömmlichen Weise für die beiden ersten Figuren nur vier, für die dritte sechs Modi an.

§ 106.

Sei zuerst der Vorschluss aus P, M und N in der ersten Figur gegeben, und möge P das Prädicat, N das Subject seines Schlusssatzes, daher M der Mittelbegriff sein; so ergiebt sich, wenn wir zuvörderst nur die Modi *Barbara* und *Celarent* anwenden,

$$\text{entweder} \quad \begin{array}{c} M\,a\,P \\ N\,a\,M \\ \hline N\,a\,P \end{array} \qquad \text{oder} \quad \begin{array}{c} M\,e\,P \\ N\,a\,M \\ \hline N\,e\,P \end{array}$$

in beiden Fällen also ein allgemeiner Schlusssatz. Zu ihm kann nun im ersten Falle als neuer Untersatz entweder $S\,a\,N$ oder $S\,i\,N$ kommen, und ergiebt sich dann wiederum ein Nachschluss in der ersten Figur, und zwar bezüglich nach den Modis *Barbara* oder *Darii*, so dass dann die Schlusskette folgende Form hat, in welcher von den die Qualität und Quantität bezeichnenden Vocalen natürlich nur einer nach dem anderen Geltung hat.

$$\begin{array}{ll} 1)\; M\,a\,P & \\ \quad N\,a\,M & \text{(I. } Barbara\text{)} \\ \hline \quad N\,a\,P & \\ \quad S\,a\,i\,N & \text{(I. } Barbara,\ Darii\text{)} \\ \hline \quad S\,a\,i\,P & \end{array}$$

Im zweiten Falle lässt der verneinende Schlusssatz $N\,e\,P$ nur einen bejahenden neuen Untersatz zu, der, wenn der Nachschluss wieder in der ersten Figur erfolgen soll, $S\,a\,N$ oder $S\,i\,N$ sein wird. Hieraus ergiebt sich die Schlusskette

2) $M\ e\ P$
$\underline{N\ a\ M}$ (I. *Celarent*)
$\overline{N\ e\ P}$
$\underline{S\ a\ i\ N}$ (I. *Celarent, Ferio*)
$\overline{S\ e\ o\ P}$

Dass auf beide Vorschlüsse nicht ein Nachschluss in der zweiten Figur folgen kann, ergiebt sich ganz allgemein daraus, dass der Mittelbegriff N im Schlusssatz die Subjectsstelle einnimmt. Dagegen ist in beiden Fällen ein Nachschluss in dritter Figur möglich, wenn der neue Untersatz die Form $N\ a\ i\ S$ hat. Alsdann sind die Schlussketten folgende:

3) $M\ a\ P$ 4) $M\ e\ P$
$\underline{N\ a\ M}$ (I. *Barb.*) $\underline{N\ a\ M}$ (I. *Celar.*)
$\overline{N\ a\ P}$ $\overline{N\ e\ P}$
$\underline{N\ a\ i\ S}$ (III. *Darapti, Datisi*) $\underline{N\ a\ i\ S}$ (III. *Felapt., Feris.*)
$\overline{S\ i\ P}$ $\overline{S\ o\ P}$

Wenn der Vorschluss in den Modis *Darii* und *Ferio* erfolgt, so hat er die Formen

$M\ a\ P$ und $M\ e\ P$
$N\ i\ M$ $N\ i\ M$
$N\ i\ P$ $N\ o\ P$

Da hier die Schlusssätze particulär sind, so ist ein Nachschluss in der ersten Figur nicht möglich. Dagegen ist die dritte anwendbar, wenn der Untersatz $N\ a\ S$ ist. Dann erhält man

5) $M\ a\ P$ 6) $M\ e\ P$
$\underline{N\ i\ M}$ (I. *Darii*) $\underline{N\ i\ M}$ (I. *Ferio*)
$\overline{N\ i\ P}$ $\overline{N\ o\ P}$
$\underline{N\ a\ S}$ (III. *Disamis*) $\underline{N\ a\ S}$ (III. *Bocardo*)
$S\ i\ P$ $S\ o\ P$

Hieraus erhellt, dass und unter welchen Bedingungen, wenn der Vorschluss nach der ersten Figur gezogen ist, der Nachschluss in der ersten und dritten erfolgt.

§ 107.

Sei zweitens der Vorschluss in der zweiten Figur gegeben, so erhalten wir, je nachdem wir *Camestres* und *Cesare* oder *Baroco* und *Festino* anwenden,

$$P \; a \; c \; M \qquad \text{oder} \qquad P \; a \; c \; M$$
$$N \; e \; a \; M \qquad\qquad\qquad N \; o \; i \; M$$
$$\overline{N \; e} \; P \qquad\qquad\qquad \overline{N \; o} \; P$$

Die erste Form gestattet einen Nachschluss in der ersten Figur, wenn der neue Untersatz $S \, a \, N$ oder $S \, i \, N$ ist. Der Nachschluss kann aber auch nach der dritten Figur erfolgen, wenn der Untersatz $N \, a \, S$ oder $N \, i \, S$ ist. Die Stellung von N erlaubt aber keinen Nachschluss in der zweiten Figur. So entstehen die Schlussketten:

1) $P \, a \, c \, M$
$\dfrac{N \, e \, a \, M}{\overline{N \, e} \, P}$ (II. *Camest.*, *Ces.*)
$\dfrac{S \, a \, i \, N}{\overline{S \, e} \, o \, P}$ (I. *Celar. Fer.*)

2) $P \, a \, c \, M$
$\dfrac{N \, e \, a \, M}{\overline{N \, e} \, P}$ (II. *Camest. Ces.*)
$\dfrac{N \, a \, i \, S}{\overline{S \, o} \, P}$ (III. *Felapt. Feris.*)

In der zweiten Form ist bei der particulären und verneinenden Beschaffenheit des Schlusssatzes der Nachschluss offenbar nur in der dritten Figur möglich, und zwar nur dann, wenn der neue Untersatz $N \, a \, S$ ist. Dies giebt

3) $P \, a \, c \, M$
$\dfrac{N \, o \, i \, M}{\overline{N \, o} \, \overline{P}}$ (II. *Baroco, Festino*)
$\dfrac{N \, a \, S}{\overline{S \, o} \, \overline{P}}$ (III. *Bocardo*)

Wenn also der Vorschluss in der zweiten Figur erfolgt, so ist der Nachschluss nur entweder in der ersten oder dritten Figur möglich.

§ 108.

Sei endlich drittens der Vorschluss in der dritten Figur gegeben, so ist, je nachdem wir *Darapti* und *Datisi*, oder *Felapton* und *Ferison*, oder *Disamis* und *Bocardo* anwenden,

entweder $M\ a\ P$ oder $M\ e\ P$ oder $M\ i\ o\ P$
$M\ a\ i\ N$ $M\ a\ i\ N$ $M\ a\ N$
$N\ i\ P$ $N\ o\ P$ $N\ i\ o\ P$

Keine dieser Formen lässt wegen der particulären Beschaffenheit der Schlusssätze einen Nachschluss in der ersten und zweiten Figur zu. Nur in der dritten ist er möglich, wenn der Untersatz $N\ a\ S$ ist. Hierdurch erhält man

1) $M\ a\ P$
  $M\ a\ i\ N$ (III. *Darap.*, *Dat.*)
  $\overline{N\ i\ P}$
  $N\ a\ S$ (III. *Disam.*)
  $\overline{S\ i\ P}$

2) $M\ e\ P$
  $M\ a\ i\ N$ (III. *Felapt.*, *Feris.*)
  $\overline{N\ o\ P}$
  $N\ a\ S$ (III. *Bocardo*)
  $\overline{S\ o\ P}$

3) $M\ i\ o\ P$
  $\underline{M\ a\ N}$ (III. *Disam.*, *Bocardo*)
  $N\ i\ o\ P$
  $\underline{N\ a\ S}$ (III. *Disam.*, *Bocardo*)
  $S\ i\ o\ P.$

Hiernach fordert also ein Vorschluss in der dritten Figur stets auch einen Nachschluss in derselben Figur, und zwar nach den Modis *Disamis* und *Bocardo.*

Die in den vorstehenden drei Paragraphen enthaltene Theorie der zweigliedrigen Schlussketten lässt fünf von einander wesentlich verschiedene Formen unterscheiden. In der ersten nämlich erfolgt der Vorschluss sowohl als der Nachschluss Figur I (§ 106, 1 u. 2); in der zweiten der Vorschluss in I, der Nachschluss in III (§ 106, 3, 4, 5, 6); in der dritten der Vorschluss in II, der Nachschluss in I (§ 107, 1); in der vierten der Vorschluss in II, der Nachschluss in III § (107, 2 u. 3); in der fünften der Vorchluss und Nachschluss in III § (108, 1, 2, 3). Durch eine etwas andere Behandlung erhält Herbart (Lehrbuch zur Einleit. in d. Ph. S. 93; Werke, herausgeg. von Hartenstein, I. S. 116) nur vier Ketten, von denen drei mit der ersten, vierten und fünften unserer Formen zusammentreffen, die vierte aber der Aufgabe, wie sie gestellt ist, fremd zu sein scheint, weil sie, von der Voraussetzung abspringend, den angenommenen Obersatz zum Untersatz des Vorschlusses macht. Die zweite und dritte Form ist unbemerkt geblieben. Weit unvollständiger ist aber, was andere Logiker über diese sehr vernachlässigte Lehre beigebracht haben; das Ausführlichste noch geben Lambert (Organon I. S. 187) und Twesten (Logik S. 133).

§ 109.

Sehr leicht lassen sich aus dieser Theorie der zweigliedrigen Schlussketten folgende allgemeine Sätze über die Anwendbarkeit der drei Figuren in Schlussketten von beliebig vielen Gliedern ableiten.

1) Fängt eine Kette in der ersten oder zweiten Figur an, so kann sie nur in der ersten oder dritten fortgesetzt werden.

2) Fängt eine Kette in der dritten Figur an, so lässt sie sich auch nur in derselben fortsetzen.

3) Eine Kette rein in der zweiten Figur ist unmöglich.

4) Aus 1 und 2 folgt ferner, dass in einer Kette die zweite Figur nie mehr als einmal vorkommen kann und zwar immer nur im ersten Vorschluss.

5) Wird irgendwo in einer Kette nach der dritten Figur geschlossen, so sind auch die folgenden Schlüsse nur in derselben Figur möglich.

6) Alle drei Figuren in einer Kette können nur vorkommen, wenn diese in der zweiten Figur beginnt, in der ersten sich fortsetzt und in der dritten endigt.

7) Einen allgemein bejahenden Schlusssatz kann nur eine Kette geben, die durchgängig nach der ersten Figur, und zwar nach *Barbara* schliesst, oder auch in der dritten, wenn alle Prämissen allgemein bejahende reciprocable Urtheile sind.

8) Einen allgemein verneinenden Schlusssatz kann nur eine Kette geben, die entweder allein nach der ersten Figur, und zwar nach *Celarent* schliesst, oder in der zweiten, und zwar nach *Camestres* oder *Cesare* beginnt, und dann in die erste, und zwar in *Celarent* übergeht.

9) Jede in der zweiten Figur anhebende Kette hat einen verneinenden, jede in der dritten anfangende im allgemeinen einen besonderen Schlusssatz.

10) Daher schliesst ein bejahender Schlusssatz die zweite Figur, ein allgemeiner die dritte von der Kette aus, wofern diese nicht bloss allgemein bejahende reciprocable Urtheile enthält.

§ 110.

In der vorstehenden Theorie geht nach der herkömmlichen Anordnung der Obersatz dem Untersatz voran. Es ist jedoch schon zuvor (§ 88, Anm. 3) darauf hingewiesen worden, dass die umgekehrte Ordnung der Prämissen unserm Denken natürlicher und bequemer ist. Dann aber ist die Folge der Figuren im Vor- und Nachschluss eine andere, nämlich diese.

I Bei Vorschlüssen in der ersten Figur.

1) $S\ a\ M$
  $M\ a\ N$ (I. *Barbara*)
  $\overline{S\ a\ N}$
  $N\ a\ e\ P$ (I. *Barb. Celar.*)
  $\overline{S\ a\ e\ P}$

2) $S\ a\ M$
  $M\ a\ N$ (I. *Barbara*)
  $\overline{S\ a\ N}$
  $P\ e\ N$ (II. *Cesare*)
  $\overline{S\ e\ P}$

3) $S\ a\ M$
  $M\ e\ N$ (I. *Celarent*)
  $\overline{S\ e\ N}$
  $P\ a\ N$ (II. *Camestres*)
  $\overline{S\ e\ P}$

4) $S\ i\ M$
  $M\ a\ N$ (I. *Darii*)
  $\overline{S\ i\ N}$
  $N\ a\ e\ P$ (I. *Darii, Ferio*)
  $\overline{S\ i\ o\ P}$

5) $S\ i\ M$
  $M\ a\ N$ (I. *Darii*)
  $\overline{S\ i\ N}$
  $P\ e\ N$ (II. *Festino*)
  $\overline{S\ o\ P}$

6) $S\ i\ M$
  $M\ e\ N$ (I. *Ferio*)
  $\overline{S\ o\ N}$
  $P\ a\ N$ (II. *Baroco*)
  $\overline{S\ o\ P}$

II. Bei Vorschlüssen in der zweiten Figur.

1) $S\ a\ e\ M$
  $N\ e\ a\ M$ (II. *Cesare, Camestr.*)
  $\overline{S\ e\ N}$
  $P\ a\ N$ (II. *Camestres*)
  $\overline{S\ e\ P}$

2) $S\ i\ o\ M$
  $N\ e\ a\ M$ (II. *Festino. Baroco*)
  $\overline{S\ o\ N}$
  $P\ a\ N$ (II. *Baroco*)
  $\overline{S\ o\ P}$

III. Bei Vorschlüssen in der dritten Figur.

1) $M\ a\ i\ S$
$\dfrac{M\ a\ N}{S\ i\ N}$ (III. *Darapti, Datisi*)
$\dfrac{N\ a\ c\ P}{S\ i\ o\ P}$ (I. *Darii, Ferio*)

2) $M\ a\ i\ S$
$\dfrac{M\ a\ N}{S\ i\ N}$ (III. *Darapti, Datisi*)
$\dfrac{P\ e\ N}{S\ o\ P}$ (II. *Festino*)

3) $M\ a\ S$
$\dfrac{M\ i\ N}{S\ i\ N}$ (III. *Disamis*)
$\dfrac{N\ a\ c\ P}{S\ i\ o\ P}$ (I. *Darii, Ferio*)

4) $M\ a\ S$
$\dfrac{M\ i\ o\ N}{S\ i\ o\ N}$ (III. *Disam., Bocardo*)
$\dfrac{P\ e\ a\ N}{S\ o\ P}$ (II. *Festino, Baroco*)

5) $M\ a\ i\ S$
$\dfrac{M\ e\ N}{S\ o\ N}$ (III. *Felapton, Ferison*)
$\dfrac{P\ a\ N}{S\ o\ P}$ (II. *Baroco*)

§ 111.

Für Schlussketten, in welchen die Untersätze den Obersätzen vorangehen, lauten daher die in § 109 verzeichneten Sätze, wie folgt.

1) Fängt eine Kette in der ersten oder dritten Figur an, so kann sie nur in der ersten oder zweiten fortgesetzt werden.

2) Fängt eine Kette in der zweiten Figur an, so lässt sie sich auch nur in der zweiten fortsetzen.

3) Eine Kette rein in der dritten Figur ist unmöglich.

4) Die dritte Figur kann in einer Kette nur einmal, nämlich im ersten Vorschluss vorkommen.

5) Wird irgendwo in einer Kette nach der zweiten Figur geschlossen, so sind auch die folgenden Schlüsse nur in der zweiten Figur möglich.

6) Alle drei Figuren können in einer Kette nur vorkommen, wenn diese in der dritten anhebt, in der ersten sich fortsetzt und in der zweiten endigt.

7) Einen allgemein verneinenden Schlusssatz kann nur eine
Kette geben, die entweder allein nach der zweiten Figur
schliesst, und zwar von *Cesare* und *Camestres* aus- und dann
zu *Camestres* übergeht; oder die in der ersten mit *Celarent*
anhebt und dann in die zweite, nämlich in *Camestres* übergeht; oder die in der ersten von *Barbara* zu *Celarent*, dann
aber in die zweite, nämlich in *Camestres* übergeht.
Die Sätze 7, 9 und 10 in § 109 bleiben unverändert.

§ 112.

Unabhängig von den Figuren ergeben sich aus den Gesetzen der kategorischen Schlüsse (§ 95), die nach dem, was
in den §§ 97 ff. gezeigt worden ist, auch für Schlüsse aus
Prämissen jeder anderen Form gelten, noch folgende Sätze
über die Schlussketten:

1) Soll der Schlusssatz einer Kette ein bejahender sein, so
erfordert dies durchgängig bejahende Prämissen; und umgekehrt: sind in einer Kette alle Prämissen bejahend, so ist es
auch der Schlusssatz.

2) Soll der Schlusssatz einer Kette ein allgemeiner sein,
so erfordert dies durchgängig allgemeine Prämissen; aber es
folgt nicht immer aus durchgängig allgemeinen Prämissen auch
ein allgemeiner Schlusssatz.

3) Keine Kette kann mehr als e i n e verneinende und e i n e
besondere Prämisse, doch auch beide zugleich haben, und
diese macht dann den Schlusssatz bezüglich zu einem verneinenden, oder besonderen, oder, wenn beide Bedingungen
zugleich stattfinden, zu einem besonders verneinenden.

Für Schlussketten, in denen die Obersätze den Untersätzen
vorangehen, gelten ferner noch folgende Sätze.

4) Nur die erste oder zweite Prämisse einer Kette kann
verneinend sein. Denn wäre dies eine spätere, so müsste, da
sie ein Untersatz, aus ihr in der zweiten Figur geschlossen
werden, die aber (§ 109, 4) nur im ersten Vorschluss vorkommen kann.

5) Auch nur e i n e particuläre Prämisse kann zwar in einer
Kette vorkommen; aber sie ist, wenn sie zugleich bejaht, an

keine bestimmte Stelle gebunden, da in allen drei Figuren der Untersatz ein besonders bejahender sein kann. Verneint sie dagegen, so kann sie nach Nr. 4 nur die erste oder zweite Prämisse sein.

Gehen dagegen in der Kette die Untersätze den Obersätzen voran, so kann

6) nur die erste oder zweite Prämisse particulär sein. Denn wäre dies eine spätere, so müsste, da sie ein Obersatz, aus ihr in der dritten Figur geschlossen werden, die aber hier (§ 111, 4) nur im ersten Vorschluss vorkommen kann. Dagegen ist

7) die in der Kette ebenfalls nur einmal zulässige verneinende Prämisse, wenn sie allgemein verneint, an keine Stelle gebunden, da in allen drei Figuren der Obersatz ein allgemein verneinender sein kann.

Im dritten Anhange zu der ersten Ausgabe dieser Schrift ist ausführlich nachgewiesen worden, dass für jede aus *n* Gliedern (Prämissen) bestehende Kette, in welcher die Obersätze den Untersätzen vorangehen und der Schlusssatz nach Qualität und Quantität bestimmt ist, sich die Modi aller Schlüsse angeben lassen, durch die er bedingt wird. Dasselbe lässt sich für eine solche Kette ausführen, in der die Untersätze den Obersätzen vorangehen. Jeder einigermaassen mathematisch gebildete Leser wird nach den vorstehenden Sätzen in der Lösung dieser Aufgabe keine Schwierigkeit finden.

§ 113.

Man kann einer Schlusskette dadurch eine abgekürzte Form geben, dass man mit Weglassung sämmtlicher mittleren Schlusssätze die Prämissen unmittelbar auf einander folgen lässt und nur einen Schluss zieht, der die beiden in der ersten und letzten Prämisse ausschliesslich enthaltenen Begriffe mit einander verknüpft. Die hierdurch entstehende Form heisst Kettenschluss (*sorites*). Man unterscheidet dabei eine doppelte Anordnung der Prämissen. Beginnt nämlich der Kettenschluss mit derjenigen Prämisse, welche das Subject des Schlusssatzes enthält, und endigt mit der, in welcher das Prädicat des Schlusssatzes enthalten ist (indess die übrigen Prämissen nach ihren gemeinsamen Mittelbegriffen sich aneinander reihen), so erhält man den gemeinen, ordentlichen oder aristotelischen Sorites; fängt dagegen der Sorites mit der das Prädicat des Schlusssatzes enthaltenden Prämisse an und endigt mit der, welche das Subject enthält, so heisst er der umgekehrte oder goclenische. Die Schemata beider sind daher, wenn $M_1, M_2, M_3, \ldots M_n$ die zwischen S und P einzuschaltenden Mittelbegriffe bedeuten, und Schlüsse in der ersten Figur angenommen werden, folgende:

aristotelischer Sorites:		goclenischer Sorites:	
S	M_1	M_n	P
M_1	M_2	M_{n-1}	M_n
M_2	M_3	M_{n-2}	M_{n-1}
$\vdots$		$\vdots$	
M_{n-1}	M_n	M_1	M_2
M_n	P	S	M_1
S	P	S	P

Jeder Kettenschluss fordert Continuität seiner Mittelbegriffe, d. i. je zwei auf einander folgende Glieder müssen immer einen Begriff gemein haben. Wo diese Continuität unterbrochen ist, entsteht ein Sprung im Schliessen (*saltus in concludendo*) und der Schlusssatz ist ungiltig.

1. Der goclenische Sorites hat seinen Namen von Rudolf Goclenius (1547—1628), der in seiner *Isagoge in Organum Aristotelis* (Frankf. 1598) zuerst auf diese Umkehrung des aristotelischen Sorites aufmerksam machte. Er ist die natürliche Folge derjenigen Anordnung der Prämissen einer Schlusskette, bei welcher der Obersatz stets dem Untersatz vorangeht, indess der aristotelische Sorites aus der umgekehrten Anordnung entspringt und daher für den Gebrauch bequemer ist. Ein Beispiel wird dies erläutern. Aus den Prämissen: der Ehrsüchtige ist leidenschaftlich, der Leidenschaftliche unfrei, der Unfreie unvernünftig, der Unvernünftige unsittlich; schliessen wir mit Leichtigkeit: also ist der Ehrsüchtige unsittlich. Bei weitem nicht so leicht ergiebt sich aber aus der Folge: der Unvernünftige ist unsittlich, der Unfreie unvernünftig, der Leidenschaftliche unfrei, der Ehrsüchtige leidenschaftlich; derselbe Schlusssatz. Vielmehr fühlt man hier das Bedürfniss, die mittleren Schlüsse sämmtlich zu ziehen und somit das Prädicat sittlich an das Subject der Ehrsüchtige allmählich heranzubringen. Dass beide Soriten nicht auf die erste Figur beschränkt sind, versteht sich nach den vorangegangenen Untersuchungen der Formen der Schlussketten von selbst; ebenso, dass die Prämissen ebensogut hypothetische als kategorische sein können. So stellten z. B. die „Hallischen Jahrbücher" einmal den Sorites auf: Ohne Freiheit (wo keine Freiheit ist

keine Wissenschaft (da ist keine W.); ohne Wissenschaft keine Theologie; ohne Theologie keine protestantische Kirche; also ohne Freiheit keine protestantische Kirche.

2. Ein Beispiel eines Sprunges im Schliessen würde folgendes sein: Dass Jesus Wunder that, erzählen die Verfasser der Evangelien; diese waren begeisterte Bekenner Jesu; alle Bekenner Jesu waren wahrheitliebende Männer: was solche als Augenzeugen erzählen ist glaubwürdig; also, dass Jesus Wunder that ist glaubwürdig. Hier fehlt der Satz: die Verfasser der Evangelien waren Augenzeugen der Wunderthaten Jesu.

ZWEITER THEIL.

Von den methodischen Formen des Denkens.

Erster Abschnitt.

Von den systematischen Formen des Denkens.

§ 114.

Jede Wissenschaft (*scientia*) ist ein Gewebe von Begriffen, Urtheilen und Schlüssen, also ein Complex von Anwendungen der elementaren Formen des Denkens, welche zunächst durch den gemeinsamen Gegenstand, auf den sie sich beziehen, einen materiellen Zusammenhang erhalten. Aber auch abgesehen hiervon ist schon durch den allgemeinen Begriff der Aufgabe, welche eine Wissenschaft überhaupt zu lösen hat, (die Idee der Wissenschaft) ein formeller Zusammenhang dieser Formen bedingt. Jede Wissenschaft nämlich soll eine klare und deutliche, geordnete und möglichst vollständige, zusammenhängende und in sich einstimmige Erkenntniss ihres Gegenstandes geben. Alle diese erforderlichen Eigenschaften der wissenschaftlichen Erkenntniss kommen dieser nur zu, sofern sie durch Denken zu Stande gebracht wird: und obgleich die Wahrheit der Erkenntniss nicht bloss auf den Verknüpfungen des Denkens, sondern zugleich auf den unmittelbar gewissen Thatsachen der äusseren Wahrnehmung und des Bewusstseins beruht, so müssen doch auch diese in logisch bestimmte Begriffe und Urtheile gefasst werden. Die Formen des Denkens nun, welche die elementaren Denkformen in einer solchen Weise in

Anwendung bringen, dass dadurch die bezeichneten Forderungen erfüllt werden, heissen systematische, die Form der Verbindung und Anordnung derselben zu einem Ganzen der gedachten Erkenntniss ein System. Die Klarheit und Deutlichkeit der Erkenntniss beruht auf der Bestimmung des Inhalts der Begriffe, in welche sie gefasst ist; die Ordnung und Vollständigkeit derselben auf der Bestimmung des Umfangs dieser Begriffe; ihr Zusammenhang und ihre Einstimmung endlich auf der Begründung ihrer abgeleiteten Urtheile und der in diesen enthaltenen abgeleiteten Begriffe. Diesen Erfordernissen der wissenschaftlichen Erkenntniss Genüge zu leisten, dienen drei Classen von systematischen Formen: dem ersten Erforderniss nämlich die Erklärungen, dem zweiten die Eintheilungen und Classificationen, dem dritten die Beweise und Deductionen.

I. Von den Erklärungen.

§ 115.

Ein Begriff heisst klar (*notio clara s. distincta*), wenn er von jedem andern unterschieden (distinguirt) werden kann, vor allen von den ihm verwandten und darum leicht mit ihm zu verwechselnden Begriffen. Dies geschieht theils durch Hervorhebung der ihm ausschliesslich zukommenden Merkmale, Eigenschaften und Beziehungen, theils durch Verneinung solcher, die nicht ihm, sondern nur verwandten Begriffen zukommen. Einfache Merkmale und Beziehungen müssen als unmittelbar klar vorausgesetzt werden, und nur über ihre Bezeichnung durch Worte ist noch eine sprachliche Verständigung möglich. Nennen wir nun die Form, in welcher ein Begriff klar gemacht wird, eine Erklärung im engeren Sinne (*declaratio*), so besteht dieselbe im allgemeinen in einem kategorischen, einfachen oder inductiven, theils bejahenden theils verneinenden Urtheil, dessen Subject der klar zu machende Begriff ist, und dessen Prädicat die Bestimmungen enthält, die von ihm zu bejahen oder zu verneinen sind.

1. Dass man dem Blindgeborenen und dem Taubstummen die individuellen Beschaffenheiten bzw. der Farben und Töne nicht klar machen kann, und

diese dem Sehenden und Hörenden nur durch die Empfindung gegeben sind,
ist bekannt; kann man doch nicht einmal denen, welche gewisse Farben nicht
zu erkennen vermögen an Achrupsie leiden, oder solchen, denen musika-
lisches Gehör abgeht, klar machen, was ihnen mangelt. Es giebt aber auch
abstracte einfache Begriffe (Gattungsbegriffe, oder strenger genommen
Gesammtvorstellungen, vgl. § 18 Anm.), die sich nur klar machen lassen durch
Hinweisung auf die Reihe der ihnen untergeordneten Begriffe, deren Gemeinsames sie bezeichnen, ohne dass sich dasselbe von den Artunterschieden absondern lässt. So sind z. B. Farbe, Ton, Geschmack u. s. w. das den einzelnen
Farben, Tönen, Geschmäcken Gemeinsame, was aber von diesen rein abgesondert sich nicht vorstellen lässt. Der Inhalt solcher Begriffe ist daher nur
durch Hinweisung auf ihren Umfang klar zu machen. Ebenso lassen sich
die abstractesten Begriffe, die im Denken und Erkennen zur Anwendung
kommen, wie Einerleiheit und Verschiedenheit, Einheit und Vielheit, Allgemeines und Einzelnes, Position und Negation, Sein und Werden, Qualität und
Quantität u. dgl. m. nur theils durch ihre Gegensätze klar machen, theils
durch Beispiele ihrer Anwendung erläutern.

2. Besonders zu beachten ist, dass in bloss distinguirenden Erklärungen
verneinende Bestimmungen durchaus nicht unstatthaft sind; denn es genügt
hier oft zur Unterscheidung vollständig, zu wissen, was ein Begriff nicht ist;
dann nämlich, wenn er durch Ausschliessung der Bestimmungen verwandter
Begriffe eine scharf begrenzte Bedeutung erhält. So ist z. B. in der Euklideischen Erklärung : Parallelen sind gerade Linien, die in einer und
derselben Ebene liegen und, wie weit man sie auch nach beiden Seiten
verlängere, doch nicht zusammentreffen, der Begriff der Parallelen vollkommen scharf von dem der convergenten Linien gesondert und damit zu-
länglich unterschieden. Ebenso werden die krummen Linien von den
geraden scharf unterschieden, wenn man sie als solche bezeichnet, von
denen kein, wenn auch noch so kleiner Theil gerade ist. Hier also sind
die Erklärungen einfache kategorisch verneinende Urtheile. In andern Fällen,
wo eine Mehrheit von Merkmalen, die sich nicht unter eine gemeinsame
Benennung bringen lassen (wie z. B. die verschiedenen Neigungen sich
treffender Linien unter die Benennung der Convergenz), auszuschliessen ist,
sind sie remotive Urtheile. So kann z. B. die distinguirende Erklärung :
der Malaye ist weder kupferroth, wie der Amerikaner, noch gelb, wie der
Mongole, noch schwarz, wie der Aethiopier, noch weiss, wie der Caucasier,
für ausreichend gelten, wenn es bekannt ist, dass es ausser diesen Haut-
farben der Menschen nur noch eine, die zimmtbraune giebt. Andererseits
würde aber auch die kürzere Erklärung: nur der Malaye ist zimmtbraun,
eine genügende Distinction sein, da sie das Merkmal zimmtbraun dem
Subject beilegt, zugleich aber durch das vorgesetzte „nur“ es als ein demselben ausschliesslich zukommendes bezeichnet. Zur Unterscheidung des
Caucasiers von den übrigen Menschenrassen genügt es, in Bezug auf die
Hautfarbe einfach zu sagen: er ist nicht farbig.

3. Da es bei bloss distinguirenden Erklärungen nur um unterscheidende
Kennzeichen zu thun ist, so müssen diese nicht nothwendig innere und ur-

sprüngliche (constitutive) Merkmale, sondern können auch abgeleitete Eigenschaften des Begriffs sein. So wenig die bekannte Erklärung: Rechtspflichten sind solche Pflichten, die sich erzwingen lassen, als eine genügende Inhaltsbestimmung (Definition) des Begriffs Rechtspflicht gelten kann, so ist sie doch zureichend, um sie durch das bloss äussere Merkmal der Erzwingbarkeit von anderen Pflichten, den Tugendpflichten, zu unterscheiden. Und so wenig in dem Begriffe des Menschen als eines mit Vernunft begabten Thieres sein aufrechter Gang, oder dass er zwei Hände hat, liegt, so können doch diese Kennzeichen sehr wohl gebraucht werden, um ihn naturgeschichtlich von den andern ihm am nächsten stehenden Thieren zu unterscheiden.

§ 116.

Ein Begriff heisst deutlich (*notio perspicua*), wenn sein Inhalt vollständig bekannt ist. Hierzu genügt die Angabe seiner nächsthöheren Gattung (*genus proximum*) und des ihm eigenthümlichen Artunterschiedes (*differentia specifica*). Das conjunctive Urtheil, dessen Subject der zu verdeutlichende Begriff (das *definiendum*), und dessen Prädicat die durch den Artunterschied determinirte nächst höhere Gattung ist, heisst die Definition. Die Deutlichkeit, die sie giebt, ist jedoch an und für sich nur eine relative, durch die Deutlichkeit oder Klarheit der zur Definition verwendeten Begriffe bedingte. Sind diese nicht unmittelbar klar, so fordern sie anderweite Definitionen oder mindestens Erklärungen (im engeren Sinne); und da von den zu diesen benutzten Begriffen wieder dasselbe gilt, so erreicht man absolute Deutlichkeit des zu definirenden Begriffs erst dann, wenn man bis zur höchsten Gattung desselben und einer Reihe einfacher Merkmale, also zu Begriffen gelangt ist, die nur klar gemacht werden können. Substituirt man nun alle diese Bestimmungen successiv in die erste Definition des gegebenen Begriffs, so setzt diese dann denselben aus seiner höchsten Gattung und einer Reihe von Artunterschieden zusammen, wodurch er die grösstmögliche Deutlichkeit erhält.

Das Quadrat z. B. kann zunächst definirt werden als das gleichseitige Rechteck. Das Rechteck aber ist ein rechtwinkliges Viereck; das Viereck eine vierseitige, geradlinige, ebene Figur; die Figur eine begrenzte räumliche Ausdehnung. Daher kann das Quadrat auch definirt werden als das gleichseitige und rechtwinklige Viereck, als die ebene Figur, welche gerad-

linig, vierseitig, gleichseitig und rechtwinklig ist, u. s. f. Es bleibt dabei
aber immer noch übrig, die Begriffe der Ebene, der geraden Linie, der
Zahl vier, der Gleichheit, des rechten Winkels zu definiren oder zu
distinguiren. So fordert die absolute Deutlichkeit ein ganzes System von
Definitionen und Distinctionen.

§ 117.

Bei der Bildung der Definitionen macht es einen wesentlichen Unterschied, ob der zu definirende Begriff ein durch
seine Benennung gegebener oder ein solcher ist, der durch
die Definition selbst erzeugt wird, ein erdachter. Man kann
im ersten Falle die Definition eine analytische, im zweiten
eine synthetische nennen. Beide sind zwar conjunctive Urtheile, aber genau genommen doch von verschiedener Form.
In der analytischen Definition nämlich ist das Prädicat, in der
synthetischen das Subject ein durch den zugehörigen Artunterschied determinirter Gattungsbegriff; jene lautet: S ist A
determinirt durch b; diese: A determinirt durch b heisse P.
In der letzteren ist also das Prädicat nur eine vereinfachende
Bezeichnung des zusammengesetzten Subjects, ein Name, der
es als eine Einheit auffasst, und der an sich zwar völlig willkürlich, am besten aber ein solcher ist, der noch keine durch
den Sprachgebrauch fixirte Bedeutung hat. Dass dabei der
determinirende Artunterschied mit dem Gattungsbegriff nicht
in Widerspruch stehen darf, versteht sich zwar von selbst;
dass aber damit noch nicht die Giltigkeit des erdachten
Begriffs nachgewiesen ist, wird weiter unten näher erörtert
werden.

Alle mathematischen Definitionen, wie sie z. B. Euklid an die Spitze
seiner Elemente stellt (unter denen sich jedoch auch blosse distinguirende
Erklärungen befinden), sind synthetische, wenn gleich nicht selten der
Name, wie in den analytischen, die Subjectsstelle einnimmt. Auch der
Philosophie sind bis in die neueste Zeit herauf eine grosse Menge synthetischer Definitionen zugeführt worden, aber weit mehr zum Nachtheil als
zum Vortheil. Denn abgesehen davon, dass bei diesen erdachten Begriffen
fast immer die bei den mathematischen Begriffen nie fehlende wissenschaftliche Rechtfertigung ihrer Giltigkeit vermisst wird, ohne welche sie
blosse Fictionen bleiben, so ist auch durch den Missbrauch, solche gemachte Begriffe häufig durch Namen zu bezeichnen, die eine durch

den allgemeinen Sprachgebrauch festgestellte Bedeutung haben, zu vielen
Begriffsverwirrungen und Erschleichungen Anlass gegeben worden.

§ 118.

Bietet demnach die Bildung synthetischer Definitionen an
sich keine Schwierigkeiten dar, so verhält es sich dagegen
anders mit den analytischen. Es ist dabei nicht ausreichend,
die Aufmerksamkeit auf das in dem Begriff Gedachte zu richten,
oder dieses durch Vergleichung der den Umfang des Begriffs
bestimmenden Arten desselben gewinnen zu wollen, sondern
sowohl um die Gattung als um die Artunterschiede zu finden,
ist es erforderlich, den zu definirenden Begriff auch mit den
ihm näher oder entfernter verwandten (coordinirten) Begriffen
zu vergleichen und deren gemeinsame und unterscheidende
Merkmale aufzusuchen. Man muss also in sofern aus dem Begriffe herausgehen und sich auf die ihm verwandten Begriffe
besinnen. Wenn nun hierdurch zwar leicht ein Gattungsbegriff
und die hervorstechendsten Artunterschiede gefunden werden,
so hat die vollständige Aufzählung der letzteren und die
dadurch bedingte Bestimmung der nächsthöheren Gattung
um so mehr Schwierigkeit, da dies voraussetzt, dass die Reihe
der verglichenen Begriffe vollständig ist. Das einzige Hilfsmittel, welches hierbei die Logik an die Hand geben kann,
ist, wie weiter unten (§ 125 Anm. 3) gezeigt werden wird, die
Eintheilung des aufgefundenen Gattungsbegriffs, die aber für
absolute Vollständigkeit auch nicht immer Gewähr leistet.
Wo diese nicht erreichbar ist, da ist nur eine approximative
Definition möglich, die dann die Erörterung oder Exposi-
tion des gegebenen Begriffs heisst.

Unter Anderem mag hier Jean Paul's geistreiche und scharfsinnige
Erörterung des Begriffs des Lächerlichen (Vorschule der Aesthetik, I, § 26)
als ein Muster angeführt werden. Eine Menge belehrender Beispiele von
approximativen Definitionen enthalten Plato's Dialogen.

Dass einfache Begriffe, weil nicht analysirbar, auch nicht definirt
werden können, sondern nur einen Namen haben, der sie kennzeichnet,
den man aber von anderen zu unterscheiden wissen muss, hat schon
Plato im Theätet (p. 202) bemerkt. Cicero's Forderung: *omnis, quae a
ratione suscipitur de aliqua re, institutio debet a definitione proficisci,
ut intelligatur, quid sit id de quo disputetur* (*de offic.* I, 3) kann daher

nur als giltig anerkannt werden, wenn man *definitio* als Erklärung im weiteren Sinne nimmt, darunter also auch mit die blosse Distinction versteht. — Im übrigen mag noch bemerkt werden, dass die Deutlichkeit, welche durch die Definition erreicht wird, nie gleichkommen kann derjenigen Deutlichkeit, welche die Partition (§ 14 f.), wo sie anwendbar ist, durch Zerlegung eines zusammengesetzten Objectsbegriffs in seine Theilbegriffe gewährt. Die Verbindungsform der Merkmale ist nämlich für alle, wie sie auch beschaffen sein mögen, dieselbe, die Determination. Bei der Partition dagegen pflegen die speciellen Beziehungen der Theile zu einander, wenn auch nur stillschweigend, mitgedacht zu werden.

§ 119.

Bei der Bildung von Definitionen ist vor mancherlei Fehlern zu warnen. Am häufigsten kommen folgende vor.

1) Man hüte sich, in die Definition Begriffe oder Merkmale aufzunehmen, zu deren Definition der Begriff, welcher definirt werden soll, selbst erforderlich ist. Dieser Fehler heisst die Kreisdefinition (*circulus in definiendo*) oder Diallele (διάλληλος τρόπος, *idem per idem definire*).

2) Die Definition darf nicht nur nicht solche Merkmale aufnehmen, die bloss gewissen Arten des Begriffs, nicht aber ihm selbst zukommen, daher unwesentliche oder zufällige (*accidentia*) heissen, sondern auch von den ihm selbst zukommenden, daher wesentlich (*notae essentiales*) zu nennenden nur die inneren constitutiven, nicht die äusseren, attributiven, aus jenen erst abzuleitenden; denn die Definition soll auch nicht mehr geben, als was zur genauen Inhaltsbestimmung des Begriffs nöthig ist. Ausserdem wird sie zur Beschreibung (*descriptio*), die über das Ziel der Definition hinausschiesst.

3) Die Definition darf kein wesentliches und inneres Merkmal des zu definirenden Begriffs übergehen, da sie dann nicht diesen, sondern eine Gattung desselben erklären würde; aber auch nicht ein Merkmal aufnehmen, das nur einer Art desselben zukommt. Im ersteren Falle heisst die Definition zu weit (*def. latior*), im anderen zu eng (*angustior*). Die richtige Definition heisst dem Begriffe angemessen (*adaequata*). Ihr Kennzeichen ist die reine Umkehrbarkeit des Urtheils, in das sie gefasst ist.

4) Von der Definition sind verneinende Bestimmungen auszuschliessen, da diese nicht besagen, was der Begriff ist, sondern nur, was er nicht ist.

5) Die Definition hat sich dunkler, uneigentlicher, bloss bildlicher Bezeichnungen der Gattungen und Artunterschiede zu enthalten, da die unbestimmte Bedeutung derselben die Schärfe der Begriffsbegrenzung (Präcision) beeinträchtigt.

Beispiele: Zu 1. Die Untersuchungen über den Begriff der Tugend in Plato's Meno (p. 78, 79) führt unter Anderem auch auf die Definition: Tugend sei das Vermögen, das Gute mit Gerechtigkeit zu erwerben; was, da Gerechtigkeit selbst eine Tugend, offenbar eine Kreiserklärung ist und als solche dort auch bezeichnet wird. Zu 2. In eine Beschreibung des Parallelogramms kann ausser dem Parallelismus auch die Gleichheit der gegenüberliegenden Seiten und Winkel aufgenommen werden, in die Definition gehört aber nur die erste dieser Bestimmungen. Zu 3. Definirt man Erkenntnisse als deutliche Vorstellungen, so ist diese Erklärung einerseits zu eng, indem auch schon klare Vorstellungen Erkenntnisse sein können, andererseits zu weit, da man eine deutliche Vorstellung von einem Nichtseinkönnenden, z. B. einer Sirene, haben kann, was aber keine Erkenntniss ist, die einen reellen, nicht bloss imaginären Gegenstand voraussetzt. Wollte man hier einwenden, dass doch die Sirene als phantastische Vorstellung existire, so wäre zu antworten, dass es sich dann nicht um die Erkenntnisse einer Sirene, sondern dessen, was Andere sich unter einer solchen vorstellen, handle, womit allerdings ein wenigstens als Vorstellung reelles Object gegeben ist. Zu 4. Ein Säugethier ist ein Thier, welches keine Eier legt; oder Euklid's „ein Punkt ist, was keine Theile hat", eine Erklärung, die überdies in Ermangelung der Angabe des Gattungsbegriffs zu weit ist. Zu 5. Gott ist ein Kreis, dessen Mittelpunkt überall und dessen Umfang nirgends ist; oder: Tugend ist die Asymptote, der sich die Hyperbel des sittlichen Strebens nur ohne Ende nähern kann, ohne sie im Endlichen zu erreichen.

Auf eine tadelnde Bemerkung Ueberweg's (Syst. d. Log. 1. Aufl. S. 114), der die hier in Nr. 2 des Paragraphs aufgenommene Unterscheidung wesentlicher und unwesentlicher Merkmale „nichtssagend" findet, ist kurz zu entgegnen, dass, wo es sich nur um die analytische Definition eines durch seine allgemein bräuchliche Benennung gegebenen Begriffs handelt, obige Unterscheidung sich vollkommen rechtfertigt und durch keine andere ersetzen lässt. Wir suchen hier nicht „den richtigen Begriff und Namen", sondern den dem gegebenen Namen entsprechenden Begriff. Von wissenschaftlicher Berichtigung des „vulgären Sprachgebrauchs" kann und soll hier noch gar nicht die Rede sein. Im übrigen trifft die obige Unterscheidung zwischen wesentlichen und unwesentlichen Merkmalen mit der aristotelischen zwischen καθ' αὐτό und συμβεβηκός zusammen. Vgl. Zeller, Gesch. d. griech. Philos. 2. Aufl. II. b S 143.

§ 120.

Da die synthetische Definition nur angiebt, welche Bedeutung einem willkürlich gewählten Namen zukommen soll, die analytische aber, welche Bedeutung ein gegebener Name hat, so können beide auch als Namenerklärungen (*definitiones nominales*) bezeichnet werden. Indess liesse es sich wohl auch rechtfertigen, die analytische Erklärung eine Sacherklärung (*definitio realis*) zu nennen, so fern sie an dem durch den Namen gegebenen Object (sei es ein wirkliches oder bloss vorgestelltes) eine sachliche Basis hat. Herkömmlich versteht man jedoch unter einer Sacherklärung oder Realdefinition eine solche Erklärung, aus welcher die Möglichkeit, oder richtiger die Giltigkeit, und in diesem Sinne die Realität eines Begriffs erhellt. Sie bezieht sich daher auf die Bedingungen der Setzung des Begriffs, wie die Nominaldefinition auf seine Beschaffenheit. Wir machen jedoch von dieser Benennung keinen weiteren Gebrauch, sondern werden von den Bedingungen der Giltigkeit der Begriffe unter dem Titel der Deduction handeln (s. § 133 ff.).

Unser deutsches Wort Erklärung trägt den Keim zur Unterscheidung der Nominal- und Realdefinition in sich. Denn erklären bedeutet sowohl, etwas klar und deutlich, als etwas begreiflich machen, d. h. angeben, wodurch ein Gegebenes bedingt ist. Diese letztere Bedeutung bringen wir in Anwendung, wenn wir von der Erklärung der Naturerscheinungen reden, oder allgemeiner das Wesen von der Erscheinung unterscheiden. Hier hat Wesen und wesentlich allerdings eine tiefer greifende Bedeutung als die in dem vorigen Paragraph den wesentlichen Merkmalen eines Begriffs zugestandene, aber deshalb noch nicht eine ausserhalb des Gesichtsfeldes der formalen Logik liegende. Denn wenngleich diese die Untersuchung des Wesens und der Ursachen der Dinge der Metaphysik überlässt, so schliesst sie doch diejenige über den Zusammenhang zwischen Gründen und Folgen, Bedingungen und Bedingtem von ihrem Gebiete nicht aus, und diese formalen Bestimmungen erweisen sich bei näherer Betrachtung als zureichend zu dem Begreifen und Erklären, mit dem Mathematik und Erfahrungswissenschaften sich begnügen.

II. Von den Eintheilungen und Classificationen.

§ 121.

Jede Erkenntniss eines Gegenstandes führt zu einer bald grösseren bald geringeren Vielheit und Mannigfaltigkeit von

Begriffen, die, da die Erfahrung des Erkenntnissobjects nicht immer planmässig fortschreitet, sondern oft auch durch Zufälligkeiten gefördert wird, im allgemeinen anfangs ein verworrenes Aggregat bilden, das weder eine geordnete Uebersicht seiner Bestandtheile gewährt, noch erkennen lässt, ob die Summe der gewonnenen Begriffe über den zu erforschenden Gegenstand noch mangelhaft ist oder nicht. Ordnung lässt sich nun zwar in eine solche Mannigfaltigkeit von Begriffen dadurch bringen, dass man aus ihnen nach ihren gemeinsamen und unterscheidenden Merkmalen Reihen bildet, durch die sie zu einander in die Verhältnisse theils der Beiordnung, theils der Unterordnung treten. Ob aber jede dieser Reihen, ob die Gesammtheit derselben ein vollständiges Ganzes bildet, ob durch die gegebenen und geordneten Begriffe die Erkenntniss des Gegenstandes nach ihrem ganzen Umfange erschöpft wird oder nicht, bleibt zweifelhaft. Um hierüber zur Gewissheit zu gelangen, ist es nöthig, den umgekehrten Weg einzuschlagen, nämlich von dem Begriffe des Ganzen, von dem die gegebenen mannigfaltigen Begriffe nur Theile sein können, auszugehen und durch ein methodisches Verfahren zu untersuchen, welche Theile dieses Ganze überhaupt haben kann, und von welcher Art ihre Gliederung ist. Dies nun ist die nähere Aufgabe der Eintheilungen, durch welche nicht Gattungsbegriffe aus den Arten, sondern umgekehrt diese aus jenen abgeleitet, nämlich der Umfang eines als Gattung betrachteten gegebenen Begriffs vollständig bestimmt werden soll.

Eine Sammlung von Büchern oder Mineralien z. B. kann allerdings aus einem chaotischen Zustand in einen geordneten schon dadurch gebracht werden, dass man den vorhandenen Vorrath durch Vergleichung bzw. der Büchertitel oder der Kennzeichen der Mineralien in Classenabtheilungen und Unterabtheilungen derselben bringt. Ob aber die Bibliothek die gesammte Literatur, das Cabinett das ganze Mineralreich umfasst, oder beide nur Bruchstücke dieser grossen Ganzen sind und daher von ihnen nur einen unvollständigen Begriff geben, geht daraus nicht hervor.

§ 122.

In jeder Eintheilung (*divisio*) unterscheidet man den einzutheilenden Begriff oder das eingetheilte Ganze (*totum divisum*) und die Glieder der Eintheilung (*membra dividentia*).

Jenes bildet das Subject eines divisiven Urtheils (§ 48), dessen
zusammengesetztes Prädicat die Eintheilungsglieder sind, und
das sich, da diese den ganzen Umfang des Subjects darstellen
sollen, rein umkehren lassen muss. Je nachdem der Glieder
zwei, drei oder mehrere sind, nennt man die Eintheilung eine
Dichotomie, Trichotomie oder Polytomie. Genauer
genommen sollte man jedoch die letzteren Benennungen nur
dann gebrauchen, wenn die Eintheilungsglieder auf derselben
Stufe der Unterordnung unter dem eingetheilten Ganzen stehen.
Wie viele Glieder die Eintheilung immer enthalten möge, so
muss jedes derselben immer von allen übrigen ausgeschlossen,
also etwas sein, was jedes der anderen nicht ist, da ausserdem
die Glieder nicht coordinirte Arten darstellen würden. Hinsichtlich ihrer Aufeinanderfolge müssen sie eine geordnete
Reihe (§ 23) bilden.

Die Eintheilungen der Urtheile in bejahende und verneinende, der Ge-
wächse (nach Linné) in Phanerogamen und Kryptogamen geben Beispiele
von Dichotomien: die Eintheilungen der *verba* in *activa, passiva* und
neutra, ebenso die des *genus* in *masculinum, femininum* und *neutrum* sind
Trichotomien. Dagegen ist die Eintheilung der Naturkörper in Mineralien,
Pflanzen und Thiere keine eigentliche Trichotomie; denn Pflanzen und
Thiere sind nur Arten der organischen Körper, denen die Mineralien als
anorganische coordinirt sind. Sie stehen also auf einer tieferen Stufe der
Unterordnung und sind genau genommen nur als eine Untereintheilung
(s. § 125) der organischen Körper anzusehen. Dasselbe gilt von der Eintheilung der Winkel in rechte, spitze und stumpfe, da diese beiden
letzteren nur Arten der schiefen Winkel sind. Es trifft dies jedoch mehr
die Benennung als die Sache selbst, da für den Zweck der Eintheilung es
nicht unbedingt erforderlich ist, dass alle Glieder derselben auf der gleichen
Stufe der Unterordnung unter dem eingetheilten Begriff stehen, wie aus
dem Folgenden deutlich erhellen wird.

§ 123.

Nur wenn der einzutheilende Begriff ein solcher ist, dessen
Inhalt auf seinem Umfang beruht (§ 115, Anm. 1), ist seine
Eintheilung unmittelbar gegeben. Im entgegengesetzten Falle
muss dieselbe erst auf mittelbare Weise (methodisch) gefunden werden. Hierzu dient der Eintheilungsgrund
(*fundamentum divisionis*), der ein wesentliches (inneres oder
äusseres) Merkmal des einzutheilenden Begriffes, und dessen

Eintheilung gegeben sein muss, wobei entweder sein Inhalt auf
seinem Umfang beruhen, oder seine Eintheilung selbst erst
wieder durch einen anderweiten ihm zugehörigen Eintheilungsgrund gefunden sein kann. Offenbar aber müssen sich zuletzt
alle mittelbaren Eintheilungen auf unmittelbar gegebene gründen.
Indem nun durch die Glieder des Eintheilungsgrundes dem
Eintheilungsganzen eine Reihe von (disjuncten) Artunterschieden
zugeführt wird, erhält man, mittels successiver Determination
desselben durch die letzteren, Arten des Ganzen und somit
seine Eintheilungsglieder. Häufig kann man jedoch nicht von dem
ganzen Umfang des Eintheilungsgrundes Gebrauch machen,
indem nur diejenigen Glieder beibehalten werden können, die
sich dem Eintheilungsganzen als Merkmale beilegen lassen.
Man wird daher immer auf kürzestem Wege zum Zwecke gelangen, wenn man den Eintheilungsgrund nicht in seiner Allgemeinheit, sondern in dem beschränkten Sinne zur Anwendung
bringt, der ihm als Merkmal des Eintheilungsganzen zukommt.
— Die Vollständigkeit einer auf diese Weise mittelbar erhaltenen Eintheilung hängt von derjenigen der ihr zu Grunde
liegenden unmittelbaren ab. Man kann sich derselben so viel
als möglich nur dadurch versichern, dass man untersucht, ob
ihre Glieder eine geordnete Reihe ohne Lücken bilden, und
diese Reihe einer Verlängerung fähig ist, wobei es jedoch
immer mehr oder weniger auf ein durch logische Vorschriften
nicht wesentlich zu förderndes freies Nachsinnen ankommen wird.

Aus Vorstehendem erhellt, dass alle Eintheilungen mittelbarer Art
zuletzt durch gewisse auf unmittelbar gegebenen Vorstellungsreihen beruhende Grundeintheilungen bedingt sind, die theils offenbar der
sinnlichen Wahrnehmung entstammen, theils unserem anschaulichen Vorstellen angehören, ohne dass sich über ihren Ursprung eine bloss auf
Thatsachen begründete Behauptung aufstellen lässt. Zu ersteren gehören
z. B. die Reihen der Farben, Töne, der Empfindungen der verschiedenen
Sinne überhaupt, zu den letzteren die Zahlenreihe, die Reihe der Zeit-
bestimmungen, die stetigen Reihen der Richtungen, die Grade des Inten-
siven, zu denen auch die der Geschwindigkeiten der Bewegungen oder
allgemeiner der stetigen Veränderungen zu rechnen sind, und unzählige
Combinationen dieser und anderer Reihenformen, die man im allgemeinen
als mathematische bezeichnen kann. — Ob alle Glieder einer solchen
Reihe, oder nur ein Theil derselben zur Eintheilung eines Begriffs brauchbar ist, hängt von der Beschaffenheit seines Objects ab. Rosen lassen

sich eintheilen nach ihren Farben, aber nur einige Farben können zur Anwendung kommen. Dasselbe gilt von der Eintheilung der Menschenrassen nach der Hautfarbe. Im Linné'schen Pflanzensystem werden die Phanerogamen nach der Zahl ihrer Staubgefässe eingetheilt; aber die Zahlenreihe ist hier nicht nur begrenzt, sondern auch unterbrochen, indem sie z. B. zwar von 1 bis 10 continuirlich fortläuft, dann aber auf 12 überspringt.

§ 124.

Aus der Erklärung des Eintheilungsgrundes folgt von selbst, dass ein und derselbe Begriff deren mehrere haben kann, indem jedes innere oder äussere Merkmal, vorausgesetzt dass seine Eintheilung bekannt ist, sich zum Eintheilungsgrund wählen lässt. Sind diese Eintheilungsgründe von einander unabhängig (disparate Merkmale des einzutheilenden Begriffs), so ergeben sie Nebeneintheilungen (*codivisiones*). Hieraus geht aber weiter hervor, dass durch einen Eintheilungsgrund unter mehreren gleichzulässigen nicht der Umfang des Ganzen erschöpft werden kann, worauf wir später (§ 127) zurückkommen. Für sehr viele Zwecke kann jedoch schon eine solche theilweise Kenntniss des Umfangs genügen; alsdann wird der Zweck die Wahl des Eintheilungsgrundes bestimmen. Im allgemeinen lässt sich die Regel aufstellen, dass ein eigenthümliches Merkmal als Eintheilungsgrund eines Begriffes einem ihm mit anderen gemeinsamen vorzuziehen ist, indem nur im ersteren Falle charakteristische Arten des Eintheilungsganzen erhalten werden, Gemeinbegriffe (*communes notiones*) dagegen meistens nur zu flachen, das Wesentliche und Eigenthümliche nicht treffenden Artbestimmungen führen.

Man kann z. B. die Bevölkerung eines Landes eintheilen nach den Geschlechtern, Lebensaltern, Abstammungen, Erwerbsquellen, Religionsbekenntnissen u. s. f.; die Pflanzen nach ihren Geschlechtstheilen oder ihren Hauptorganen; die Mineralien nach ihren äusseren Kennzeichen überhaupt, oder insbesondere nach ihren Krystallformen, oder nach ihrer chemischen Zusammensetzung; die Urtheile, wie wir sahen, nach ihrer Qualität, Quantität, Relation und Modalität u. s. w. — Dass Eintheilungen nach einem vorherbestimmten allgemeinen Fachwerke, z. B. den Kant'schen Kategorien, Fichte'schen oder Hegel'schen Trichotomien, sehr häufig den Gegenständen Gewalt anthun, indem sie dieselben entweder in zu enge Formen pressen oder ihnen Eintheilungsglieder aufnöthigen, zu denen der Stoff nicht vorhanden ist, kann jetzt als eine nicht nur bekannte, sondern auch anerkannte Erfahrung angesehen werden. Eine natürliche und angemessene Eintheilung muss aus der logischen Betrachtung des einzutheilenden Begriffes selbst in seiner charakteristischen Eigenthümlichkeit hervorgehen; diese Betrachtung und der Zweck der Eintheilung müssen die Kategorien bestimmen, die tauglich erscheinen, um zu Eintheilungsgründen gewählt zu werden.

§ 125.

Allgemein genommen kann jedes Glied einer Eintheilung selbst wieder eingetheilt werden. Hierdurch entstehen Untereintheilungen (*subdivisiones*). Es ist aber durchaus nicht nothwendig, dass, wenn für ein Glied einer Eintheilung eine weitere Untereintheilung sich darbietet, dann auch die übrigen eine solche haben müssen; denn die Mannigfaltigkeit des unter Einem Gliede Enthaltenen kann grösser und daher der Sonderung in Unterarten bedürftiger sein als das andere. Noch viel weniger aber ist eine Nothwendigkeit vorhanden, vermöge welcher coordinirte Eintheilungsglieder Untereintheilungen von gleich vielen Gliedern haben müssten. Die sehr verbreitete Vorliebe für symmetrische, strahlenförmig vom Eintheilungsganzen auslaufende Eintheilungen und Untereintheilungen ist daher ein völlig unbegründetes Vorurtheil. Nichts Besseres lässt sich von der Bevorzugung der Dichotomien oder Trichotomien vor den Polytomien sagen, wiewohl sich von den ersteren wenigstens das rühmen lässt, dass sie häufig zur Prüfung der Lückenlosigkeit und Vollständigkeit vielgliedriger Eintheilungen benutzt werden können.

1. Als ein leichtfassliches Beispiel eines Systems von dichotomischen Eintheilungen kann die frühere Zerlegung des Thierreichs in sechs Classen benutzt werden. Die Scheidung derselben beruht nämlich (nach Blumenbach) auf folgenden successiven Eintheilungen und Untereintheilungen. Die Thiere sind entweder lebendige Junge gebärende (Säugethiere, Cl. I), oder eierlegende; die letzteren theils rothblütige, theils weissblütige; die rothblütigen theils warmblütige (Vögel, Cl. II), theils kaltblütige; diese theils solche, die durch Lungen athmen (Amphibien, Cl. III), theils solche, die nicht durch Lungen, sondern durch Kiemen athmen (Fische, Cl. IV). Die weissblütigen endlich sind theils mit „eingelenkten" Bewegungswerkzeugen versehen (Insecten, Cl. V), theils ohne solche (Gewürme, Cl. VI). Die nicht zur Unterscheidung unmittelbar nothwendigen Merkmale sind

hierbei übergangen. — Ein anderes, ebenso leicht verständliches Beispiel, in dem aber Dichotomien und Polytomien vorkommen, bietet Cramer's Eintheilung der Linien dritter Ordnung in neun Classen dar (*analyse des lignes courbes* § 157, vgl. Klügel's mathem. Wörterbuch III. S. 248). Diese Linien laufen nämlich theils in sich zurück (Cl. I), theils haben sie unendliche Zweige; und zwar deren entweder 2, oder 4, oder 6, oder 8. Ferner sind die Zweige in der Zahl 2 entweder parabolische (Cl. II), oder hyperbolische (Cl. III); die in der Zahl 4 entweder sämmtlich parabolische (Cl. IV), oder zwei von ihnen parabolisch, die andern zwei hyperbolisch (Cl. V), oder alle vier hyperbolisch (Cl. VI); ferner sind von denen in der Zahl 6 entweder 2 parabolisch und 4 hyperbolisch (Cl. VII), oder alle 6 hyperbolisch (Cl. VIII). Haben endlich die Linien 8 Zweige, so sind diese sämmtlich hyperbolisch (Cl. IX). Es haben also hier die doppelzweigigen und sechszweigigen Linien nur zwei, die vierzweigigen aber drei Arten.

2. Hinsichtlich des Zweckes der Eintheilungen und des Maasses, das in den Untereintheilungen zu halten ist, sagt Seneca treffend (*Epist.* 89): *Quicquid in majus crevit, facilius agnoscitur, si discessit in partes, quas vero innumerabiles esse et minimas non oportet. Idem enim vitii habet nimia quod nulla divisio. Simile confuso est, quidquid usque in pulverem sectum est.* Trichotomien kommen deshalb häufig vor, weil viele Begriffsreihen nur dreigliedrig sind, nämlich entweder aus zwei Extremen und einem Mittleren bestehen, das beide Extreme ausschliesst und den Uebergang von einem zum andern bezeichnet, z. B. löblich, gleichgiltig, schändlich; heiss, lau, kalt; grösser, gleich, kleiner; männlich, geschlechtslos, weiblich; nichtsein, entstehen, dasein; dasein, vergehen, nichtmehrsein, u. s. f.; oder wo das mittlere ein theilbarer Begriff ist, dessen Theilen entgegengesetzte Prädicate zukommen, wie theilweise Schuld zwischen voller Schuld und Unschuld, theilweises Lob zwischen Lob und Tadel schlechthin, das Mittlere also, als ein Ganzes gefasst, ohne Widerspruch entgegengesetzte Bestimmungen vereinigt. — Die Prüfung jeder Polytomie durch Dichotomien geschieht dadurch, dass, wenn man vom ersten Gliede *A* ausgeht, zuvörderst alle übrigen zusammengenommen das contradictorische Gegentheil desselben, *Non-A* (§ 65) darstellen müssen. Das zweite Glied *B* so wie alle folgenden *C, D* . . . müssen dann als Arten dieses *Non-B* erkennbar sein, und unter ihnen wieder *C, D* . . . zusammengenommen das contradictorische ·Gegentheil von *B*, also *Non-B* bilden, unter dem dann *C* die erste Stelle einnimmt u. s. f. So stellt sich dann *B* nur als *Non-A*, *C* als *Non-A*, das zugleich *Non-B*, *D* zugleich als *Non-A*, *Non-B* und *Non-C* dar u. s. f., und versichert man sich hierdurch, dass alle Glieder der Reihe einander ausschliessen. Die Ausfüllung jeder solchen, durch blosse Negation eines vorangehenden Gliedes erhaltenen Sphäre durch eine positive Bestimmung bleibt hierbei aber dem freien Nachsinnen überlassen, welches allein auch finden kann, wo die Reihe zu Ende läuft, eine Entscheidung, die, je nach der Reichhaltigkeit und Uebersehbarkeit des Materials bald leichter, bald schwieriger ist.

Hier ist nun auch der Ort, der in § 118 erwähnten, zuerst von Plato angegebenen Benutzung der Eintheilung bei der Bildung von Definitionen zu gedenken. Sie besteht darin, dass man sich zuvörderst auf den Gattungsbegriff des Definiendum besinnt, dann für diesen eine Eintheilung findet und aus dieser dasjenige Glied auswählt, dem das Definiendum untergeordnet ist, dieses Glied abermals eintheilt, und das Definiendum wieder einem Gliede dieser neuen Eintheilung unterordnet, und so fort, bis kein Stoff zu einer weiteren Untereintheilung mehr vorhanden ist. Jedes der Eintheilungsglieder, dem das Definiendum untergeordnet wurde, giebt dann ein wesentliches Merkmal desselben, so dass die fortgesetzte Eintheilung es in immer engere Grenzen einschliesst. Auf diese Weise gelangt Plato im Sophist (S. 219 f.) zu einer Definition der Kunst des Angelfischers (ἀσπαλιευτής). Alle Kunst — so lautet ungefähr seine Betrachtung — ist entweder erwerbende oder hervorbringende. Der Angelfischer betreibt aber eine erwerbende. Die Erwerbung aber geschieht entweder durch friedliche Aneignung oder durch Bezwingung. Nur die letztere kommt beim Angelfischer in Betracht. Bezwingung ist weiter theils heimliche durch Nachstellung, theils offenbar durch Kampf. Der Angelfischer übt die erstere aus. Sie geht aber theils auf Lebloses, theils auf Lebendiges, die Thiere. Der Angelfischer stellt aber nur Thieren nach. Diese Nachstellung kann ferner theils Land- theils Wasserthiere betreffen. Nur die letztere gehört hierher. Die Wasserthiere sind aber theils Vögel, theils Fische, welchen letzteren allein der Angelfischer nachstellt. Der Fischfang geschieht ferner theils durch Gehege (Reussen, Netze u. s. w.), theils durch Verwundung. Nur auf die letztere Art fängt der Angelfischer. Diese Art des Fischfangs wird weiter theils bei Nacht, theils bei Tage betrieben; vom Angelfischer nur bei Tage. Der Fang bei Tage durch Verwundung geschieht aber endlich entweder durch Stoss von Oben nach Unten, wie bei dem Gebrauch der Harpune, oder durch Zug von Unten nach Oben, wie beim Gebrauch des Angelhakens, den der Angelfischer allein anwendet. Hiernach ist nun die Angelfischerei eine erwerbende, bezwingende Kunst, welche Thieren nachstellt, die im Wasser leben, und zwar Fischen, durch Verwundung, die sich bei Tage, mittels des von Unten nach Oben gezogenen Angelhakens vollzieht.

§. 126.

Wenn der Zweck einer Eintheilung die Berücksichtigung mehrerer von einander unabhängigen Eintheilungsgründe erheischt, und also Nebeneintheilungen (§ 124) entstehen, so wird der Umfang des Begriffsganzen weder durch eine derselben vorzugsweise, noch durch die aggregatförmige Nebeneinanderstellung aller genügend bestimmt, sondern es ist eine Verbindung derselben erforderlich. Diese Verbindung bildet sich dadurch, dass der dem ersten Eintheilungsgrund zunächst folgende zum Eintheilungsgrund jedes Gliedes der ersten Eintheilung gemacht, und somit für jedes derselben eine Untereintheilung von gleich vielen Gliedern erhalten wird. Auf jedes dieser Glieder wird sodann ebenso der dritte Eintheilungsgrund angewendet u. s. f. Hierdurch erhält man auf verschiedenen Stufen der Unterordnung Arten und Unterarten des einzutheilenden Ganzen; in den Arten der niedrigsten Ordnung aber finden sämmtliche nebeneinander bestehende Eintheilungsgründe gleichmässige Berücksichtigung, und diese Arten stellen dann die ganze Mannigfaltigkeit des im Umfange des Hauptbegriffs Enthaltenen in geordneter Weise dar. Eine solche Zusammenstellung einander unter- und beigeordneter Begriffe heisst eine Classification, da durch dieselbe ein mannigfaltiger Stoff in Classen gebracht wird, welche — die Vollständigkeit der Nebeneintheilung und ihrer Glieder vorausgesetzt — ein geschlossenes Ganze, ein System bilden.

Die hier beschriebene Bildungsweise einer Classification ist ganz dieselbe, welche bei der Multiplication in Anwendung kommt. Gesetzt, der erste Eintheilungsgrund gebe die Glieder A und B, der zweite a, b, c; der dritte a, β, γ; so erhält man die sämmtlichen niedrigsten Arten durch Entwickelung des Products.

$$(A + B)(a + b + c)(a + \beta + \gamma).$$

Dies giebt als Arten der ersten Ordnung

A und B;

als Arten der zweiten Ordnung

Aa, Ab, Ac; Ba, Bb, Bc;

als Arten der dritten Ordnung

Aaa, $Aa\beta$, $Aa\gamma$; Aba, $Ab\beta$; $Ab\gamma$; Aca, $Ac\beta$, $Ac\gamma$;
Baa, $Ba\beta$, $Ba\gamma$; Bba, $Bb\beta$, $Bb\gamma$; Bca, $Bc\beta$, $Bc\gamma$.

Ein Beispiel zu diesem Verfahren liegt schon in der § 63 gegebenen Classification der Urtheile vor. Ein anderes wäre folgendes. Die Bevölkerung eines europäischen Landes ist theils männlichen (A), theils weiblichen Geschlechts (B). Sie besteht theils aus Kindern (a), theils aus Erwachsenen, die wiederum entweder noch unverheirathet (b) oder verheirathet (c) oder verwittwet sind (d). Sie besteht ferner theils aus Landbewohnern (a), theils aus Städtern (β). Sie bekennt sich theils zum protestantischen ($\mathfrak{A}$), theils zum katholischen ($\mathfrak{B}$), theils zum griechischen ($\mathfrak{C}$), theils zum mosaischen Glauben ($\mathfrak{D}$). Sie ist endlich theils von germanischer ($\mathfrak{a}$), theils von romanischer ($\mathfrak{b}$), theils von slavischer Abkunft ($\mathfrak{c}$). Hier wird die Classification durch Entwickelung des Products

$$(A + B)(a + b + c + d)(a + \beta)(\mathfrak{A} + \mathfrak{B} + \mathfrak{C} + \mathfrak{D})(\mathfrak{a} + \mathfrak{b} + \mathfrak{c})$$

erhalten und giebt 2 Arten der ersten, $2 \cdot 4 = 8$ Arten der zweiten, $2 \cdot 4 \cdot 2 = 16$ der dritten, $2 \cdot 4 \cdot 2 \cdot 4 = 64$ der vierten, endlich $2 \cdot 4 \cdot 2 \cdot 4 \cdot 3 = 192$ Arten der fünften Ordnung. Es leuchtet nämlich von selbst ein, dass die Anzahl der niedrigsten Art jederzeit gleich dem Product aus den Zahlen ist, welche angeben; wieviel jede der verschiedenen Nebeneintheilungen Glieder hat. — Was die Anordnung der Eintheilungsgründe betrifft, so gewinnt die Classification an Uebersichtlichkeit, wenn diejenigen voranstehen, welche die geringere Zahl von Gliedern haben; doch kann der materielle Inhalt in vielen Fällen dies verbieten, indem dadurch oft zusammengehörige Merkmale auseinandergerissen werden würden.

§ 127.

Obwohl von den Definitionen sowohl als Divisionen die bereits oben (§ 15) erklärten Partitionen gänzlich verschieden sind, so stehen sie doch hinsichtlich ihres systematischen Gebrauchs zu beiden in einem verwandtschaftlichen Verhältniss. Einerseits nämlich gewinnt offenbar ein Begriff, dessen Object aus Theilen besteht, durch Hervorhebung dieser Theile und Bestimmung ihrer Begriffe (also durch Partition, verbunden mit Definitionen) an Deutlichkeit. Andererseits ergiebt sich, wenn eine Vielheit von Begriffen zusammengesetzter Objecte gegeben ist, die sich als Verbindungen einer grösseren oder kleineren Zahl der Grundbestandtheile (Elemente) ausweisen und daher der Partition zugänglich sind, eine eigenthümliche Classification, welche man die combinatorische nennen kann. Bildet man nämlich aus jenen Elementen Verbindungen (mit oder ohne Wiederholung) zu zweien, dreien u. s. f., so erhält man Classen aller möglichen niedrigeren und höheren Zusammensetzungen derselben, unter denen die wirklich gegebenen enthalten sein müssen, und durch welche diese letzteren eine systematische Anordnung erhalten.

Ein einfaches Beispiel für die combinatorische Classification, in dem nicht bloss die Zahl, sondern auch die Ordnung der Elemente in Betracht kommt, bietet die antike Metrik in der systematisch vollständigen Bestimmung aller möglichen Formen der Versfüsse dar. Ist die Zahl der in einem Versfuss enthaltenen Sylben $= m$, und zwar die der langen $= n$, daher die der kurzen $= m-n$, so bestimmt allgemein die Zahl der Versetzungen dieser m Sylben die Zahl der möglichen Formen eines m-sylbigen Versfusses. Sie ist daher nach den bekannten Regeln der Combinationslehre

$$\frac{1 \cdot 2 \ldots m}{1 \cdot 2 \ldots n \cdot 1 \cdot 2 \ldots (m-n)} = \frac{m\,(m-1) \ldots (m-n+1)}{2 \quad 1 \qquad \ldots \quad n}$$

also der *n*te Binomialcoefficient der *m*ten Potenz. Setzt man nun successiv *n* = *m*, *m*—1, *m*—2, ... 2, 1, so erhält man der Reihe nach die Zahlen derjenigen *m*-sylbigen Versfüsse, die aus *m* langen, *m*—1 langen und einer kurzen, *m*-2 langen und zwei kurzen u. s. f., endlich aus einer langen und *m*-1 kurzen Sylben bestehen. Fügt man noch denjenigen Versfuss hinzu, der aus *m* kurzen Sylben besteht, so ist die Summe aller Arten von *m*-sylbigen Versfüssen, oder derer, welche die *m*te Classe bilden,

$$1 + \frac{m}{1} + \frac{m\,(m-1)}{1\,.\,2} + \ldots + \frac{m}{1} + 1 = 2^m.$$

Es sind daher die Zahlen der möglichen Versfüsse aus 2, 3, 4, 5, 6 Sylben der Reihe nach 4, 8, 16, 32, 64. Alle diese Combinationen hat die antike Metrik angewendet und benannt. In der That sind der zwei-sylbigen Versfüsse vier, nämlich: der Spondeus – –, der Trochäus –◡, der Jambus ◡ – und der Pyrrhychius ◡◡.

Der dreisylbigen giebt es acht, nämlich:
Molossus – – – ;
Bacchius – –◡, Amphimacer –◡–, Antibacchius ◡– – ;
Dactylus –◡◡, Amphibrachys ◡–◡, Anapäst ◡◡–;
Tribrachys ◡◡◡.

Der viersylbigen sind folgende sechzehn:
Dispondeus – – – –,
die vier Epitrite – – –◡, – –◡–, –◡– –, ◡– – –;
Jonicus a majori – –◡◡, Ditrochäus –◡–◡, Choriambus –◡◡–, Antispastus ◡– –◡, Dijambus ◡–◡–, *Jonicus a minori* ◡◡– –;
die vier Päonen –◡◡◡, ◡–◡◡, ◡◡–◡, ◡◡◡–;
der Proceleusmaticus ◡◡◡◡.

u. s. f.

Einen ausgedehnten Gebrauch von der combinatorischen Classification macht die Chemie in ihren binären, ternären und quaternären Verbindungen der einfachen Grundstoffe und den bestimmten Zahlenverhältnissen, nach welchen die Atome an ihnen Antheil nehmen (Combinationen mit Wiederholung). Bergmann, Fourcroy und besonders Berzelius haben diese combinatorische Classification zur Begründung eines auf chemischen Principien ruhenden Mineralsystems benutzt. Aber auch in den krystallographischen und gemischten Systemen von Mohs, Weiss, Naumann, Rose u. A., so wie in den natürlichen Systemen der Pflanzen- und Thierorganismen, spielt diese Classificationsweise, in Verbindung mit der rein logischen, eine wichtige Rolle. — Ueber die Beziehungen der Combinationslehre zur Logik überhaupt (von denen auch der Anhang dieser Schrift einige Proben giebt) verdient Christ. Aug. Semler's „Versuch über die combinatorische Methode, ein Beitrag zur angewandten Logik und Methodik. 2. Ausg. Dresden 1822" nachgelesen zu werden.

§ 128.

Theils auf den Definitionen, theils auf den Divisionen und Partitionen, theils auf dem Verhältniss der Bedingung zum Bedingten und den demselben untergeordneten Verhältnissen des Grundes zur Folge, der Ursache zur Wirkung, der Mittel zum Zweck beruht die unter dem Namen der Disposition bekannte Zerlegung und Anordnung irgend eines durch Denken zu beleuchtenden Erkenntnissstoffes, der, durch Schrift oder Rede Anderen mitgetheilt, ein Gegenstand ihrer Ueberzeugung werden soll. Bald kommen in einer Disposition alle, bald nur einige der erwähnten Formen in Anwendung; häufig hat auf dieselbe auch die Lehre von den Beweisen Einfluss. Allgemeingiltige logische Vorschriften über die Form der Dispositionen lassen sich aber nicht geben.

Will man die Lehre von der Disposition specieller behandeln, so ist der Ort dazu in der Rhetorik, insondere der Topik; für die geistliche Redekunst insbesondere geschieht dies in der Homiletik. Allgemeine Vorschriften, wie sie z. B. ehemals die Form der Aphthonianischen Chrie befolgt wissen wollte, führen auch hier zu einer steifen, leistenmässigen, geistlosen Behandlung.

III. Von den Beweisen und Deductionen.

§ 129.

Schon in § 57 ist zwischen unmittelbar und mittelbar giltigen Urtheilen unterschieden und von den letzteren ausgesagt worden, dass sie der Begründung durch Folgerungen und Schlüsse bedürfen. Unmittelbar gewisse, der Begründung weder fähige noch bedürftige Urtheile heissen Grundsätze (*axiomata*). Sie beruhen auf einfachen, daher nicht weiter abzuleitenden Beziehungen zwischen den in ihnen enthaltenen Begriffen. Mittelbar gewisse allgemeine Urtheile dagegen heissen Lehrsätze (*theoremata*). Ihre Begründung erfolgt durch den Beweis (*demonstratio*), der, je nachdem er mehr oder weniger zusammengesetzt ist, aus einem Schluss, einer Schlusskette oder einer Verzweigung (einem System) von Schlussketten besteht, deren letzter Schlusssatz der Lehrsatz sein muss, deren Prämissen aber theils Grundsätze, theils Definitionen, theils bereits erwiesene Lehrsätze sein können, welche Sätze zusammengenommen die Beweisgründe (*argumenta*) des Lehrsatzes heissen. Da jedoch die zu Hülfe gezogenen Lehrsätze selbst eines Beweises bedürfen, so können sie als nächste Beweisgründe gelten; als letzte aller Lehrsätze aber sind nur Definitionen und Axiome anzusehen. Demgemäss ist auch eine doppelte Form des Beweises zu unterscheiden, eine entwickelte, in welcher alle Prämissen seiner Schlussketten nur Definitionen und Axiome sind, und eine abgekürzte, in der unter den Prämissen als bewiesen vorausgesetzte Lehrsätze sich befinden. Die Anwendung dieser letzteren Form bedingt eine bestimmte Ordnung der Lehrsätze in ihrer Aufeinanderfolge, indem offenbar unter den Beweisgründen eines jeden derselben nur solche Sätze sein dürfen, die zuvor, also unabhängig von dem durch sie zu Erweisenden begründet sein müssen. Eine solche Anordnung einander begründender Lehrsätze kann man systematisch nennen. — Unmittelbare Folgerungen aus erwiesenen Lehrsätzen heissen Zusätze (*corollaria*).

Die allgemeinsten Grundsätze, die es giebt, sind die logischen; denn durch sie ist jede Art von mittelbarer Erkentniss bedingt, da auf ihnen die richtigen Formen des Denkens im Urtheilen, Folgern und Schliessen beruhen. Sie kommen daher in allen rationalen und rationalempirischen Wissenschaften zur Anwendung. Jede dieser letzteren hat aber, wie dies die verschiedenen Zweige der reinen und angewandten Mathematik am besten bezeugen, wieder ihre eigenthümlichen, von der Natur ihres besondern Gegenstandes abhängigen Axiome, denen einfache Beziehungen zu Grunde liegen, und die daher synthetische Urtheile sind. Es gehört zur formalen Vollkommenheit dieser Wissenschaften, sie auf eine möglichst geringe Zahl von Axiomen zurückzuführen. Wenn Leibniz öfter hierauf dringt, so ist er völlig im Rechte. Wenn er aber meint, dass alle Axiome auf identische Sätze und Definitionen sich zurückführen lassen müssten (vgl. z. B. *opp. philos. ed. Erdmann* p. 81 und p. 364), so ist dies ein durch Kant's Nachweisung synthetischer Urtheile *a priori* aufgedeckter Irrthum. Wie schwer es übrigens ist, selbst in sehr durchbildeten demonstrativen Wissenschaften, die ersten und einfachsten Beziehungen aufzufinden, die allein berechtigt sind in Axiomen ausgesprochen zu werden, zeigen u. A. die zahlreichen Versuche, das bekannte 11. Axiom Euklids durch ein einfacheres zu ersetzen.

Zur Erläuterung des Baues des Beweises findet sich im Anhange unter III. 1. die ausführliche Zergliederung eines geometrischen Elementarsatzes, welche aber nur eine schwache Probe von den verwickelten und doch vollkommen geordneten Verzweigungen der Schlussketten giebt, die, wie endlose durcheinander geflochtene Fäden, das feste Gewebe der Mathematik bilden. — Man hat dem Euklides häufig Mangel an systematischer Ordnung zum Vorwurf gemacht. Dies ist insofern begründet, als bei ihm selbst eine Zusammenstellung der gleichartigen Objecte der geometrischen Betrachtung, viel mehr noch eine nach logischen Eintheilungen geordnete Folge derselben vermisst wird, und in dieser Hinsicht seine Elemente kein Muster von logischer Anordnung der Begriffe sind, sondern diese oft sehr durch einander geworfen erscheinen. Dagegen sind sie hinsichtlich der Anordnung der Lehrsätze in Beziehung auf ihre Begründung durch Beweise im Ganzen genommen immer noch ein unübertroffenes Meisterwerk; denn jeder Satz steht da, wo die Prämissen zu einem strengen Beweise vollständig gegeben sind.

§ 130.

Der Beweis kann entweder von dem Inhalt oder von dem Umfang des Subjects des zu erweisenden Satzes ausgehen. Im ersteren Falle ordnet er den Subjectsinhalt einem allgemeineren Begriffe unter und trägt dessen schon bekannte Eigenschaften auf ihn über. Der Beweis schliesst hier also vom Allgemeinen auf das Besondere und heisst dann ein deductiver. Im anderen Falle steigt der Beweis in den Umfang des Subjects herab und zeigt, dass jeder Art desselben und damit dem Subject nach seinem ganzen Umfang das zu erweisende Prädicat zukommt; dann heisst er ein deductiver, da der Lehrsatz durch einen inductiven Schluss begründet wird. Der Beweis kann ein rein inductiver genannt werden, wenn die Nachweisung, dass das Prädicat jeder Art des Subjects zukommt, keiner weiteren Vermittelung bedarf; ein gemischter dagegen, wenn dazu besondere deductive Beweise erforderlich sind. Der inductive Beweis in dem hier bezeichneten Sinne setzt voraus, dass der Umfang des Subjects vollständig bekannt ist.

Zur Erläuterung des deductiven Beweises insbesondere dient der im Anhange zergliederte Beweis des Satzes, dass Parallelogramme, die zwischen denselben Parallelen enthalten sind und eine gemeinsame Grundlinie haben, gleich sind. Es wird nämlich darin nachgewiesen, dass jene Parallelogramme die Reste sind, welche gleiche Flächen von anderen gleichen Flächen hinweggenommen übrig lassen. Solchen Resten kommt aber allgemein Gleichheit zu, die hierdurch also auf die subsumirten Parallelogramme übergetragen wird. — Als Beispiel eines rein inductiven Beweises kann der des Satzes dienen, dass alle alten Planeten sich um ihre Axen drehen. Die einfache Beobachtung von periodisch wiederkehrenden Flecken auf der Oberfläche hat nämlich sowohl am Merkur als an der Venus, dem Mars, Jupiter und Saturn diese Rotation direct nachgewiesen; und diese Planeten erfüllen den ganzen Umfang des Begriffs „alter Planet". — Die Mathematik bedient sich häufig der gemischten Beweisart, bei welcher die Grundlage inductiv, die Nachweisung der Giltigkeit des Lehrsatzes für die einzelnen Glieder der Induction aber deductiv ist. Hierher gehören z. B. die Sätze Euklid's I, 26; III, 20; 25; 35 u. a.; ferner solche Sätze, die für commensurable und incommensurable Verhältnisse, für ganze und gebrochene, positive und negative, rationale und irrationale Werthe bewiesen werden müssen, wie z. B. der binomische und Moivresche Lehrsatz. Die Induction, von der hier die Rede, ist die vollständige und muss von der unvollständigen, auf welche wir später (§ 148) kommen, unterschieden werden. Was man in der Mathematik gewöhnlich Beweise durch Induction nennt, wo durch Aufsteigen von einfachen Fällen zu zusammengesetzteren und Vergleichung ihrer Ergebnisse ein allgemeines Gesetz errathen wird, gehört ebenfalls zur unvollständigen Induction. Die Verbindung der inductiven mit der deductiven Beweisführung ist zwar weitschweifiger als die rein deductive, gewährt aber, da sie auf die besonderen Fälle eingeht, oft eine grössere Deutlichkeit. So ist z. B. der Beweis des binomischen Lehrsatzes durch den Taylor'schen oder sonst durch Anwendung der Differentialrechnung äusserst kurz, aber der elementare Beweis durch besondere Betrachtung der verschiedenen Arten von Werthen des Exponenten belehrender.

§ 131.

Die Beweise von der bisher dargelegten Form, sei sie deductiv oder inductiv oder beides zugleich, haben dies mit einander gemein, dass sie die Giltigkeit des zu Erweisenden aus giltigen Beweisgründen abzuleiten suchen. Dieser Beweisart, welche, weil sie auf geradem Wege (*directe*) vom unmittelbar zum mittelbar Gewissen fortschreitet, die directe heisst, steht die indirecte oder apagogische Beweisart (*deductio ad absurdum*) gegenüber, welche die nothwendige Giltigkeit des zu erweisenden Satzes aus der unmöglichen Giltigkeit seines contradictorischen Gegentheils ableitet. Sie zeigt nämlich durch Schlüsse, wie der deductive Beweis, dass die Annahme des Gegentheils zu einer Folge führt, die entweder mit dem Subject des Satzes (der Voraussetzung), oder mit Axiomen, oder mit bereits erwiesenen Sätzen in Widerspruch steht und daher ungiltig sein muss. Sie schliesst hierauf *modo tollente* von der Ungiltigkeit der Folge auf die Ungiltigkeit ihrer Bedingung (§ 98), also der Annahme des Gegentheils vom zu Erweisenden, und folgert aus dieser *ad contradictoriam* (§ 74) die Giltigkeit des letzteren. Diese Beweisart gelangt daher auf einem Umwege (*indirecte*) zum Ziel. Sie hat mit der inductiven dies gemein, dass auch sie eine vollständige Eintheilung fordert, indem sämmtliche Fälle der angenommenen gegentheiligen Behauptung bekannt sein müssen, weil sonst die Folgerung *ad contradictoriam* nicht anwendbar ist. — Die indirecte und die rein inductive Beweisart haben geringere Beweiskraft (*vis probandi*) als die deductive; denn diese giebt affirmative, die indirecte nur negative Beweisgründe, die jedoch in beiden Fällen allgemeine sind. Die rein inductive Beweisart endlich hat zum Beweisgrund nur die unmittelbare Giltigkeit des Behaupteten für die Gesammtheit des dem Allgemeinen untergeordneten Besonderen. Man kann daher sagen, dass der directe deductive Beweis zeigt, warum (διότι) die Behauptung richtig ist; der indirecte, warum sie nicht unrichtig sein kann; der directe rein inductive, dass (ὅτι), aber nicht warum sie richtig ist.

Beispiele von indirecten Beweisen giebt die Geometrie in Menge, z. B. im Euklid I, 6; 14; 19. In den beiden ersteren Sätzen steht die aus der Annahme des Gegentheils gezogene Folge mit einem Grundsatze, in dem dritten mit der Voraussetzung des Lehrsatzes in Widerspruch. Häufig kommt diese Beweisart bei der Umkehrung allgemein bejahender Sätze vor. Im Anhang III. 2 ist ein von F. C. Hauber gefundener Satz mitgetheilt, welcher zeigt, unter welchen Bedingungen solche indirecte Beweise der umgekehrten Sätze entbehrlich sind, und die Umkehrung überhaupt eines Beweises nicht bedarf.

Der in § 103 Anm. erwähnte ontologische Beweis für das Dasein Gottes ist ein apagogischer. Er definirt nämlich zunächst Gott als *id, quo majus cogitari non potest*, und behauptet, dass vermöge dieser Definition Gott nicht eine blosse Vorstellung sein (*in solo intellectu esse*) könne, sondern er zugleich auch wirklich sein (*in re esse*) müsse. Denn, so schliesst er, angenommen das Gegentheil — wäre also Gott eine blosse Vorstellung — so liesse sich etwas denken, *quod majus esset*, nämlich das, was nicht blosse Vorstellung, sondern zugleich auch wirklich ist (*et in intellectu et in re est*); eine Folge, die mit der Definition Gottes in Widerspruch steht.

§ 132.

Wie bei den Definitionen (§ 119) so hat man sich auch bei den Beweisen vor Fehlern zu hüten, die theils in den Beweisgründen, theils in den zum Beweise erforderlichen Schlüssen, theils in dem Mangel an Uebereinstimmung zwischen dem Erwiesenen und zu Erweisenden ihren Sitz haben. Da die zweite dieser drei Classen von Fehlern schon in den §§ 103 und 113 behandelt werden ist, so bleibt hier nur noch die erste und dritte zu betrachten übrig. Zu der ersten Classe gehören folgende Fehler.

1) Das *ὕστερον πρότερον*, welches statt hat, wenn man einen unbewiesenen, obgleich des Beweises bedürftigen Satz zum Beweis eines anderen macht, der eines solchen überhaupt nicht bedarf, wohl aber umgekehrt sich zum Beweisgrund für jenen ersteren eignet.

2) Die *petitio principii* oder der Kreisbeweis (*circulus in demonstrando*), der sich ergiebt, wenn man zum Beweisgrund eines Satzes einen solchen Satz wählt, der nur mit Hilfe des durch ihn zu Erweisenden bewiesen werden kann.

Die Fehler der dritten Classe werden im allgemeinen als Heterozetesis (*ἑτέρου ζήτησις*) bezeichnet, indem dabei das zu Erweisende verfehlt wird. Dies kann in doppelter Weise geschehen.

3) nämlich kann das Erwiesene von dem zu Erweisenden dem Umfange nach verschieden sein, indem der Schlusssatz des Beweises entweder den Umfang der Thesis nicht erreicht, oder über ihn hinausgeht und Fälle einschliesst, für welche nachweisbar ist, dass ihnen das erwiesene Prädicat nicht zukommt. Da nun *ad subalternantem* aus der Ungiltigkeit eines besonderen Urtheils die Ungiltigkeit des ihm übergeordneten allgemeinen folgt, so ergiebt sich hieraus die Ungiltigkeit des Schlusssatzes des Beweises. Im ersteren Falle wird zu wenig, im anderen Falle zu viel bewiesen, in beiden etwas quantitativ Anderes, als bewiesen werden soll.

4) Es kann aber auch das Erwiesene von dem zu Erweisenden dem ganzen Inhalte nach und insofern qualitativ verschieden sein, was nur dadurch begreiflich wird, dass abge-

kürzte Bezeichnung der Begriffe durch Worte leicht zu Be-
griffsverwechselungen führt. Der hieraus entspringende
Fehler heisst die *ignoratio elenchi.*

Wie musterhafte Beweise vorzugsweise in der Mathematik, so sind
fehlerhafte mehr in anderen Wissenschaften zu finden. Zu 1. Es ist ein
Hysteronproteron, wenn man die Giltigkeit der Moralgesetze dadurch beweisen will, dass man sie als den Ausdruck des Willens Gottes (als göttliche Gebote) bezeichnet. Denn ihre Giltigkeit ist eine unmittelbar gewisse
(durch das Gewissen verbürgte), sie sind giltig, weil sie als schlechthin gut
erkannt werden; die Erkenntniss des Willens Gottes aber ist (wenigstens
vom philosophischen Standpunkte aus betrachtet) nur eine mittelbare.
Dagegen folgt umgekehrt daraus, dass alles, was die Moralgesetze gebieten,
schlechthin gut, alles aber, was schlechthin gut ist, dem Willen Gottes
entspricht, dass alles, was die Moralgesetze enthalten, dem Willen Gottes
entspricht, sie also den Willen Gottes zu erkennen dienen. Zu 2. Ein
Kreisbeweis würde es sein, wenn man die Göttlichkeit Christi durch seine
Wunder darthun, die Wahrheit derselben aus der Wahrheit alles dessen,
was die Evangelien enthalten, beweisen, endlich aber wieder die Wahrheit der Evangelien auf die Göttlichkeit Christi, als dessen, von dem sie
ausgegangen sind, gründen wollte. Ebenso folgender Beweis. Alles, was
Gottes Wort ist, ist wahr; alles, was in der Bibel steht, ist Gottes Wort;
dass die Bibel Gottes Wort sei, steht in der Bibel; — also dass die Bibel
Gottes Wort sei, ist wahr. Denn hier setzt die zweite Prämisse die Giltigkeit des Schlusssatzes voraus. Zu 3. Die, welche, wie Ammonius (s. Bret-
schneider, die Geometrie und die Geometer [vor Euklides, S. 107] die
Unmöglichkeit des Quadrates des Kreises daraus folgern, dass die Gerade
und der Kreisbogen ungleichartige Grössen sind, beweisen zu viel. Denn
die Lunula des Hippokrates, die doch von zwei Kreisbogen begrenzt wird,
ist quadrirbar. Der teleologische Beweis für das Dasein Gottes beweist zu
wenig, denn, abgesehen davon, dass er nicht Gewissheit, sondern nur eine
hohe Wahrscheinlichkeit gewährt, so führt er nur auf das Dasein eines
alles menschliche Vermögen an Wissen und Können weit übertreffenden
Urhebers der Schönheit und Zweckmässigkeit der Welt, weder aber auf
einen allmächtigen Weltschöpfer noch einen heiligen und allweisen Welt-
regierer (vgl. des Vf.'s Religionsphilos., S. 139). — Plato (im Meno) will
daraus, dass gewisse allgemeine (z. B. geometrische) Wahrheiten vom
Menschen nicht eigentlich erlernt werden, sondern schon, wenn auch ver-
hüllt und unentwickelt, in seiner Seele liegen, und er sich auf sie nur
zu besinnen braucht, beweisen, dass sie Erinnerungen aus einem früheren
Dasein der Seele seien; es beweist dies aber zu wenig. Denn was man
im jetzigen Leben nicht (bewusst) erlernt hat, braucht deshalb nicht aus
einem früheren herzustammen, sondern kann auch im jetzigen unbe-
wusst angeeignet sein, wie vieles von dem, was instinktartig scheint, es
in der That ist. — Dass Selbstmord unerlaubt sei, haben manche aus dem
Satze ableiten wollen, dass, was sich der Mensch nicht geben kann, er

sich auch nicht nehmen dürfe. Dies beweist aber zu viel, denn er würde sich dann auch weder Nägel noch Haare abschneiden dürfen. Der Satz kann also nicht in seiner Allgemeinheit gelten. — Wollte man die Zulässigkeit einer Mehrheit von Uebersetzungen eines und desselben ausländischen Werkes dadurch beweisen, dass man geltend machte, das Publicum werde durch diese Concurrenz vor schlechter Arbeit und theueren Preisen gesichert, so bewiese man zu viel, denn es wären dadurch auch wohlfeile und correcte Nachdrücke einheimischer Schriftsteller gerechtfertigt. Zu 4. Leibniz will gegen Locke, dass es angeborene Vorstellungen giebt, dadurch beweisen, dass er auf die allgemeinen und nothwendigen Grundwahrheiten, die wir nicht aus der Erfahrung geschöpft haben können, aufmerksam macht. Er verfehlt aber damit das zu Erweisende; denn das Allgemeine und Nothwendige der Axiome liegt nicht in den Vorstellungen (Begriffen), die sie enthalten, sondern in der Verknüpfung derselben. Es folgt also nur, dass gewisse Formen der Verknüpfung (Synthesis) nicht durch Erfahrung erworben sind, welche aber nicht ursprünglich als Vorstellungen gedacht werden müssen, sondern Gesetze unserer Geistesthätigkeit sind, nach denen sich diese vom Anfang an richten musste, von denen wir aber viel später erst zu Vorstellungen gelangten und uns ihrer bewusst wurden.

§ 133.

Nicht bloss bei Urtheilen, sondern auch bei Begriffen ist die Frage nach ihrer Giltigkeit berechtigt. Sie wird aber durch ihre blosse Definition keineswegs verbürgt. Denn da diese nur die Beschaffenheit des im Begriffe Gedachten deutlich macht, so wird dadurch über die Setzung des Begriffs und somit über seine Giltigkeit nichts entschieden. Ist nun der Begriff ein durch Erfahrung gegebener, so hat er zwar thatsächliche Geltung. Gesetzt aber, seine analytische Definition deckte Widersprüche auf, die in ihm verborgen liegen, ohne vom gemeinen Denken bemerkt oder beachtet zu werden, so offenbarte sich dadurch seine logische Ungiltigkeit. Der Begriff wird dann zu einem Problem; denn der Widerstreit zwischen seiner thatsächlichen Geltung und seiner logischen Ungiltigkeit fordert eine Lösung. Durch welche Wendungen des Denkens dieselbe möglich ist, wird im folgenden Abschnitt (§ 142 ff.) gezeigt werden. Was aber diejenigen Begriffe betrifft, die nicht gegeben, sondern erdacht sind, so leuchtet unmittelbar ein, dass die synthetische Definition, welche sie dadurch bildet, dass sie eine Gattung durch einen Artunterschied determinirt, da diese Verbindung nur eine

gemachte ist, die Giltigkeit solcher Begriffe nicht feststellt,
dass diese problematisch ist, und dass es daher einer Begründung derselben bedarf, deren systematische Form wir die
Deduction nennen.

Die Vernachlässigung der Begründung der Begriffe durch Deduction ist
eine der schwächsten Seiten der speculativen Philosophie, in der zu allen
Zeiten ohne Vergleich mehr Begriffe gemacht als begründet worden sind,
wovon die nothwendige Folge war, dass man statt der Erkenntnisse Be-
griffsdichtungen erhielt. Descartes und Leibniz, als sie in die Philosophie die demonstrative (oder mathematische) Methode, d. i. den con-
sequenten Gebrauch der systematischen Formen einzuführen suchten
Spinoza, der hiervon in seiner *Ethica ordine geometrico demonstrata*,
ein durchgeführtes Beispiel gab, das noch heute durch seine scheinbar
geometrische Strenge Vielen imponirt, und Wolff, der nach diesem
Schematismus die ganze Philosophie bearbeitete, liessen es zwar an Definitionen und Demonstrationen nicht fehlen; nach Deductionen sieht man
sich aber vergebens um. Es scheint ihnen ganz entgangen zu sein, dass
die Geometrie ihre Begriffe durch die Definition noch nicht für begründet
hält, sondern ihnen erst Giltigkeit beimisst, nachdem sie dieselben construirt hat. Daher finden sich z. B. bei Spinoza wohl Axiome und Theo-
reme, nicht aber Postulate und Probleme. (Vgl. hierüber auch Trendelenburg, Log. Unters. 3. Aufl. II. 192.) Leibniz unterscheidet zwar (z. B.
opp. philos. ed. Erdm. p. 80) die Realdefinition von der Nominaldefinition
in der . oben (§ 120) angegebenen Weise und verlangt nicht nur von
der ersteren, dass sie die definirte Sache als eine mögliche (*possibilis*)
d. i. als eine solche nachweise, in deren Begriffen nichts Unverträgliches
(*incompatibile*) enthalten sei, sondern bemerkt auch, dass die Möglichkeit
einer Sache *a priori* unter Anderem durch Causaldefinitionen (genetische)
erkannt werde. Er sagt aber nichts von einer mittelbaren Begründung
der Begriffe, indess er doch sogar für die Axiome eine Demonstration verlangt. Dass die Euklideische Geometrie durch die Lösung von Aufgaben
ihre Begriffe begründet, hat, wie es scheint, zuerst Kästner (vgl. seinen
Aufsatz: was heisst in Euklid's Geometrie möglich? in Eberhard's philos.
Magazin II, S. 391) treffend nachgewiesen. Herbart kommt das Verdienst
zu, in der Philosophie schärfer als irgend einer seiner Vorgänger den ge-
wichtigen Unterschied zwischen bloss logisch denkbaren (widerspruchslosen)
und giltigen Begriffen ins Licht gesetzt und bei der Stellung und Lösung
metaphysischer Probleme in Anwendung gebracht zu haben.

§ 134.

Die Deduction allgemein gefasst, ist die Lösung (*solutio*)
einer Aufgabe (*problema*), nämlich dieser: nachzuweisen, dass

und wie ein definitiver Begriff die Folge der Zusammensetzung
(Synthesis) seiner Bedingungen ist. Sie hat daher die Form
eines conjunctiven hypothetischen Urtheils: wenn A mit B,
C . . . in bestimmter Weise zusammengesetzt wird, so wird
P gesetzt; oder durch die Zusammensetzung von A, B, C . . . ist
P gegeben; wo P der definirte Begriff, A, B, C . die
Bedingungen seiner Setzung sind. Der Begriff wird hier also
durch die Zusammensetzung seiner Bedingungen construirt.
Ist nun die in einem solchen Urtheil ausgesprochene Behauptung
unmittelbar einleuchtend, so heisst dasselbe die genetische
Erklärung (*definitio genetica*) des Begriffs. Im entgegengesetzten
Falle bedarf es eines Beweises, dass das Product der angegebenen Construction der Definition des Begriffs entspricht.
Die Deduction enthält also dann einen Lehrsatz. Gleichwie
nun der Beweis zuletzt auf unmittelbar gewissen Grundsätzen
beruht, so hat die Deduction zur letzten Voraussetzung Grundbegriffe (*notiones fundamentales*), deren Setzung und Zusammensetzung ohne weitere Vermittelung gefordert und als
giltig anerkannt wird. Die Sätze, welche dies aussprechen,
heissen daher Forderungen (*postulata*). Man bezeichnet sie
auch, weil sie nicht, wie die Axiome, die bloss theoretische
Anerkennung gegebener Beziehungen, sondern eine produc-
tive Leistung (ein Setzen und Zusammensetzen) verlangen,
als praktische oder pragmatische Grundsätze. Unmittelbare Folgen von ihnen sind die genetischen Erklärungen,
mittelbare die Verknüpfungen derselben in der Construction
der Begriffe.

Mustergiltige Beispiele kann hier nur die Mathematik liefern, vor Allem
die Euklideische Geometrie. — Was zunächst die drei Postulate (*αἰτήματα*)
derselben betrifft: eine gerade Linie zwischen zwei Punkten zu ziehen, sie
nach beiden Seiten hin beliebig zu verlängern, und um jeden gegebenen
Punkt mit jedem gegebenen Halbmesser einen Kreis zu beschreiben; so
sind sie allerdings Leistungen, die von dem Anfänger in der Geometrie
verlangt werden; aber sie haben nicht bloss einen technisch-praktischen,
sondern zugleich den idealen Sinn, dass die Begriffe der begrenzten und
unbegrenzten Geraden und des Kreises als unmittelbar giltige vorausgesetzt
werden sollen. Postulirt man, wie es in neueren Schriften häufig geschieht,
die gleichmässig fortschreitende Bewegung eines Punktes (ein continuirliches
Setzen, Versetzen und Verschmelzen von Punkten), so giebt dies zwar eine

genetische Erklärung der Geraden, es wird aber dadurch das Postulat, zwischen zwei Punkten eine Gerade zu ziehen, noch immer nicht überflüssig. Wird ebenso die Drehung einer Geraden um einen in ihr liegenden Punkt postulirt, so giebt dies, wenn die Gerade begrenzt ist, eine genetische Erklärung des Kreises, wobei jedoch wieder stillschweigend die Ebene postulirt wird. Andere bekannte Beispiele von genetischen Erklärungen sind: die Erzeugung der Kugel durch Drehung des Halbkreises um seinen Durchmesser, die analoge Erzeugung des geraden Cylinders und Kegels um ihre Axen und einer grossen Menge von Linien und Flächen durch zusammengesetztere Bewegungen von Punkten oder Linien. Auch die Arithmetik hat ihre Postulate, wenn gleich sie weniger ausgesprochen werden, z. B. die: die Einheit beliebig vielmal zu wiederholen und in ein Ganzes zu vereinigen. — Ebenso giebt auch für die Bedeutung der Auflösung einer Aufgabe, als der Deduction eines problematischen Begriffs, die Geometrie die ausführlichsten Belege. Das gleichseitige Dreieck, die Senkrechte, die Halbirung eines Winkels oder einer Geraden, der Parallelismus zweier Geraden u. s. f. sind, wenn auch vollständig definirt, doch, so lange sie nicht durch Construction deducirt sind, Begriffe von problematischer Geltung. Man wird dies in auffallender Weise gewahr an der Trisection des Winkels, der Verdoppelung des Würfels und anderen Problemen dieser Art, bei welchen die Definition des Gesuchten ebenso leicht, als die Nachweisung seiner Bedingungen, wenigstens wenn diese gewisse elementare Grenzen nicht überschreiten sollen, schwierig ist. Es war daher kein wissenschaftlicher Fortschritt, als Legendre u. A. die Aufgaben aus ihrem Zusammenhange mit dem System von Lehrsätzen herausrissen und sie diesen als praktische Anwendungen anhangsweise folgen liessen. Die geometrische Gründlichkeit hat dabei entschieden verloren. Auch die algebraische Analysis begründet in ähnlicher Weise ihre Begriffe. Die Function $f(x)$ z. B. ist hinlänglich definirt durch die Gleichung $f(x) . f(y) = f(x + y)$. Dass sie aber eine reelle Function ist, ergiebt sich erst durch die Nachweisung, dass die ausschliessliche Bedingung ihrer Möglichkeit $f(x) = a^x$ ist. Dieses Beispiel zeigt zugleich, dass der Begriff der Construction, auch in der Mathematik, sich nicht auf die Geometrie beschränkt. Denn es wird hier die anfangs noch unbekannte Form der Funktion durch die Auflösung $f(x) = a^x$ construirt. Diese reducirt nämlich die Aufgabe: die Form von $f(x)$ zu finden, auf die einfachere: eine gegebene Zahlgrösse auf eine beliebige Potenz zu erheben. Die Lösung dieser hängt wieder von den Aufgaben der Multiplication und Wurzelausziehung ab u. s. f., bis man zuletzt auf die einfachsten arithmetischen Postulate kommt, die hier wie in der Geometrie in letzter Instanz die Lösung der Aufgaben bedingen. In diesem Sinne sind wohl auch die Worte Goethe's zu deuten: „die grösste Kunst im Lehr- und Weltleben besteht darin, das Problem in ein Postulat zu verwandeln" (Briefe an Zelter V; 91; vgl. Guhrauer, Joachim Jungius und sein Zeitalter, S. 187 u. 289). Nicht eigentlich von Verwandlung der Probleme in, sondern nur von Reduction derselben auf Postulate kann die Rede sein.

§ 135.

Jedes System ist nur eine logische Darstellung und Begründung aller auf den Gegenstand der Wissenschaft sich beziehenden Erkenntnisse, die also hierbei als gegeben vorausgesetzt werden. Die Wissenschaft kann sich aber eine niedrigere und eine höhere Aufgabe stellen. Sie kann sich nämlich entweder darauf beschränken, von der Mannigfaltigkeit ihres Gegenstandes eine klare und deutliche, geordnete und vollständige Uebersicht (*conspectus*) zu geben, oder sich das höhere Ziel setzen, von den Bedingungen und Eigenschaften, überhaupt von den Beziehungen ihres Gegenstandes eine befriedigende Einsicht (*theoria*) zu gewähren. Sie ist im ersteren Falle ausschliesslich analytisch, im zweiten, ohne das Analytische auszuschliessen, vorzugsweise synthetisch. Die Wissenschaften der ersteren Art heissen beschreibende oder descriptive, die der zweiten Art erklärende (aus Gründen ableitende), demonstrative oder theoretische. Jene bedürfen zur Erreichung ihre Zweckes nur der Erklärungen, Eintheilungen und Classificationen, diese aller systematischen Formen. Im Sinne der höheren Aufgabe der Wissenschaften ist daher die Form ihrer Darstellung eine Verbindung (ein System) von Erklärungen, Eintheilungen, Beweisen und Deductionen, die sich in einer solchen Ordnung mit einander verweben müssen, dass das Bedingende dem Bedingten stets vorausgeht, und mit der Strenge in der Begründung der Begriffe und Sätze klare Uebersicht aller Theile des Ganzen sich vereinigt.

Alle blosse Beschreibung der Naturkörper und Naturerscheinungen führt nur zu analytischer, descriptiver Wissenschaft. Systematische Mineralogie, Botanik und Zoologie gehören hierher. (Die sogenannten natürlichen Systeme machen zwar darauf Anspruch, nicht bloss subjective Uebersichten zu geben, sondern einen objectiven Zusammmenhang der Naturkörper darzustellen; aber, wie uns dünkt, ohne Berechtigung, so lange nicht nachgewiesen wird, dass dieser äusseren Aneinanderreihung der Pflanzen und Thiere ein causaler Zusammenhang zum Grunde liegt, z. B. die höheren Organismen späteren Ursprunges sind, als die niederen, was die Descendenz- und Selectionstheorie Darwin's allerdings erweisen zu können glaubt.) Ebenso Anatomie der Thiere und Pflanzen, Geognosie und Astrognosie, zum Theil auch physische Geographie und Meteorologie aber auch Sprachwissenschaft, so weit sie nur empirisch classificirt, und Geschichte, sofern sie nur chronistisch erzählt und synchronistische Uebersichten giebt. Dagegen sind Philosophie und Mathematik, Astronomie und Physik, Chemie, Physiologie (der Pflanzen und Thiere), Geologie u. s. w. demonstrative oder theoretische Wissenschaften. Alle bloss descriptiven Wissenschaften sind zugleich ausschliessend empirisch, d. i. nur auf Erfahrungsthatsachen gegründet, und enthalten nur assertorische Erkenntnisse. Die demonstrativen aber können entweder nur auf allgemeine Thatsachen des Bewusstseins oder zugleich auf specielle Erfahrungen gegründet sein und heissen im ersteren Falle rein rational, im anderen empirisch-rational, gewähren aber in beiden nicht bloss assertorische, sondern apodiktische Erkenntniss, indem sie auch die Erfahrungsthatsachen als nothwendige Folgen aus allgemeinen Gründen demonstrativ begreiflich machen.

Praktische Wissenschaften im Gegensatz zu den theoretischen giebt es nicht, sondern nur Anwendungen der Theorien auf die besonderen Aufgaben der Praxis, d. i. Unterordnung dieser Aufgaben unter allgemeine theoretische Lehren. Man unterscheidet daher besser reine und angewandte Wissenschaften, von denen die letzteren aus Anwendungen mehr als einer reinen Wissenschaft bestehen können. So bestehen z. B. Theologie und Jurisprudenz aus Anwendungen der Philosophie, Philologie und Geschichte auf die Objecte der Gottes- und Rechtserkenntniss, Medicin aus Anwendungen der Anatomie und Physiologie, Physik, Chemie, Botanik u. s. w., durch welche theils die Krankheitserscheinungen aus ihren Ursachen erklärt, theils die Mittel zu ihrer Beseitigung gefunden werden. — Jede Praxis, wenn sie sicher sein soll, muss sich auf Theorie gründen, und jede Theorie, wenn sie sich nicht auf einen bloss speculativen, sondern einen durch die Erfahrung gegebenen Gegenstand bezieht, muss praktisch brauchbar sein. Bewährt sich eine Theorie nicht in der Praxis, so ist sie entweder falsch oder noch zu abstract und unentwickelt, als dass sie die concreten Fälle der Erfahrung geistig durchdringen und beherrschen könnte. Alsdann kann die Praxis nur empirisch sein, d. i. es fehlt ihr die theoretische Begründung und mit dieser die überzeugende Einsicht von der Nothwendigkeit der von ihr beobachteten, nur inductorisch gefundenen Verfahrungsregeln. Alle Praxis ist übrigens allerdings nicht blosse Wissenschaft, sondern vor allem Kunst, welche Fertigkeit verlangt, die zwar in vielen Fällen körperliche Geschicklichkeit in Anspruch nimmt, immer aber zugleich auf geistiger Gewandtheit, d. i. Schnelligkeit und Sicherheit der Beurtheilung des concreten Falles beruht, ohne die ein entschlossenes und zweckmässiges Handeln undenkbar ist. Diese Eigenschaften kann selbst der bloss empirische Praktiker vor dem tiefdenkenden aber bedächtigen Theoretiker voraushaben, und sie sind es, die zu dem zwar sprichwörtlich gewordenen, aber materiell durchaus nicht begründeten angeblichen Gegensatz zwischen Theorie und Praxis, für welche beide es nur eine und dieselbe Wahrheit giebt, Veranlassung gegeben haben mögen.

Hinsichtlich der Strenge der Begründung ist die Euklideische Geometrie ein Muster von systematischer Anordnung. Dagegen vernachlässigt sie in auffallender Weise die übersichtliche Aneinanderreihung der Materien, die sie, um der ersteren Forderung zu genügen, oft zerstückelt, so dass, aus diesem Gesichtspunkte betrachtet, das Ganze einen ziemlich buntscheckigen Anblick gewährt, ja von einer Zusammenschliessung der Theile zu einem auch äusserlich geordneten Ganzen kaum die Rede sein kann. Die Neueren haben diesen Mangel vielfach zu verbessern gesucht, häufig aber wieder auf Kosten der Gründlichkeit, und hiermit einen weit grösseren Fehler begangen, als der war, dem sie abhelfen wollten. Beiden systematischen Anforderungen in gleich vollkommener Weise zu genügen, hat selbst in dieser so durchgebildeten Wissenschaft erhebliche Schwierigkeit. — Wenn übrigens die neueren mathematischen Schriften sich grossentheils der Bezeichnung der Sätze als Lehrsätze, Aufgaben u. s. w. entäussern, so ist dies einerseits die Folge einer vorherrschend gewordenen genetischen Entwickelungsweise der Wissenschaft (s. den folgenden Paragraph), andererseits aber nicht eine Beseitigung, sondern nur eine Verdeckung der systematischen Formen. Die Mathematik kann ohne Gefährdung der Sicherheit ihre Behauptungen in ein leichteres Gewand kleiden; dagegen wäre der Philosophie zu rathen, die schwerfällig scheinende Rüstung der systematischen Formen, wie früher, wieder öfter anzulegen. Viel eitles rhetorisches Gepränge würde dadurch ausgeschieden werden, und der Kern, den dieses umhüllt, leichter, entweder in seiner Reinheit oder in seiner Blösse, zu Tage treten.

§ 136.

Eine systematische Darstellung, welche in der a. E. des vorigen Paragraphs bezeichneten Form die Summe der über den Gegenstand einer Wissenschaft erworbenen Erkenntnisse ordnet (wo es nöthig, vervollständigt) und begründet, heisst, weil sie dadurch den Nichtwissenden belehrt, ein Lehrgebäude (*doctrina, summa doctrinae*). Besteht in einem solchen der Vortrag der Lehren in der Aufeinanderfolge einer Reihe von Behauptungen (*dogmata*), die ihre Begründung erhalten, ohne dass der Weg, auf dem sie gefunden wurden, angezeigt ist, so heisst er dogmatisch. Hat dagegen die Darstellung die Form der Erzeugung (*genesis*) der Wissenschaft, indem sie von der Gesammtaufgabe oder Idee derselben ausgeht, und aus ihrer Begriffsbestimmung eine zusammenhängende Reihe von Theilaufgaben ableitet, durch deren successive Lösung die Aufgabe der Wissenschaft selbst gelöst wird, so heisst der Vortrag genetisch. Wenn hierbei die Ordnung der Theilaufgaben durch eine feste Regel (Princip) des Fortschritts vom Ein-

fachen zum Zusammengesetzten bestimmt wird, und die Lösung
jeder zusammengesetzteren Aufgabe durch diejenige einer oder
mehrerer ihr vorangegangenen einfacheren bedingt ist, jede
also das Mittel für einen durch sie zu erreichenden Zweck,
die Reihe aller als Reihe von Mitteln zu einem Haupt- oder
Endzweck (causa finalis), dem der Lösung der Gesammtaufgabe der Wissenschaft, erscheint, so kann eine solche Darstellung als organische Entwickelung bezeichnet werden.

Man kann sagen, dass die dogmatische Darstellung alle Aufgaben
in Lehrsätze verwandelt, die genetische alle Lehrsätze in Aufgaben
umbildet. Aber auch wo Aufgaben mit Lehrsätzen abwechseln, wie in der
Euklideischen Geometrie, kann der Vortrag doch dogmatisch sein, wenn
nämlich die Aufgaben nicht durch einen leitenden Gedanken motivirt
werden, sondern nur als willkürliche Einfälle erscheinen. Die dogmatische
Darstellung zeigt die Wissenschaft als fertige, die genetische als
werdende. Darum hat die letztere für didaktische Zwecke vor der
dogmatischen unverkennbare Vorzüge, indess diese häufig auf kürzerem
Wege zu den Ergebnissen der Wissenschaft führt. — Organische
Entwickelung ist zu einer Modephrase der heutigen Philosophie geworden, die auch in der Auffassung der Geschichte, den allmählichen Veränderungen in Staat, Kirche, Gesittung vielfache Anwendung gefunden
hat, ohne dass jedoch damit immer ein scharfer Begriff verbunden wird,
noch weniger die Ausführung dem Begriffe entspricht. Es ist aber nicht
zu viel gesagt, wenn man diesen Begriff als ein logisches Ideal bezeichnet, das zwar keineswegs für unerreichbar zu erklären, in der That
aber zur Zeit nur in sehr wenigen Gebieten der Wissenschaften wirklich
erreicht ist. Einzelne Partien der Mathematik gehören hierher. Die Art
und Weise, wie sich aus den einfachen Begriffen der Einheit, ihrer Wiederholung und der Verbindung der wiederholten Einheiten die natürliche
Zahlenreihe und in ihr das Zu- und Abzählen der Einheiten ergiebt,
dieses, auf die gebildeten ganzen Zahlen übergetragen, zur Addition und
Subtraction führt, wiederholte Addition und Subtraction gleicher Zahlen
die Multiplication und Division erzeugt, die wiederum durch einen analogen
Fortschritt sich zur Potenzirung und Depotenzirung steigert, und wie
hieraus allmählich die positiven und negativen, ganzen und gebrochenen,
rationalen und irrationalen, reellen und imaginären Zahlformen entstehen,
— dies darf wohl eine organische Entwickelung genannt werden. Auch
die neuere Geometrie strebt mit entschiedenem Erfolge sowohl in ihrer
constructiven als rechnenden Betrachtungsweise nach einer organischen
Entwickelung der räumlichen Gebilde und ihrer Eigenschaften. Aber
jeder Kenner der Mathematik weiss auch, wie weit diese noch davon
entfernt ist, ein organisches Ganze darzustellen, wie vielmehr die
grossen Bereicherungen, die sie in den letzten Decennien erhalten, die
Schwierigkeit einer systematischen Verarbeitung des fast unübersch-

baren Materials nur vergrössert haben, und eine solche der Zukunft vorbehalten bleiben muss. Die Natur zeigt uns wohl in dem Bau der Pflanzen und Thiere und ihrer Entstehung, was wahre organische Bildung und Entwickelung ist; aber es wird dem menschlichen Geiste, selbst auf den Gebieten, wo er Herr und Schöpfer zu sein meint, schwer, jenen Anschauungen analoge Gedankenformen nachzuerzeugen.

—

Zweiter Abschnitt.

Von den heuristischen Formen des Denkens.

§ 137.

Die systematische Darstellung einer Wissenschaft kann zwar, da sie nach Vollständigkeit strebt, Veranlassung zur Erweiterung der Erkenntniss, sei es durch Auffindung neuer Thatsachen oder durch Schlüsse aus ihnen, geben; sie giebt aber keine methodische Anweisung dazu, die, wenigstens soweit jene Erweiterung von dem Denken abhängt, verlangt werden kann. Der dogmatische Vortrag nämlich löst die Aufgaben, ohne zu zeigen, auf welchem Wege die Auflösung gefunden wurde oder gefunden werden konnte, noch wodurch die Aufgabe selbst motivirt ist. Die genetische Entwickelung motivirt zwar ihre Aufgaben, auch lehrt sie nicht bloss ihre Auflösung, sondern findet sie, aber dieses Finden ist ganz von der Stelle abhängig, die jede Aufgabe in der Reihe aller übrigen einnimmt; und wie Aufgaben, die nicht wesentliche Glieder des Systems sind, gelöst werden können, erhellt daraus gar nicht. Es bleibt daher noch zu untersuchen übrig, welchen Antheil das Denken an der Erweiterung der Erkenntniss durch Forschung (*exploratio*) hat. Die methodischen Formen, welche diesem Zwecke dienen, heissen heuristische oder zetetische Methoden.

§ 138.

Das Ziel alles Suchens durch Denken kann ein doppeltes sein, indem nämlich zu einem Gegebenen entweder 1) ein dadurch Bedingtes, eine Folge, oder 2) eine Voraussetzung, Bedingung zu finden verlangt wird. Die Methode des Suchens aber, der Weg, auf dem das Denken zu seinem Ziele gelangt, ist im allgemeinen für beide Fälle ein und der-

selbe, da das Gesuchte immer nur durch Schlüsse gefunden
werden kann, insofern also stets als eine Folge aus dem Gegebenen zu betrachten ist. Ferner setzt jedes methodische
Suchen voraus, dass das Gesuchte kein schlechthin Unbekanntes sei; denn es wäre dann das Ziel des Suchens ein
völlig unbestimmtes, daher ermangelte der zu seiner Erreichung einzuschlagende Weg einer bestimmten Richtung. Es
kann also das Unbekannte nur ein solches sein, dessen Beziehungen zu dem Gegebenen unvollkommen bekannt sind
und durch Suchen ergänzt werden müssen. — Diesen Bedingungen, unter denen allein methodisches Suchen möglich ist,
entspricht nun zunächst der allgemeine Begriff eines Problems,
in dem das Gegebene (*data*) und das Gesuchte (*quaesitum*)
unterschieden wird. Das Gesuchte ist unbekannt, sofern im
Gegebenen nur ein Theil seiner Bedingungen vorliegt; es ist bekannt, sofern durch seine Definition die Beziehung, in der es
zum Gegebenen stehen soll, genau bestimmt ist; es wird
mittelbar gefunden durch die Bedingungen, welche die Auflösung des Problems zu den gegebenen hinzufügt. Zu bestimmen bleibt nun noch übrig, auf welche Weise die fehlenden
Bedingungen gefunden werden können, was offenbar mit dem
Finden der Auflösung des Problems gleichbedeutend ist.

Wenn z. B. die Quadratwurzel aus 15 das Gesuchte ist, so ist ihr Zahl-
werth zwar unbekannt, aber doch die Bedingung bekannt, dass dieser
Werth, mit sich selbst multiplicirt, 15 geben muss. Oder wenn das Gesuchte ein über einer gegebenen Geraden zu errichtendes gleichseitiges
Dreieck ist, so ist die bestimmte Lage des dritten Winkelpunktes des Dreiecks noch unbekannt, aber doch von ihm bekannt, dass seine Abstände
von den Endpunkten der gegebenen Geraden dieser selbst gleich sein
müssen. Ebenso wenn der Sinus eines Bogens gesucht wird, so ist seine
absolute Grösse zwar unbekannt, aber bekannt, dass er der in Theilen
des Halbmessers ausgedrückte Abstand des Endpunktes des Bogens von
dem durch den Anfangspunkt desselben gelegten Halbmesser ist.

§ 139.

Hierzu dient die analytische oder regressive Methode.
Sie besteht darin, dass die Beziehung zwischen Gegebenem und
Gesuchtem sowie der Begriff des letzteren hypothetisch als
giltig angenommen und aus dieser Voraussetzung mit Hilfe

anderweit begründeter Sätze eine Schlusskette gezogen wird,
deren letzter Schlusssatz als Bedingung seiner Giltigkeit eine
Forderung enthält, die sich durch Anwendung bekannter
Postulate oder gelöster Probleme erfüllen lässt. Ist nun die
Schlusskette umkehrbar, so wird durch diese Umkehrung der
gefundene Schlusssatz zur Bedingung, und der hypothetisch
angenommene Satz zu dem dadurch Bedingten. Da nun die
Bedingung als eine giltige sich erwiesen hat, so folgt daraus
modo ponente auch die Giltigkeit des Bedingten, d. i. der vorausgesetzten Beziehung zwischen Bekanntem und Unbekanntem
und des Begriffes der letzteren selbst. — Die Umkehrbarkeit
der Schlusskette hängt allgemein davon ab, dass die zu dem
hypothetisch angenommenen Satz successiv hinzukommenden
Prämissen sämmtlich rein umkehrbare Urtheile sind. Sei
nämlich der hypothetisch angenommene Satz: $A\,B$, die hinzutretenden Prämissen seien, $B\,C$, $C\,D$, $D\,E$; so folgt,

$$\begin{array}{r}
\text{da} \quad A\,B \\
\text{und} \quad B\,C \\
\hline
A\,C,
\end{array}$$

$$\begin{array}{r}
\text{und da} \quad C\,D \\
\hline
A\,D,
\end{array}$$

$$\begin{array}{r}
\text{endlich da} \quad D\,E \\
\hline
A\,E.
\end{array}$$

Soll nun diese Schlusskette umkehrbar sein, so muss aus $A\,E$
und $D\,E$ folgen $A\,D$, aus $A\,D$ und $C\,D\,.\,.\,A\,C$, aus $A\,C$
und $B\,C\,.\,.\,A\,B$. Dies ist allgemein nur möglich, wenn die
Urtheile $D\,E$, $C\,D$, $B\,C$ rein umkehrbar sind. Alsdann
nämlich folgt

$$\begin{array}{r}
\text{aus} \quad A\,E \\
\text{und} \quad E\,D \\
\hline
A\,D,
\end{array}$$

$$\begin{array}{r}
\text{und da} \quad D\,C \\
\hline
A\,C,
\end{array}$$

$$\begin{array}{r}
\text{und da} \quad C\,B \\
\hline
A\,B.
\end{array}$$

Die mathematische Analysis, sowohl die geometrische der Alten als die algebraische der Neueren, führt von der Anwendung dieser Methode ihren Namen. Wenn z. B. zu den vier bekannten Grössen a,b,c,d eine unbekannte x gesucht wird, deren Beziehung zu jenen die Gleichung

$$a\,x - c = b\,x + d \qquad (1)$$

ausdrückt, so wird diese Unbekannte durch folgende Schlüsse gefunden. Angenommen die Gleichung gelte, so folgt, da Gleiches zu Gleichem addirt Gleiches giebt, wenn zu den gleichen Theilen der Gleichung c addirt wird:

$$a\,x = b\,x + c + d. \qquad (2)$$

Hieraus folgt weiter, da Gleiches von Gleichem subtrahirt Gleiches lässt, durch Subtraction von $b\,x$

$$(a - b)\,x = c + d. \qquad (3)$$

Endlich folgt, 'da Gleiches durch Gleiches dividirt Gleiches giebt, durch Division mit $a - b$

$$x = \frac{c + d}{a - b}. \qquad (4)$$

Die hypothetisch angenommene Gleichung gilt also, wenn x der Quotient aus der Differenz $a - b$ in die Summe $c + d$ ist. Da nun ein solcher immer möglich, so ist hierdurch die Aufgabe gelöst. — Umgekehrt folgt nun aber auch aus dieser gefundenen Bedingungsgleichung (4), da Gleiches mit Gleichem multiplicirt Gleiches giebt, durch Multiplication mit $a - b$, (3); ferner hieraus, da Gleiches zu Gleichem addirt Gleiches giebt, durch Addition von $b\,x$, (2); endlich hieraus, da Gleiches von Gleichem subtrahirt Gleiches lässt, durch Subtraction von c, (1), so dass also hiermit auch (1) durch (4) bedingt ist. — In dem allgemeinen Schema des Paragraphs entsprechen den Prämissen $B\,C$, $C\,D$, DE hier die Sätze: Gleiches zu Gleichem addirt, von Gleichem subtrahirt, durch Gleiches dividirt, giebt Gleiches. In der Umkehrung der Schlusskette aber laufen den Prämissen $E\,D$, $D\,C$, $C\,B$ parallel die Sätze: Gleiches durch Gleiches multiplicirt, zu Gleichem addirt, von Gleichem subtrahirt giebt Gleiches, so dass die Grundsätze der Subtraction und Division als die reinen Umkehrungen der Grundsätze der Addition und Multiplication erscheinen. Dass dies in aller logischen Strenge richtig ist, wird im Anhange unter III, 2, 4 nachgewiesen.

Als Beispiel einer geometrischen Analysis wählen wir, der Kürze wegen, die Aufgabe: in einen gegebenen Kreis ein Quadrat zu beschreiben.

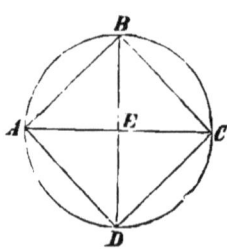

Angenommen, das Verlangte sei geschehen, und $A B C D$ das Quadrat, also $A C$, $B D$ seine Diagonalen; so ist, weil *(per. def.)* $\angle A B C = R$, derselbe Winkel aber auch ein Peripheriewinkel, $A B C$ ein Halbkreis, folglich $A C$ ein Durchmesser des Kreises. Aus denselben Gründen ist, da auch $\angle B C D = R$, $B D$ ein Durchmesser des Kreises; daher, da die Durchmesser eines Kreises sich gegenseitig halbiren, $A E = B E = C E = D E$. Da also in den Dreiecken $A E B$, $C E B$, $A E = C E$, $E B = E B$ und *(per. def.)* $A B = B C$, so sind diese Dreiecke congruent, mithin $\angle A E B = \angle C E B$, also sind diese Winkel, als gleiche Nebenwinkel, rechte. Wenn also $A B C D$ ein Quadrat ist, so sind seine Diagonalen auf einander senkrechte Durchmesser eines Kreises, welche zu construiren immer möglich ist. — Die Umkehrung dieses Satzes lautet: wenn zwei Durchmesser eines Kreises auf einander senkrecht stehen, und ihre Endpunkte durch Gerade verbunden werden, so bilden diese Geraden ein Quadrat. Die Umkehrung der obigen Analysis giebt seinen directen Beweis. Es ist dann nämlich $E C = E A$, $E B = E B$, $\angle B E C = \angle B E A$; daher sind die Dreiecke $E C B$, $A E B$ congruent, folglich $B C = A B$; aus gleichen Gründen $B C = C D$, $C D = D A$, also das Viereck $A B C D$ gleichseitig. Es sind aber auch die Winkel $A B C$, $B C D$, $C D A$, $D A B$, als Winkel in Halbkreisen, rechte; daher das Viereck auch rechtwinklig, folglich ein Quadrat. — Die Analysis schliesst hier aus den Sätzen: jeder Peripheriewinkel, der einem Rechten gleich ist, ist ein Winkel im Halbkreis; und: wenn in zwei Dreiecken ausser zwei Seiten auch noch die dritten gleich sind, so sind die den letzteren gegenüberliegenden Winkel gleich. Der aus der Umkehrung der Analysis sich ergebende directe Beweis der Richtigkeit der durch sie gefundenen Auflösung dagegen schliesst aus den umgekehrten Sätzen: jeder Peripheriewinkel im Halbkreis ist ein rechter; und: wenn in zwei Dreiecken zwei Seiten sammt den von ihnen eingeschlossenen Winkeln gleich sind, so sind auch die diesen gegenüberliegenden Seiten gleich. — Es mag nicht unbemerkt bleiben, dass in der Geometrie der directe Beweis einer analytisch gefundenen Auflösung nicht immer die Umkehrung der analytischen Schlussfolge ist, indem für ihn oft auch andere Sätze als die Umkehrungen der Prämissen der Analysis zu Hilfe gezogen werden: was sich daraus erklärt, dass oft von einem und demselben Satze mehrere Beweise möglich sind, von denen der kürzeste, unter übrigens gleichen Verhältnissen, vorgezogen zu werden pflegt.

§ 140.

Die analytische Methode dient nicht bloss zur Auffindung der Lösung von Problemen, sondern auch, da jedes Theorem, dessen Beweis erst zu finden ist, als ein Problem betrachtet werden kann, zur Auffindung dieser Beweise. Wenn nämlich die Beziehung zwischen Subject und Prädicat (Hypothesis und Thesis) eines Lehrsatzes hypothetisch für giltig angenommen wird, und sich hieraus mittels einer Schlusskette ein Schlusssatz ziehen lässt, der sich als ein unabhängig von dieser Schlusskette giltiger ausweist, so wird derselbe zum Beweisgrund des Lehrsatzes, dessen directer Beweis durch die Umkehrung jener Schlusskette sich ergiebt. — Führt die Analysis eines Problems oder Theorems zu einem Schlusssatz, der mit unmittelbar gewissen oder begründeten Sätzen in Widerspruch steht, also ungiltig ist, so folgt daraus *modo tollente* die Ungiltigkeit des Problems oder Theorems selbst, als der Voraussetzung dieses Schlusssatzes. Daher dient die analytische Methode nicht bloss der Begründung, sondern allgemeiner der Prüfung der Giltigkeit problematischer Urtheile. Der apagogische Beweis (§ 131) ist nichts Anderes als eine solche Prüfung des contradictorischen Gegentheils eines zu erweisenden Satzes nach der analytischen Methode, deren Resultat die Ungiltigkeit jenes Gegentheils ist.

Da jede Auflösung einer Aufgabe einen Lehrsatz enthält, so genügt der Inhalt der Anmerkungen zum vorigen Paragraph auch zur Erläuterung des gegenwärtigen. — Eine besondere analytische Beweisart, von der häufig im Gegensatz zur synthetischen die Rede ist, giebt es nicht, sondern nur eine Analysis, die zum directen Beweise führt. In der Geometrie pflegt man vorzugsweise die durch Anwendung der Algebra gefundenen Auflösungen und Beweise analytische zu nennen, diejenigen aber, welche auf Schlüssen beruhen, die sich auf die Figuren und etwa hinzukommende Hilfslinien beziehen, synthetische. Zu dem ersteren Sprachgebrauche ist man berechtigt, weil in der That die Auflösungen algebraischer Gleichungen durch Analysis gefunden werden; aber auch zu dem letzteren, sofern das Ziehen der Hilfslinien als eine Synthesis anzusehen ist, die jedoch in einem methodischen Vortrag nicht als eine willkürliche erscheinen darf, vielmehr motivirt werden muss, was häufig durch die Analysis selbst geschehen kann.

Was die zweite Hälfte des obigen Paragraphs betrifft, so gehören hierher alle die Auflösungen algebraischer Aufgaben, die entweder zu imaginären, oder zwar zu reellen, aber mit den Bedingungen der Aufgabe unvereinbaren Werthbestimmungen der Unbekannten führen, ebenso überhaupt alle mathematischen Probleme, die sich durch Analysis als unlösbar erweisen, wie die allgemeine Auflösung der höheren Gleichungen, die exacte Quadratur des Kreises und vieler anderen Curven, die Construction des regulären Sieben-, Elf-, Dreizehnecks u. s. f. im Kreise, die allgemeine und exacte Trisection des Winkels, Verdoppelung des Würfels, das Keplersche

Problem u. dgl. m. Ebenso legt in der praktischen Mechanik die Analysis die Unmöglichkeit eines *perpetuum mobile* dar, mit minderer Sicherheit die der willkürlichen Leitung des Luftballons, der Fähigkeit des Menschen sich auf Flügeln in die Luft zu erheben u. s. f. Ebenso sucht in der Philosophie die Analysis z. B. die Unmöglichkeit eines strengen Beweises vom Dasein Gottes oder von der persönlichen Fortdauer, einer allgemeinen Gedankencharakteristik (im Sinne Leibniz's) und anderer Probleme dieser Art darzuthun. Die Geschichte der Erfindungen giebt aber auch Beispiele genug, wo in Ermangelung einer strengen Analysis oder der Mittel zu einer solchen, kühne Entwürfe, die sich später doch als ausführbar erwiesen, anfangs für unmöglich, für blosse Träumereien gehalten wurden. Man denke nur an den Dampfwagen und das Dampfschiff, die riesenhaften Kettenbrücken unserer Zeit oder die bei ihrer Erfindung für zauberisches Teufelswerk gehaltene Buchdruckerkunst.

§ 141.

Probleme, deren Giltigkeit von dem Ergebniss ihrer Analysis abhängt, können nur hypothetische heissen. Es giebt aber auch absolute Probleme. Sie entstehen, wenn eine unmittelbar gewisse und daher nicht aufzuhebende Thatsache (*factum*) gegeben ist, die jedoch zu einer Ergänzung durch Denken (Begriffe) nöthigt, ohne welche sie als unbegreiflich erscheint. Dies ist zunächst überall der Fall, wo eine solche Thatsache als von Bedingungen abhängig erkannt wird, indess diese entweder gar nicht oder nur unvollständig gegeben sind. Die gesuchten Bedingungen heissen dann die Erklärungsgründe (*rationes s. principia essendi*), die Ableitung der Thatsache aus ihnen (die als Deduction der Giltigkeit ihres Begriffes zu betrachten ist) die Erklärung (*explicatio*) derselben. Sind ihre Bedingungen theilweise gegeben und nur die fehlenden hinzuzufinden, so ist zu diesem Zwecke im allgemeinen die analytische Methode anwendbar, vorausgesetzt, dass zugleich die zu ihrer Schlusskette erforderlichen Hilfsprämissen vorhanden sind. Da alsdann aus dem Begriff der Thatsache als einer bedingten ihre fehlenden Bedingungen durch Schlüsse abgeleitet werden, so wird dadurch jene zum Erkenntnissgrund (*ratio s. principium cognoscendi*) ihrer Erklärungsgründe, die im Denken aus ihr folgen, indess die Thatsache selbst als wirkliche die nothwendige Folge ihrer wirklichen, durch Denken aber erkannten Bedingungen sein muss.

1. Mit dem Erklärungsgrunde ist wenigstens der formale Begriff der Ursache gegeben, den man zwar immer noch von dem metaphysischen, der, weil er sich auf das Seiende, Reale bezieht, im eigentlichen Sinne Realgrund zu nennen ist, unterscheiden muss, mit dem aber, näher besehen, alle empirisch-rationale Forschung sich begnügt, obgleich sie sich häufig einer Redeweise bedient, die so realistisch lautet, als ob bloss formale Begriffsverknüpfungen schon der adäquate Ausdruck des wirklichen Seins und Geschehens wären. Denn Naturphänomene, historische Begebenheiten, Sprachformen und ihre Umwandlungen erklären heisst nichts Anderes als nachweisen, dass sie (für unser Denken) die nothwendigen Folgen der Verknüpfung angeblicher Bedingungen sind. Diese nennen wir dann ihre Ursache (*causa*), und zwar, wenn die Bedingungen nicht bloss vorausgesetzte (hypothetische), sondern thatsächlich gegebene sind, ihre wirkliche Ursache (*vera causa*). Im letzteren Falle verknüpft das Denken nur Phänomene mit Phänomenen. Im ersteren geht es zwar über diese hinaus, aber die exacte Forschung behauptet nicht unbedingt die Realität der bloss hypothetisch gesetzten Bedingungen, sondern legt ihnen nur den Werth von Hilfsbegriffen bei, die sie wieder aufzuheben bereit ist, sobald es sich zeigt, dass ihre Consequenzen mit den Phänomenen nicht genügend übereinstimmen. — Da die Ableitung der Folge aus dem Erklärungsgrunde nur durch Schlüsse geschehen kann, der Schluss aber durch den Mittelbegriff bedingt ist, so bezeichnet dieser allerdings, wie schon Aristoteles bemerkt (τὸ μὲν γὰρ αἴτιον τὸ μέσον), wenigstens die am meisten hervortretende Ursache, aber doch nicht den ganzen Grund (der nach § 39 nie ein einfacher Begriff sein kann), sondern nur einen hervorstechenden Theil desselben. Die Erklärung der Mondfinsterniss z. B. (ein Beispiel, dessen sich Aristoteles bedient) beruht auf folgenden Schlüssen:

Wenn ein undurchsichtiger Körper zwischen einen leuchtenden und einen von diesem beleuchteten tritt, so wird letzterer verfinstert.

Nun ist die Erde ein undurchsichtiger, die Sonne ein leuchtender, der Mond ein von der Sonne beleuchteter Körper.

Also, wenn die Erde zwischen die Sonne und den Mond tritt, wird der Mond verfinstert.

Nun tritt aber jederzeit, wenn eine Mondfinsterniss stattfindet, die Erde zwischen Sonne und Mond.

Also wird dann (nothwendiger Weise) der Mond verfinstert.

Was ist nun also die Ursache der Mondfinsterniss? Man kann freilich zunächst antworten: das Eintreten der Erde zwischen Sonne und Mond. Aber dies ist nur ein Theil des Erklärungsgrundes, zu dem noch ausserdem gehört, dass die Erde undurchsichtig, die Sonne leuchtend, der Mond von der Sonne beleuchtet ist, und vor allen Dingen, dass die Verknüpfung der Begriffe im ersten Obersatz eine giltige ist. — Was übrigens den aristotelischen Satz: τὸ αἴτιον τὸ μέσον betrifft, so scheint er uns keinen andern Sinn zu haben als den, dass, wenn man den Syllogismus auf reale Gegenstände anwendet, dann der Mittelbegriff die Bedeutung der Ursache erhält, oder durch ihn die Ursache erkannt wird, nicht aber, dass er die Ursache ist. Ueberhaupt aber muss wohl in diesem Zusammenhange dem *αἴτιον* die allgemeinere Bedeutung des Grundes beigelegt werden. Denn wenn z. B. Aristoteles das *αἴτιον* des Satzes, dass der Winkel im Halbkreis ein rechter ist, erörtert, so kann hier nicht wohl von einer bewirkenden Ursache, sondern nur von einem Grunde die Rede sein, aus dem dieser Winkel ein rechter ist. Und so dünkt uns, dass bei Aristoteles zwar die Erkenntniss des realen Causalnexus der Dinge von dem Syllogismus abhängig gemacht wird, nicht aber, dass dieser auf jenem ruht, sondern die Einsicht von seiner nothwendigen formalen Giltigkeit, nach unserer heutigen Ausdrucksweise, auch ihm eine Erkenntniss *a priori* ist.

2. Der Satz: „alles was geschieht muss seine Ursache haben", vermöge dessen wir für jede thatsächlich gegebene Veränderung einen Erklärungsgrund fordern, sagt aus, dass es uns unmöglich ist, das Veränderliche als ein Unbedingtes zu denken; und diese Unmöglichkeit hat ihren Sitz darin, dass der Begriff des Veränderlichen, welches kommt und geht, erscheint und wieder verschwindet, also gesetzt wird, um wieder aufgehoben zu werden, mit dem des Unbedingten, nicht Aufzuhebenden, sich ewig Gleichen in Widerspruch steht und daher unvereinbar ist. Darum tritt die Frage nach den Ursachen bei scheinbar regellosen Erscheinungen, wie etwa die Witterungsveränderungen oder die Sonnen- und Mondfinsternisse, stärker auf, als bei gleichmässig sich wiederholenden, periodisch wieder-kehrenden, und bei ungleichförmigen Bewegungen stärker als bei gleichförmigen. So suchte die Astronomie der Alten wohl nach den Erklärungsgründen der irregulären Bewegungen der Planeten, betrachtete aber die gleichförmige tägliche Umdrehung der Fixsternsphäre nicht als der Erklärung bedürftig, und war befriedigt, wenn sich der Planetenlauf aus der Zusammensetzung hypothetischer gleichförmiger cyklischer Bewegungen ableiten liess. Der Philosophie fällt die schwere Aufgabe zu, das schlechthin Unbedingte, alles Andere Bedingende zu ergründen. Alle übrigen Wissenschaften begnügen sich mit der Erkenntniss der näheren oder entfernteren Bedingungen der Erscheinungen; auch die Mathematik macht nicht darauf Anspruch, vom Unbedingten auszugehen, sondern sagt nur, auf ihre Voraussetzungen und die Logik hinweisend: *haec si dederis, reliqua omnia concedenda sunt.*

3. Als Muster einer Ableitung der Erklärungsgründe einer Erscheinung durch analytische Methode ist Newton's Begründung des Gravitationsprincips anzusehen. Die Erscheinung ist hier die Bewegung der Planeten, welche durch Kepler's Gesetze einen scharfen begrifflichen (mathematisch bestimmten) Ausdruck erhalten hatte. Newton stellte sich nun die Aufgabe die mechanischen Bedingungen zu finden, von denen die Planetenbewegungen nach den Keplerschen Gesetzen die nothwendigen Folgen sind. Ihre Auflösung beruht auf folgenden Momenten. Da die Planetenbahnen krumme Linien sind, krummlinige Bewegung aber nur unter der Voraussetzung einer stetig wirkenden, den bewegten Körper von der geradlinigen

Richtung, nach welcher er (vermöge des Trägheitsgesetzes) seine Bewegung fortzusetzen strebt, unausgesetzt ablenkenden (beschleunigenden) Kraft möglich ist, so reducirt sich jene Aufgabe auf die Bestimmung der Richtung und Stärke einer solchen Kraft. Aus der Giltigkeit des zweiten Keplerschen Gesetzes (wonach die Planetenbahnen ebene Curven sind, deren Ebenen durch den Mittelpunkt der Sonne gehen, und deren nach diesem gezogene Vectoren in gleichen Zeiten gleiche Flächen beschreiben) folgt durch Anwendung der analytischen Methode, dass die gesuchte Kraft stets nach dem Mittelpunkt der Sonne gerichtet sein muss. Ebenso ergiebt sich aus dem ersten Keplerschen Gesetz (nach dem die Planetenbahnen Ellipsen sind, und in einen ihrer Brennpunkte der Mittelpunkt der Sonne fällt), dass für verschiedene Orte eines und desselben Planeten in seiner Bahn die Wirksamkeit jener beschleunigenden Kraft umgekehrt proportional dem Quadrate des veränderlichen Radiusvectors, zugleich aber direct proportional dem Cubus seines mittleren Abstandes von der Sonne und umgekehrt proportional dem Quadrate seiner Umlaufszeit sein muss. Da nun nach dem dritten Keplerschen Gesetz die Cubi der mittleren Abstände der Planeten von der Sonne sich wie die Quadrate der Umlaufszeiten verhalten, so ergiebt sich endlich aus dem Vorigen durch einen einfachen Schluss, dass die Wirkung, welche die beschleunigende Kraft auf verschiedene Planeten ausübt, in jedem beliebigen Orte derselben den Quadraten ihrer Vectoren umgekehrt proportional sein muss. Es lässt sich nun auch umgekehrt erweisen, dass, wenn eine solche nach dem Mittelpunkt der Sonne gerichtete, den Quadraten der Vectoren umgekehrt proportionale Kraft angenommen wird, die Planetenbewegung nach den Keplerschen Gesetzen davon die nothwendige Folge ist. Diese Gesetze sind also hier der Erkenntnissgrund der beschleunigenden Kraft der Gravitation, und umgekehrt diese der Erklärungsgrund der Planetenbewegung. — Es muss jedoch bemerkt werden, dass auf diesem Raisonnement allein noch nicht die Entdeckung der Gravitation beruht, denn auch Andere, insbesondere Hooke, waren vor oder gleichzeitig mit Newton schon zu ähnlichen Folgerungen gelangt. Newton aber hielt sich nicht für berechtigt, eine solche Kraft zu postuliren, sondern suchte sie als eine thatsächlich vorhandene nachzuweisen. Dies that er abermals durch Anwendung der analytischen Methode. Da nämlich auch die mittlere Bewegung des Mondes um die Erde nach dem ersten und zweiten Keplerschen Gesetze erfolgt, so ergiebt sich durch dieselben Schlüsse, dass auch der Mond in seiner krummlinigen Bahn durch eine nach dem Mittelpunkt der Erde gerichtete, dem Quadrat seines Vectors umgekehrt proportionale Kraft erhalten wird. Nun ist die Schwere an der Oberfläche der Erde eine nach derselben Richtung wirkende, thatsächlich gegebene Kraft, deren Intensität aus den Beobachtungen über den Fall der Körper und die Schwingungen des Pendels genau bekannt ist. Angenommen nun, diese Kraft sei, im umgekehrten Verhältniss der Quadrate der Entfernungen abnehmend, dieselbe, welche den Mond in seiner Bahn erhält, so muss der Raum, durch welchen dieser, wenn man seine Bewe-

gung in eine tangentiale und centripetale zerlegt, in einer Secunde nach
dem Mittelpunkt der Erde wirklich fällt, und der also die Grösse der ihn
in seiner Bahn erhaltenden Kraft darstellt, so gross sein, dass, wenn man
aus ihm nach dem umgekehrten quadratischen Verhältniss der Entfernung
den Raum berechnet, durch den diese Kraft einen Körper an der Oberfläche der Erde zum Fallen nöthigen würde, dieser dem beobachteten
Fallraum in einer Sekunde völlig gleich ist. Dies findet nun in der That
statt und bestätigt daher die problematische Voraussetzung der Identität
der den Mond in seiner Bahn erhaltenden Kraft mit der Schwere.

4. Auf der Unterscheidung des Erkenntniss- und Erklärungsgrundes
beruht die doppelte Bedeutung, welche das so gangbare Wort Princip
hat, das bald einen Begriff anzeigt, der als Erkenntnissgrund eine regressive
Untersuchung einleitet, bald einen Erklärungsgrund, mit dem die begriffliche Ableitung einer gegebenen Thatsache als einer nothwendigen Folge
aus jenem beginnt. Im ersteren Sinne sind Kepler's Gesetze, im anderen
Newton's Gravitationsgesetz Principe. Dass der obige Ausdruck des
letzteren noch nicht der vollständige ist, indem die Gravitation zugleich den
Massen der Himmelskörper direct proportional ist, mag beiläufig erwähnt sein.

§ 142.

Das, was eine Thatsache im Sinne des vorigen Paragraphs
zu einem absoluten Problem macht und zum Suchen seiner
Auflösung nöthigt, ist der Widerspruch zwischen der erkannten Bedingtheit derselben und dem gänzlichen oder theilweisen Mangel gegebener Bedingungen, woraus die Unmöglichkeit, bei dem Gegebenen als einem Unbegreiflichen stehen zu
bleiben, und die Nothwendigkeit, den Mangel durch Denken
zu tilgen, hervorgeht. Es kann aber auch eine Thatsache in
einem noch anderen Sinne unbegreiflich sein und dadurch
zu einem absoluten Problem werden: dann nämlich, wenn sie
mit einem anderweit fest begründeten Satze oder einer nothwendigen Folge eines solchen Satzes in Widerspruch kommt,
so dass sich zwei Urtheile derselben Materie, von denen das
eine unmittelbare, das andre mittelbare Gewissheit hat, contradictorisch entgegenstehen. Solche absolute Probleme können
antithetische heissen. Die Lösung dieser Probleme fordert
die Aufhebung des in ihnen enthaltenen Widerspruchs. Wir
unterscheiden hierbei zwei Fälle. Entweder legt nämlich das
eine von beiden Urtheilen, zufolge eines Schlusses, einem
Subject A ein Prädicat B bei, das ihm das andere un-

mittelbar gewisse abspricht, oder aus einem giltigen Grunde
A ergiebt sich mit Nothwendigkeit die Setzung einer Folge B,
indess mit unmittelbarer Gewissheit das zweite Urtheil die
Zulässigkeit dieser Setzung verneint.

Die wichtigsten Probleme der Philosophie sind antithetische. Die
natürliche Weltansicht hält sich z. B. thatsächlich für überzeugt vom Dasein einer Vielheit unabhängig vom erkennenden Subject existirender
Dinge; der philosophische Idealismus macht aber dagegen geltend, dass
alles Wissen von diesen Dingen doch nur auf unseren Vorstellungen und
Begriffen von ihnen beruht, und daher kein Grund vorhanden ist, ihnen
ein vom denkenden Subject unabhängiges, selbständiges Sein zuzugestehen.
Ebenso stellt sich die Willensfreiheit des Menschen als eine nothwendige
Bedingung seiner Sittlichkeit dar. Gleichwohl ist andererseits thatsächlich
die menschliche Willensthätigkeit ein Glied in der Kette der natürlichen
Ereignisse, deren Lauf nach nothwendigen Gesetzen erfolgt; es kommt
also die Freiheit mit dieser Nothwendigkeit in Widerspruch. — Aber auch
ausserhalb der Philosophie ergeben sich antithetische Probleme sehr häufig,
wenn eine Thatsache mit einer allgemeinen Regel in Widerspruch geräth.
Dass z. B. der Mond am Horizont grösser erscheint als im Meridian, steht
damit im Widerspruch, dass in der ersteren Stellung seine Entfernung vom
Beobachter grösser ist als in der zweiten, er daher gerade umgekehrt etwas
kleiner als im Meridian erscheinen sollte. Oder wenn ein mit der Queue
gestossener Billardball statt nach allmählicher Verminderung seiner Geschwindigkeit still zu stehen, dann wieder eine Strecke zurückläuft und
nun erst wieder zum Stillstand kommt, so steht dies im Widerspruch mit
der begründeten Ansicht, dass die Reibung die progressive Bewegung nur
allmählich aufheben, dem Ball aber keinen Rückstoss ertheilen, er sich
auch nicht von selbst zurückbewegen kann. Oder wenn der Doppelkegel
die schiefe Ebene hinaufrollt, so finden wir dies im Widerspruch mit dem
Bestreben jedes schweren Körpers tiefer zu sinken. — Alles, was uns als
Ausnahme von einer für allgemein giltig gehaltenen Regel erscheint,
führt zu einem antithetischen Problem, wobei immerhin die Regel oft nur
einen subjectiven Grund haben mag. Fragt man z. B., warum Sonne und
Mond sich zuweilen verfinstern, die oberen Planeten zuweilen rück-
läufig werden, der Witterungslauf zwischen den Wendekreisen regelmässig
ist, so liegt den beiden ersten Fragen die richtige Annahme zu Grunde,
dass alle Veränderungen in der Natur nach Gesetzen erfolgen, nie rein zufällig sind; die dritte Frage aber geht gerade umgekehrt von der
Voraussetzung einer absoluten Gesetzlosigkeit des Witterungslaufs aus und
erweist sich dadurch als eine verkehrte, auf der blossen Gewohnheits-
ansicht eines Bewohners der gemässigten Zone beruhende, statt deren nur
die umgekehrte Frage: warum in den gemässigten Zonen der Witterungslauf so regellos erscheint, berechtigt ist.

12 *

§ 143.

Wenn zuvörderst aus den Prämissen: A ist M, alle M sind B, der Schluss: A ist B, gezogen wird, zugleich aber das Urtheil: A ist nicht B, feststeht, so kann

1) der Widerspruch nur ein scheinbarer (παράδοξον) sein, indem B in den beiden entgegengesetzten Urtheilen nicht genau ein und dasselbe ist. Der Widerspruch löst sich dann durch die Distinction der doppelten, B zukommenden Bedeutung, wobei die Begriffsverwechselung entweder durch die gemeinsame Bezeichnung von zwei verschiedenen Begriffen veranlasst wurde, oder beide B coordinirte Arten einer und derselben Gattung sind, deren Benennung in einem oder beiden Urtheilen der Benennung der Art substituirt worden war. In diesem Falle muss nun von der Prämisse: alle M sind B, zwar nicht die Form, wohl aber die Bedeutung durch Distinction verändert werden, indem statt der Gattung B nur eine Art derselben zu setzen ist.

Ist aber 2) eine solche Distinction nicht anwendbar, und der Schluss formell richtig, so nöthigt der Widerspruch zur Aufhebung einer seiner Prämissen. Es muss daher entweder der Untersatz: A ist M, ungiltig sein, und an seine Stelle der Satz: A ist nicht M, treten, oder der allgemein bejahende Obersatz mit dem besonders verneinenden: einige M sind nicht B, vertauscht werden, neben welchem der besonders bejahende: einige M sind B, noch Giltigkeit hat, so dass beide vereinigt das disjunctive Urtheil: jedes M ist entweder B oder nicht B, geben, aus dem nun mittels des Untersatzes: A ist M, der Schlusssatz: A ist entweder B oder nicht B, folgt, der mit dem gewissen Satze: A ist nicht B, in keinem Widerspruche steht, da er B dem A nur bedingungsweise, nämlich für den Fall beilegt, dass das Urtheil: A ist nicht B, nicht gelte. — Der Widerspruch nöthigt also hier zu einer Begriffserweiterung (amplificatio), indem an die Stelle des Subjects vom ursprünglichen Obersatz: alle M sind B, ein Begriff von weiterem Umfange tritt, von dem der Umfang des vorigen nur ein Theil ist. Das Prädicat B ist nun nicht mehr ein wesentliches, sondern nur noch ein zufälliges Merkmal von M (§ 119), das zu dessen Inhaltsbestimmungen nicht mehr nothwendig gehört.

Als Beispiel der Lösung eines Widerspruchs durch Distinction kann folgendes dienen. Jeder Körper, der seinen Ort stetig ändert, bewegt sich. Die Sonne ändert ihren Ort am Himmel stetig. Also bewegt sich die Sonne. Nun aber beweist die Astronomie, dass sie sich nicht bewegt. Dieser Widerspruch löst sich durch die Distinction der scheinbaren und wahren Bewegung. Ebenso wenn eine Kanonenkugel von Osten nach Westen geschossen wird und dieselbe Geschwindigkeit hat, mit der die Erde nach entgegengesetzter Richtung von Westen nach Osten rotirt, so wird ein Beobachter im Monde sagen, dass sie sich nicht bewegt, indess die Erdbewohner ihre Bewegung behaupten. Diesen Widerspruch löst die Distinction der absoluten und relativen Bewegung.

Die Lösung des Widerspruchs durch Begriffserweiterung werden folgende Beispiele erläutern. Vor der Entdeckung der neuen Planeten zwischen Mars und Jupiter galt der Satz: alle Planeten bewegen sich innerhalb der Grenzen des Thierkreises. Nun ist Pallas ein Planet; also muss ihre Bahn innerhalb dieser Grenzen liegen. Sie überschreitet aber, vermöge der starken Neigung ihrer Bahn, diese Grenzen. Dieser Widerspruch des Thatsächlichen mit der aus einer allgemeinen Regel gezogenen Folge nöthigt nun, entweder den Begriff des Planeten zu erweitern und die Beschränkung ihrer Bahnen auf die Grenzen des Thierkreises als ein Merkmal zu betrachten, das nur einem Theil der Planeten zukommt, oder Pallas ist kein Planet, sondern nur ein planetenähnlicher Himmelskörper (Planetoid, Asteroid). — Ebenso galt ehemals der Satz: alle Metalle sind schwerer als Wasser. Kalium und Natrium wurden entdeckt und als Metalle anerkannt. Also müssten sie schwerer als Wasser sein. Sie sind aber leichter als dieses. Also ist entweder nur ein Theil der Metalle schwerer als Wasser, oder Kalium und Natrium sind keine wahren Metalle. — Ferner: nach der gemeinen Vorstellung verstehen wir unter Wasser einen tropfbarflüssigen Körper. Ist nun Eis Wasser, so entsteht ein Widerspruch, der sich durch Erweiterung unseres Begriffs vom Wasser löst, indem wir die Flüssigkeit nicht mehr als ein wesentliches, sondern zufälliges Merkmal ansehen und flüssiges und gefrorenes (fest gewordenes) Wasser unterscheiden.

§ 144.

Sei zweitens der hypothetische Schluss gegeben; wenn A ist, so ist B; nun ist A; also ist B. Dagegen sei die wirkliche Folge von A etwas, was nicht B ist, ein *Non-B*. Wenn hier die Prämissen des Schlusses nicht unbedingt giltig sind, so löst sich sofort der Widerspruch durch Aufhebung der einen oder der anderen in ähnlicher Weise, wie im zweiten Theil des vorigen Paragraphs. Ist aber eine solche Aufhebung nicht zulässig, so kann nicht dasselbe A, welches die Setzung von B zur Folge hat, auch der Grund der Setzung eines $Non\text{-}B$ sein. Es muss daher einen von A verschiedenen Grund A' der Setzung des $Non\text{-}B$ geben. Bestände nun A' unabhängig von A neben ihm, so führte dies auf zwei neue Widersprüche; denn es wäre dann $Non\text{-}B$ gar nicht die Folge von A; sondern nur von A' (gegen die Voraussetzung, wonach es die wirkliche Folge von A sein soll); sodann: es würde, weil A wirklich ist, nothwendig ausser $Non\text{-}B$ auch B sein müssen, indess doch nach der Voraussetzung B nicht wirklich ist. Demnach ist A' in Verbindung mit A zu denken, um, mit diesem verbunden, das wirkliche $Non\text{-}B$ und nicht B als Folge zu geben. Dies bedeutet nun soviel als: A' ist die Mitbedingung der Setzung von $Non\text{-}B$, zu der A die Grundbedingung, die, ohne Verbindung mit A', B zur Folge haben würde. Es ist nicht unbeachtet zu lassen, dass hierbei überall nur von einem $Non\text{-}B$, d. i. von einem dem B coordinirten, von diesem disjunct verschiedenen Begriffe die Rede ist. — Hiermit ist nun der Widerspruch gelöst; denn es ist nicht mehr dasselbe A, welches B und auch $Non\text{-}B$ zur Folge hat, sondern das erstere kommt ihm ohne Verbindung mit A', das letztere in Verbindung mit diesem als Folge zu. Der Widerspruch löst sich also hier mittels einer Ergänzung (*integratio*) der gegebenen Bedingung A, als der vollständigen Bedingung der Setzung von B, aber der blossen Grundbedingung des gegebenen $Non\text{-}B$, durch eine Mitbedingung A', deren Mangel den Widerspruch erzeugt und daher als das Unbekannte des antithetischen Problems zu betrachten ist. Da diese ergänzende Mitbedingung in Verbindung mit der Grundbedingung gedacht werden muss, auf sie aber allein die Nothwendigkeit des Denkens führt, so kann diese Methode gegebener Widersprüche auch als die durch nothwendige Synthesis *a priori* bezeichnet werden.

Es ist hiermit der von Herbart erfundenen und auf metaphysische Probleme angewendeten „Methode der Beziehungen" eine Stelle in der Logik angewiesen, die ihr zu gebühren scheint, und die bereits oben (§ 39) auf die Erörterung des Verhältnisses zwischen Grund und Folge angewendet worden ist. In der That ist sie wesentlich nichts Anderes als die Nachweisung des Wegs, den das Denken einzuschlagen hat, wenn die Folge **nicht analytisch** im Grunde enthalten ist, In diesem Falle ist der angebliche Grund **mangelhaft**, und dies verräth sich dadurch, dass die **logische** Folge aus ihm mit der **gegebenen** in Widerspruch steht. Ist nun die logische Einsicht, dass aus einem Grunde, der schlechthin **Eins** ist, eine Folge · nicht hervorgehen kann, sondern diese stets eine verbundene Vielheit zur nothwendigen Voraussetzung hat, für die Lösung der höchsten philosophischen Probleme von grösster Wichtigkeit (indem z. B. dadurch die Lehre vom ἕν καὶ πᾶν ihre logische Widerlegung findet), so hat sie auch für nicht-philosophische Erkenntniss nicht geringere Bedeutung; ja es ist leicht nachweisbar, dass die exacte Forschung diese Ergänzungsmethode längst in Anwendung gebracht hatte, bevor Herbart sie *in abstracto* darstellte und ihre Nothwendigkeit nachwies. Wenn der gestossene Billardball sich erst vorwärts und dann eine Strecke wieder zurückbewegt, so hat die Verwunderung über diese Erscheinung für den Nachdenkenden nicht bloss in ihrer Ungewöhnlichkeit, sondern zugleich darin ihren Sitz, dass weder die progressive Bewegung, die der Stoss dem Ball ertheilt, noch der Widerstand der Reibung, noch die Verbindung von beiden ein zulänglicher Erklärungsgrund ist. Es bedarf der Ergänzung dieses Grundes durch die rotatorische Bewegung, die ein steil gegen die Ebene des Billards geführter Stoss zugleich mit der progressiven dem Ball ertheilt. Ebenso wenn der Doppelkegel die schiefe Ebene hinaufrollt, bedarf es der ergänzenden Nachweisung, dass dabei sein Schwerpunkt sinkt. Wenn ein bewegter Körper eine krumme Linie beschreibt, indess doch nach dem Gesetz der Trägheit nur eine gleichförmige geradlinige Bewegung begreiflich ist, so nöthigt dies zur Annahme einer stetig wirkenden von der geraden Linie ablenkenden Kraft. Wenn die Curve, welche ein geworfener Körper beschreibt, nicht eine Parabel ist, wie es aus der Verbindung des anfänglichen Stosses mit der Einwirkung der Schwere nothwendig folgt, so führt dies zur Annahme einer die parabolische Bahn modificirenden Kraft, die in dem Widerstande der Luft gefunden wird u. s. f. Die ganze Naturwissenschaft in ihrem allmählichen, aber sicheren Fortschritte giebt die reichhaltigsten Belege dafür, dass jederzeit die Widersprüche zwischen den nothwendigen Folgen einer aufgestellten Theorie mit den Thatsachen Antriebe zur Vervollständigung der Theorie durch ergänzende Erklärungsgründe geworden sind. Die Art und Verbindungsform dieser Gründe zu bestimmen, hängt aber immer von der Besonderheit des vorliegenden Problems ab. Aber auch schon in den Beweisen der mathematischen Lehrsätze wird in den meisten Fällen die Folge der Thesis aus der Hypothesis erst mittels einer Ergänzung der ersteren begreiflich. Diese Bedeutung haben in der Geometrie die Hilfslinien, in der Algebra und Analysis die Umwandlung der Form, wobei der quantitative Inhalt unverändert bleibt. Dass z. B., wenn a, b, c der Reihe nach die Längen der beiden Katheten und der Hypotenuse eines rechtwinklichen Dreiecks bezeichnen, $c^2 = a^2 + b^2$ ist, folgt nicht aus dem Begriff eines solchen Dreiecks, sondern ergiebt sich erst, wenn man das gegebene Dreieck durch eine aus dem Scheitel seines rechten Winkels auf die Hypotenuse gefällte Senkrechte in zwei ihm ähnliche Dreiecke zerlegt. Ebenso, dass, wenn $x^2 - ax = b$, $x = \frac{1}{2}a + \sqrt{b + \frac{1}{4}a^2}$ ist, ergiebt sich erst, wenn man dem linken Theil der gegebenen Gleichung die Form $x^2 - 2 \cdot \frac{1}{2}ax + \frac{1}{4}a^2 - \frac{1}{4}a^2$ d. i. $(x - \frac{1}{2}a)^2 - \frac{1}{4}a^2$ giebt.

§ 145.

Die Erweiterung der Erkenntniss durch Schlüsse von Bekanntem auf Unbekanntes findet ihre logische Grenze in den Bedingungen der Möglichkeit des Schliessens. Ueberall, wo die Prämissen unzureichend sind, ist der Schlusssatz nach Qaulität oder Quantität oder nach beiden zugleich unbestimmt, d. i. es stehen sich immer verschiedene, gleich mögliche Formen gegenüber, von denen mithin jede nur problematische Geltung hat, also zweifelhaft ist. Allein die Unerträglichkeit des Zweifels an sich und das Verlangen nach seiner Entscheidung, so wie der Drang nach Vermehrung des Wissens, theils auf theoretischem theils auf praktischem Interesse beruhend, lässt das Denken noch nicht stehen bleiben, sondern treibt es an, da, wo zu einem gewissen Endurtheile die zureichenden Gründe nicht gegeben sind, nach Gründen zu suchen, aus denen sich die Annahme der vorzugsweisen Giltigkeit des einen von zwei verschiedenen, aber gleich möglichen Urtheilen rechtfertigen lässt. Solche Gründe heissen Gründe der Wahrscheinlichkeit (*probabilitas*) eines Urtheils. Sie sind nicht Entscheidungsgründe, durch welche die Ungewissheit in Gewissheit umgewandelt werden kann, sondern Bestimmungsgründe für das denkende Subject, durch welche dieses bewogen wird, einem Urtheil vor einem anderen Geltung beizulegen. Die Wahrscheinlichkeit und ihr Gegentheil, die Unwahrscheinlichkeit, sind demnach als nähere, jedoch nur subjectiv giltige Artbestimmungen der Modalität des Problematischen anzusehen.

Zu wahrscheinlichen Urtheilen nöthigt theils die Wissbegierde, die entweder aus dem beunruhigenden Gemüthszustande des Zweifelns hervorgeht, oder zugleich in dem Werthe dessen, was zu wissen begehrt wird, aber nur unvollkommen bekannt ist, ihren positiven Grund hat, theils das praktische Bedürfniss, das äusserst häufig zum Zweck eines entschlossenen Handelns eine, wenn auch nur subjectiv giltige, Entscheidung dessen, was an sich unentschieden gelassen werden sollte, verlangt. Der Arzt, der unternehmende Geschäftsmann, der Feldherr, der Staatsmann sind meistens nur auf Wahrscheinlichkeit angewiesen; sie können nicht auf objectiv zureichende Entscheidungsgründe warten, weil zu oft bei ihrem Handeln Gefahr im Verzug ist.

Die Nothwendigkeit der streng logischen Resultate des Denkens ist nicht eine bloss in dem Unvermögen des Subjects, nicht anders zu können, begründete, sondern durch die Beschaffenheit und Verhältnisse des Gedachten, d. i. der Objecte des Denkens bedingte, und hat daher objective Giltigkeit, die sich auch auf die Dinge jedenfalls soweit erstreckt, als überhaupt ihr Wesen und ihr Verhalten zu einander und zum erkennenden Subject durch Begriffe bestimmbar ist. Alles Wahrscheinliche dagegen hat nur subjective Giltigkeit, da hier die Beschaffenheit und Verhältnisse des Gedachten eine Unentschiedenheit übrig lassen, deren Beseitigung das Subject begehrt und nach Gründen, die nicht für das Gedachte, sondern nur für das denkende Subject Giltigkeit haben, versucht. Die weitere Entwickelung des Begriffs der Wahrscheinlichkeit wird übrigens zeigen, unter welchen Bedingungen sie als eine Annäherung zur Gewissheit betrachtet werden kann.

§ 146.

Alle Wahrscheinlichkeit beruht auf Schlüssen, deren Obersätze in Ermangelung der erforderlichen Allgemeinheit unzureichend sind, um daraus logisch gewisse Schlusssätze abzuleiten. Dieser Mangel wird nun durch die Grundsätze der Wahrscheinlichkeit gehoben, welche bestimmen, unter welchen Umständen einem bloss besonderen Obersatz die Geltung eines allgemeinen beigelegt werden darf. Hierbei sind zwei Fälle zu unterscheiden. Entweder ist nämlich statt eines allgemeinen Obersatzes ein besonderes Urtheil, oder es sind zwei entgegengesetzte Urtheile von derselben Materie gegeben, deren jedes zum Obersatze gemacht werden kann, und zwischen denen also, wenn daraus ein Schluss gezogen werden soll, zu wählen ist. Aus der ersteren Voraussetzung entspringen die philosophischen, aus der zweiten die mathematischen Wahrscheinlichkeitsschlüsse. Die philosophische Wahrscheinlichkeit schliesst ferner entweder vom Besonderen auf das übergeordnete Allgemeine, oder vom Besonderen auf das beigeordnete Besondere. Im ersteren Falle ergeben sich die Wahrscheinlichkeitsschlüsse der unvollständigen Induction und Deduction, im anderen die der unvollständigen Analogie.

§ 147.

Nicht jeder Schluss, der sich der Induction bedient, ist ein blosser Wahrscheinlichkeitsschluss. Dies zeigt schon der inductive Beweis (§ 130). Denn wenn es gewiss ist, dass ein Prädicat P jedem einzelnen Glied des Umfangs eines Subjects S zukommt, so folgt mit Nothwendigkeit, dass es S selbst nach seinem ganzen Umfange zukommt. Der Schluss von allen einzelnen Theilen eines Begriffsumfangs auf das Ganze hat also apodiktische Gewissheit. Dasselbe gilt von der vollständigen oder strengen Induction (*inductio completa s. exacta*) als Erfindungsmethode, die sich von der Form des inductiven Beweises nur dadurch unterscheidet, dass hier nicht das Subject des Schlusssatzes S gegeben ist, und von diesem durch Eintheilung in seinen Umfang herabgestiegen, sondern aus einer gegebenen Begriffsreihe $A, B, C \ldots N$ durch Abstraction von den Artunterschieden der einzelnen Glieder ihr gemeinsamer Gattungsbegriff S gefunden wird. Ist es nun entweder unmittelbar und thatsächlich, oder mittelbar durch anderweite Schlüsse gewiss, dass das Prädicat P jedem Gliede dieser Reihe (als Eigenschaft oder Folge seiner Setzung) zukommt, so lautet der Schluss:

Sowohl A als $B, C, \ldots$ und N sind P,

$A, B, C \ldots$ und N sind alle S,

also sind alle $S \ldots P$.

Dies ist ein Schluss in der dritten Figur, in welchem die Begriffsreihe $A, B, C \ldots N$ als der Mittelbegriff anzusehen, der Schlusssatz aber nicht, wie sonst in der Regel, ein particulärer, sondern, weil die Begriffsreihe allen S äquipollent, ein allgemeiner ist (vgl. § 91 und § 99 Anm. 2.). Wenn aber durch diese Induction die Erkenntniss erweitert werden soll, so muss jedenfalls der Obersatz ein synthetisches Urtheil sein.

Durch diesen Schluss gelangen wir zur Kenntniss der allgemeinen Eigenschaften gleichartiger, also unter demselben Gattungsbegriff stehender Objecte, z. B. dass alle älteren Planeten (Mercur, Venus, Erde, Mars, Jupiter, Saturn) sich um ihre Axen drehen, alle früher bekannten Metalle (Gold, Silber, Eisen, Kupfer u. s. w.) schwerer als Wasser, gute Wärmeleiter, Electricitätsleiter, ebenso, dass alle Säugethiere mit gespaltenen

Hufen (*bisulca*), nämlich Schafe, Ziegen, Rinder, Hirsche, Kameele u. s. w., Wiederkäuer sind.

Wenn Aristoteles die Induction der apodiktischen Beweisführung durch den Syllogismus entgegenstellt, indem er den Syllogismus als den Schluss vom Allgemeinen aufs Einzelne, die Induction dagegen als den Schluss vom Einzelnen aufs Allgemeine bezeichnet, und in demselben Sinne neuere Schriftsteller (z. B. Whewell, Mill, Apelt u. A.) Deduction und Induction einander gegenüberstellen, so ist dies zwar richtig, aber deshalb nicht die Induction eine eigenthümliche Art zu schliessen neben den syllogistischen Figuren (was auch Aristoteles selbst gar nicht behauptet), sondern, wie oben gezeigt, ein Schluss in der dritten Figur, den man auch, wegen der reinen Umkehrbarkeit des Untersatzes, auf die erste Figur zurükführen kann. Wenn aber gar manche jüngere Naturforscher in ihrem Enthusiasmus für die inductive Methode wähnen, der Syllogismus müsse in der Naturwissenschaft völlig antiquirt werden und der Induction ausschliesslich das Feld räumen, so ist dies eine Thorheit, die gerade durch die exacte Naturforschung, die erst in einer mathematischen deductiven Theorie der Erscheinungen ihren Abschluss findet, handgreiflich widerlegt wird. Aristoteles unterscheidet aber auch noch (*Analyt. poster.* II. c. 23) die Induction von dem Syllogismus dadurch, dass er sagt, letzterer lege dem Unterbegriff mittels des Mittelbegriffs den Oberbegriff bei, jene, die Induction, dagegen den Oberbegriff mittels des Unterbegriffs dem Mittelbegriff, so dass dieser zum Subject des Schlusssatzes werde. Dies ist nun zwar insoweit richtig, als, wenn man den Schluss durch Induction mit einem Syllogismus in der ersten Figur, welcher dieselben Begriffe enthält, vergleicht, die aristotelische Auffassung sich rechtfertigen lässt, aber sie ist doch mehr eine Paradoxie, die nur zu leicht die einfache Sachlage, anstatt sie aufzuklären, verwirrt und den Wahn erzeugt, als ob dem inductiven Schlusse ein eigenthümliches Princip zu Grunde läge, und hier ohne Mittelbegriff geschlossen würde, was doch keineswegs die Meinung des Aristoteles ist. Um diese an dem von ihm selbst gegebenen Beispiel zu erläutern, so schliesst die Induction:

> der Mensch, das Pferd und der Maulesel sind langlebig,
> dieselben sind (alle) Thiere, welche keine (? wenig) Galle haben,

also sind alle Thiere, welche keine Galle haben, langlebig,
der Syllogismus dagegen:

> alle Thiere, welche keine Galle haben, sind langlebig,
> der Mensch, das Pferd und der Maulesel haben keine Galle,

also sind der Mensch, das Pferd und der Maulesel langlebig.

Hier ist im Syllogismus langlebig der Oberbegriff; gallenlose Thiere der Mittelbegriff, und die Reihe Mensch, Pferd, Maulesel der Unterbegriff. Trägt man nun diese Bestimmungen auf den Inductionsschluss über, so kann man allerdings vergleichungsweise sagen, dass in ihm der Oberbegriff mittels des Unterbegriffs dem Mittelbegriff als Prädicat beigelegt werde. Aber daraus erhellt nicht im mindesten die Befugniss, in solcher

Weise einen Schluss zu ziehen, sondern nur daraus, dass man die Begriffsreihe als den Mittelbegriff und die gallenlosen Thiere als den Unterbegriff betrachtet.

§ 148.

Wenn in dem Schluss, der im vorigen Paragraph auf die vollständige Induction führte, der Untersatz aussagt, dass A, B, C, ... N nur einige S sind, so folgt nach der Regel der dritten Figur, dass auch nur einige S .. P sind. Die Folgerung *ad subalternantem* (§ 71) gestattet nun zwar, daraus noch weiter abzuleiten, dass möglicherweise auch alle S .. P sein können; aber auch das Gegentheil, dass nur einige S .. P seien, ist ebenso möglich. Stellt man aber den Grundsatz auf, dass, für je mehr Glieder des Umfangs von S es gewiss ist, dass ihnen das Prädicat P zukommt, um so weniger Grund vorhanden ist, anzunehmen, dass P nicht allen S zukomme, so erhält dadurch der allgemeine Schlusssatz: alle S sind P, um so mehr Wahrscheinlichkeit, für einen je grösseren Theil des Umfangs von S mit Gewissheit P Prädicat ist. Dieser Wahrscheinlichkeitsschluss von einem Theil des Umfangs von S auf das Ganze heisst die unvollständige Induction (*inductio incompleta*). Dass dieser Schluss erst durch Verbindung mit dem Schlusse nach Analogie grössere Zuverlässigkeit gewinnt, wird später gezeigt werden. Unmittelbar einleuchtend ist aber schon hier, dass, wenn die „einigen S" nicht Arten derselben Gattung, sondern Exemplare derselben Art bedeuten, sie also ihrem Begriffe nach identisch sind (§ 8), der Schluss von einigen, ja von einem einzigen S auf alle nicht mehr bloss Wahrscheinlichkeit, sondern Gewissheit hat. Wo dies aber nicht der Fall ist, da genügt schon die Nachweisung, dass einem einzigen Gliede des, wenn auch noch so kleinen Restes des Umfangs von S das Prädicat P nicht zukomme, um die vermuthete Allgemeinheit des Schlusssatzes aufzuheben. Ein solcher widerlegender Fall heisst ein Einwand (*instantia*).

Im gemeinen Leben machen wir von diesem Wahrscheinlichkeitsschluss einen sehr ausgedehnten und oft sehr unbehutsamen Gebrauch. Die Beobachtung weniger Personen desselben Standes oder Volkes genügt uns schon, um daraus ein Urtheil über die Gesammtheit zu ziehen; ein kurzer

Aufenthalt in einem fremden Lande, um über seine Eigenthümlichkeiten allgemeine Behauptungen aufzustellen. Vorurtheile, vorgefasste Meinungen der mannigfaltigsten Art sind das Product kecker Inductionen, die nicht nur von wenigen zutreffenden Fällen (wie z. B. die meisten Wetterregeln) auf alle schliessen, sondern obendrein die widerlegenden Instanzen unbeachtet lassen. — Doch nur der unwissenschaftliche Leichtsinn missbraucht in solcher Weise die unvollständige Induction, die, mit Vorsicht angewandt, der Erweiterung unserer Erkenntniss die grössten Dienste geleistet hat. Wenn von den drei Regeln, die Newton (*principia philos. natur. mathem. L.* III) für die Methodik der naturwissenschaftlichen Untersuchung aufstellt, die dritte lautet: *qualitates corporum, quae intendi et remitti nequeunt, quaeque corporibus omnibus competunt, in quibus experimenta instituere licet, pro qualitatibus corporum universorum habendae sunt,* so ist dies der Grundsatz der unvollständigen Induction. Er wendete ihn an, als er durch Pendelversuche, die er (*l. c. prop.* VI.) beschreibt, und die durch ausgedehntere und schärfere Versuche von Bessel bestätigt worden sind, gefunden hatte, dass die Schwere auf Gold, Silber, Blei, Glas, Sand, Salz, Holz, Wasser, Weizen vollkommen gleich wirkt, und hieraus schloss, dass sie auf alle irdischen Körper, unabhängig von ihrer qualitativen Verschiedenheit, in gleicher Weise wirke, und überhaupt alle allgemeinen physikalischen Eigenschaften der Körper durch denselben Schluss begründet fand. Auf Anwendung desselben Grundsatzes beruht die Annahme, dass die Gravitation, nachdem sie sich an den Planeten und deren Trabanten, an den Kometen und Doppelsternen als Erklärungsprincip ihrer Bewegungen bewährt hat, eine allgemeine Eigenschaft aller Himmelskörper sei.

Was die Schlussbemerkung des Paragraphs betrifft, so braucht bloss daran erinnert zu werden, dass der Naturforscher, voraussetzend, dass die Natur bei der Hervorbringung von Individuen derselben Gattung und Art sich gleich bleibt und daher die Individuen als Exemplare betrachtet werden können, mit grosser Sicherheit aus der chemischen Zusammensetzung, der Krystallform, dem specifischen Gewicht einzelner Exemplare von Mineralien, aus dem Bau einzelner Exemplare von Pflanzen und Thieren, den Functionen ihrer Organe u. s. w. nach unvollständiger Induction auf die charakteristischen Eigenschaften der Arten, denen sie als Exemplare angehören, schliesst.

§ 149.

Wenn die Induction das Prädicat aller oder einiger Arten auf ihre gemeinsame Gattung überträgt, so schliesst dagegen die Analogie von dem Prädicat einer Art auf das einer ihr coordinirten Art. Auch dieser Schluss ist nicht unter allen Umständen ein blosser Wahrscheinlichkeitsschluss. — Sind zwei Begriffe *A* und *B* coordinirte Arten ihrer nächsthöheren

Gattung G, so verhalten sie sich zu einander wie ihre Artunterschiede α und β und gehen durch Vertauschung derselben in einander über; denn A ist G determinirt durch α $(G\alpha)$, B ist G determinirt durch β $(G\beta)$. Kommt nun A ein Prädicat P (als Eigenschaft oder Folge) zu, so kommt es ihm zu, weil es entweder schon Prädicat seiner Gattung G ist, und dann kommt dasselbe Prädicat zugleich auch B zu. Oder es kommt ihm nur hinsichtlich seines Artunterschiedes α zu und ist dann nicht zugleich Prädicat von B. Oder endlich es kommt ihm theils in Bezug auf G, theils in Bezug auf α zu, so dass P ein durch den Artunterschied α modificirtes (determinirtes) Prädicat p der Gattung G $(P{=}p\,\alpha)$ ist. In diesem letzten Falle muss nun auch B ein Prädicat Q zukommen, welches das durch den Artunterschied β modificirte Prädicat p der gemeinsamen Gattung G $(Q{=}p\,\beta)$ ist und sich also zu P verhält wie β zu α, d. i. wie B zu A. Wegen dieser Gleichheit der Verhältnisse zwischen den gleichartigen Subjecten und ihren ebenfalls gleichartigen Prädicaten heissen nun die letzteren den ersteren analog, und der Schluss von den ersteren und dem Prädicat eines von beiden auf das des andern der Schluss nach strenger Analogie (*analogia exacta*).

Die logische Form desselben ist:

A hat das Prädicat P $(= p\,\alpha)$, als Eigenschaft oder Folge,

B ist A mit Vertauschung von α mit β,

also hat B das Prädicat P mit Vertauschung von α mit β,

(d. i. $p\,\beta = Q$).

Die Mathematik macht von diesem Schluss den häufigsten Gebrauch. Die gemeine Regel-Detri ist das einfachste Beispiel seiner Anwendung. Einer Waare kommt ein Geldwerth zu, der sich theils nach ihrer Qualität (Gattung), theils nach ihrer Quantität (entsprechend dem Artunterschied) richtet. Ist derselbe nun bei einer gewissen Qualität für die Einheit der Quantität $= p$, daher für die Quantität $\alpha = \alpha\,p$, so folgt nach strenger Analogie, dass er für die Quantität $\beta = \beta\,p$ sein wird. — Ist bewiesen, dass, wenn m eine ganze positive Zahl bedeutet,

$$(1 + x)^m = 1 + \frac{m}{1}\,x + \frac{m\,(m-1)}{1\,.\,2}\,x^2 + \frac{m\,(m-1)\,(m-2)}{1\,.\,2\,.\,3}\,x^3 + \cdots,$$

so folgt nach strenger Analogie, wenn auch n eine ganze positive Zahl bedeutet, durch Vertauschung von m mit $m + n$, dass,

$$(1 + x)^{m+n} = 1 + \frac{(m + n)}{1} x + \frac{(m + n) (m + n - 1)}{1 \cdot 2} x^2 +$$
$$+ \frac{(m + n) (m + n - 1) (m + n - 2)}{1 \cdot 2 \cdot 3} x^3 + \dots$$

Denn m und $m + n$ stehen beide unter dem Gattungsbegriff der ganzen Zahl, und ihr Artunterschied ist nur quantitativ. Bedeutet dagegen n einen positiven echten Bruch, so folgt nicht, dass auch $(1 + x)^n$ auf analoge Weise durch eine Reihe darstellbar sei. Denn nach der Voraussetzung ist die Identität von $(1 + x)^m$ mit der entsprechenden Reihe nicht bewiesen, sofern m überhaupt eine positive Zahl, sondern nur sofern es eine positive ganze Zahl ist. — Ist ferner gezeigt, dass,

wenn $x^2 - a\,x = b$, $\qquad x = \frac{1}{2} a \pm \sqrt{b + \frac{1}{4} a^2}$ ist,

so folgt nach strenger Analogie, dass,

wenn $x^{2m} - a\,x^m = b$, $\qquad x^m = \frac{1}{2} a \pm \sqrt{b + \frac{1}{4} a^2}$ ist.

Ebenso, wenn gezeigt ist, dass aus den Gleichungen

$$a\,x + b\,y = c \qquad \text{und} \qquad a'\,x + b'\,y = c'$$
$$x = \frac{b'\,c - b\,c'}{a\,b' - a'\,b},$$

so folgt nach strenger Analogie durch Vertauschung von x mit y, a mit b und a' mit b', und umgekehrt von b mit a und b' mit a', dass

$$y = \frac{a'\,c - a\,c'}{a'\,b - a\,b'}.$$

Durch dieses auf der strengen Analogie beruhende Princip der Vertauschung erspart sich die Algebra und Analysis eine Menge unnöthiger Rechnungen. — Die Anwendung dieses Schlusses ist jedoch an sich nicht auf die Mathematik beschränkt, wie folgendes Beispiel zeigt. Der Mensch (A) und das Thier (B) sind beseelte Organismen (G). Der eigenthümliche Artunterschied des Menschen ist die Vernunft (α), der des Thiers der Instinct (β). Beiden kommt zufolge ihrer gemeinsamen Gattung das Prädicat Vermögen zu handeln (p) zu, aber dem Menschen in besondrer Beziehung auf seinen Artunterschied das Vermögen vernünftig zu handeln ($P = p\alpha$). Hieraus folgt nun nach strenger Analogie, dass dem Thier mit Bezug auf seinen Artunterschied das Vermögen instinctiv zu handeln ($Q = p\beta$) zukommen muss. — In vielen Fällen aber fehlen die scharfen Bestimmungen der Begriffe und ihrer Beziehungen zu einander, wodurch der Schluss mehr als ein blosser Wahrscheinlichkeitsschluss ist. Das Verhältniss Gottes zu der Welt z. B. mag dem des Künstlers zu seinem Kunstwerk, das Verhältniss Gottes zu den Menschen dem des Vaters zu seinen Kindern analog gedacht werden; aber der specifische Unterschied zwischen dem menschlichen und dem göttlichen Künstler und Vater ist so gross und so wenig in scharfe Begriffe fassbar, dass mit untrüglicher Sicherheit von der Weise der menschlichen Kunstschöpfung und väterlichen Fürsorge und Obhut auf die göttliche keineswegs geschlossen werden kann, dass eine Erkenntniss des göttlichen Schaffens und Regierens daraus nicht fliesst.

§ 150.

Wenn ein Prädicat P (als Eigenschaft oder Folge) dem ersten von zwei gleichartigen Begriffen A und B zwar thatsächlich zukommt, der logische Zusammenhang desselben mit seinem Subject aber nur unvollständig bekannt und es daher ungewiss ist, ob dasselbe allein durch den Artunterschied, oder zugleich durch den Gattungsbegriff von A bedingt wird. so bleibt es zweifelhaft, ob P ausschliesslich dem A, oder zugleich auch B zukommt oder nicht, und im ersten Falle, ob es ihm unverändert oder modificirt zukommt. Wenn aber A ausser P eine ganze Reihe von Prädicaten $a, b. c, \dots n$. und, entsprechend einem Theil dieser Reihe, B eine Reihe ähnlicher (nur der Gattung nach gleicher) Prädicate $a', b', c', \dots k'$ hat, so kann der Grundsatz aufgestellt werden: je mehr solcher Prädicate B mit A gemein hat, um so wahrscheinlicher ist es, dass ihm auch in Bezug auf die übrigen ähnliche zukommen werden. Dies ist der Grundsatz des Schlusses nach unvollständiger, bloss wahrscheinlicher Analogie (analogia incompleta s. probabilis). Man kann ihn mit dem der unvollständigen Induction (§ 148) zusammenfassen in den allgemeineren: was von vielen Theilen eines Ganzen gilt, gilt wahrscheinlich von allen. Bei der Induction sind diese Theile Theile des Umfangs eines Subjects; das, was von ihnen gilt, ist ihr gemeinsames Prädicat. Bei der Analogie ist das Ganze die Gesammtheit der Prädicate eines Subjects, das, was von einem Theil derselben gilt, die Aehnlichkeit mit den Prädicaten eines gleichartigen Subjects. Die Schlussform ist daher in beiden Fällen dieselbe. Nur sind in der Induction die Theile des Ganzen disjuncte Begriffe, in der Analogie dagegen disparate.

Erde und Mars z. B. sind beide kugelförmige Körper, die von der Sonne erleuchtet und erwärmt werden, sie periodisch umkreisen, sich periodisch um ihre Axen drehen und daher Jahres- und Tageszeiten haben. Auch haben beide eine Atmosphäre, und die mit den Jahreszeiten sich ausdehnenden und zusammenziehenden weissen Flecken an den Polen des Mars deuten auf Schnee, mithin auf Wasser. Der Mars hat also einen Theil der Eigenschaften, durch welche auf der Erde die Vegetation bedingt ist. Ob auf ihm auch Humus vorhanden ist, der Pflanzen ernähren kann, ob Elektricität u. s. w., ob vor Allem Samen, die sich zu Pflanzen entwickeln können, wissen wir nicht. Weil aber auf ihm ein grosser Theil der Bedingungen der Vegetation gegeben ist, so dürfen wir wenigstens vermuthen, d. i. es für wahrscheinlich halten, dass auch die übrigen vorhanden sein werden und, was eine Folge davon, dass sich auf der Oberfläche des Mars eine Vegetation vorfindet. Für den Mond dagegen würde diese Vermuthung, mindestens hinsichtlich der uns zugewandten Seite desselben, unstatthaft sein; denn es fehlen hier entschieden Luft und Wasser.

§ 151.

Auf der strengen Analogie und, zum Theil, auf Verbindung derselben mit der Induction beruht der Begriff des Gesetzes oder der Regel, worunter die Eigenschaften einer Reihe gleichartiger Subjecte A_1, A_2, A_3, ... A_n (oder die successiven Eigenschaften eines und desselben sich verändernden Subjects) stehen. Sind nämlich jene Eigenschaften den Beschaffenheiten dieser Subjecte streng analog, stehen sie also zu den theils gemeinsamen theils eigenthümlichen Beschaffenheitsbestimmungen der ihnen entsprechenden Subjecte in einer und derselben Beziehung, sind sie in gleicher Weise durch sie bedingt, daher die Form ihrer Abhängigkeit von ihnen ein und dieselbe, so heisst diese identische Beziehung oder Form der Abhängigkeit das Gesetz der Reihe der Eigenschaften. Bezeichnet a die gemeinsamen, a_1, a_2, a_3, ... a_n aber die eigenthümlichen Beschaffenheitsbestimmungen, die den verschiedenen Subjecten (oder dem successiv sich verändernden einen Subject) zukommen, endlich y_1, y_2, y_3, ... y_n die den Beschaffenheiten entsprechenden Eigenschaften, so kann ihre strenge Analogie symbolisch ausgedrückt werden durch die Formeln

$$y_1 = f(a, a_1),\ y_2 = f(a, a_2),\ y_3 = f(a, a_3), \ldots. y_n = f(a, a_n),$$

wo f die identische Form der Abhängigkeit bezeichnet, und durch die successive Vertauschung von a_1 mit a_2, a_3, ... a_n und von y_1 mit y_2, y_3, ... y_n aus der ersten Formel alle übrigen sich ergeben. Das gemeinsame Gesetz lässt sich daher auch darstellen durch die einzige Formel

$$y_x = f(a, a_x),$$

da, wenn man x successiv die Werthe 1, 2, 3, ... n beilegt, alle vorstehenden einzelnen Formeln der Reihe nach sich ergeben. Ist nun diese strenge Analogie durch Vergleichung der gegebenen Beschaffenheiten der Subjecte mit den gleichfalls gegebenen Eigenschaften derselben gefunden, so beruht das Gesetz auf Induction. Diese ist vollständig, und das Gesetz gilt mit voller Gewissheit, wenn die Nachweisung der strengen Analogie für die ganze Reihe geführt ist. Ist sie aber nur für einen Theil derselben nachgewiesen, also die Induction unvollständig, so hat das Gesetz für die übrigen Glieder der Reihe nur wahrscheinliche Geltung. Dasselbe findet statt, wenn die für alle oder einige Theile nachgewiesene Analogie keine strenge, sondern nur wahrscheinliche ist.

1. Das Gesetz ist ein Begriff von concreter Allgemeinheit (§ 19 Anm., d. i. es stellt nicht bloss eine gemeinsame Eigenschaft einer Reihe von Objecten des Denkens oder logischen Subjecten dar, sondern eine nach den besonderen Beschaffenheiten derselben sich modificirende Eigenschaft, daher eine Reihe von Eigenschaften, deren Gemeinsames aber die identische Beziehung zwischen ihren Besonderheiten und denen der Subjecte ist, welchen sie zukommen. Sind die Unterschiede der Beschaffenheiten, daher auch der ihnen entsprechenden Eigenschaften, nur quantitativ, so ist der allgemeine Ausdruck eines Gesetzes die mathematische Function, deren einfachste Form, $y = f(a, x)$, darstellt, dass mit der Verschiedenheit der Werthe von x, bei sich gleichbleibendem Werthe von a, zwar auch y verschiedene Werthe hat, die Beziehung derselben aber zu dem constanten a und den veränderlichen Werthen von x immer eine und dieselbe ist. Der allgemeine Begriff eines Gesetzes ist daher nur der auch auf qualitative Unterschiede ausgedehnte, und somit erweiterte Begriff einer Function, wie dies auch schon die obige Bezeichnung andeutet. Jedes mathematische Gesetz, sei es rein mathematisch oder mathematisch-naturwissenschaftlich, stellt in bestimmter Form die Abhängigkeit einer veränderlichen Grösse (einer Reihe von Werthen, die eine und dieselbe Grösse successiv annehmen kann) von einer andern veränderlichen Grösse dar; so z. B. die Formel

$$m_u = \frac{m\,(m-1)\,(m-2)\ldots(m-n+1)}{1\,.\,2\,.\,3\ldots n}.$$

die Form der Abhängigkeit aller Binomialcoëfficienten der $m$ten Potenz von ihrer Stellenzahl (n). Ebenso wenn nach Mariotte's Gesetz das Volumen einer zusammengedrückten Luftmasse der zusammendrückenden Kraft umgekehrt, nach dem Brechungsgesetz der Lichtstrahlen der Sinus des Brechungswinkels dem Sinus des Einfallswinkels direct proportional ist. nach Kepler's Gesetzen die Quadrate der Umlaufszeiten der Planeten sich wie die Cubi ihrer mittleren Entfernungen von der Sonne verhalten, die von den Vectoren der Planeten beschriebenen Flächenräume den zugehörigen Zeiten proportional sind, und die Vectoren selbst mit ihren zugehörigen Anomalien in dem Zusammenhange stehen, den die Gleichung der Ellipse ausdrückt, so zeigt sich überall eine gemeinsame constante Beziehung zwischen den zusammengehörigen Werthen zweier veränderlicher Grössen. — Als Beispiel eines Gesetzes, bei dem nicht quantitative, sondern nur qualitative Unterschiede in Betracht kommen, kann Jakob Grimm's Gesetz der Lautverschiebung in den germanischen Sprachen dienen. Es besteht bekanntlich darin, dass von den stummen Consonanten (*Mutae*) die ursprünglichen *Tenues* (*p, k, t*) allmählich in die entsprechenden *Aspiratae* (*f, ch, th,*) die ursprünglichen *Mediae* (*b, g, d*) in die *Tenues*, die ursprünglichen *Aspiratae* in die *Mediae* übergegangen sind. Die Veränderungen sind hier qualitative, aber in allen einzelnen Fällen einander streng analog. Denn setzt man die einander entsprechenden *Tenues, Mediae* und *Aspiratae* in dieser Ordnung und gleichen Abständen auf den Umfang eines Kreises, so steht jeder Buchstabe zu dem ihm nächst vorhergehenden in der Beziehung des Ursprünglichen zu dem daraus Gewordenen. Oder, was dasselbe: dreht man den Kreis im Sinne der angegebenen Ordnung um 120 Grade, so vertauscht jeder Buchstabe seine Stelle mit der, welche der ihm nächstfolgende zuvor einnahm, und zeigt, an dessen Stelle tretend, das an, was aus ihm geworden ist. Und in dieser Gleichheit der Beziehungen besteht eben das Gesetz.

2. Wenn ein Gesetz nur für einen Theil einer Reihe mannigfaltiger oder veränderlicher Objecte nachgewiesen ist, so beruht es zwar für diesen Theil auf vollständiger Induction und hat daher für denselben volle Gewissheit. Wird aber angenommen, dass es auch für den Rest der Reihe gelte, so hat diese Annahme nur Wahrscheinlichkeit, und die Induction ist in Bezug auf die ganze Reihe nur unvollständig. Das auf diese ausgedehnte Gesetz bedarf daher dann erst noch der Bestätigung. Bemerkenswerth ist die Methode, nach welcher die Mathematik in vielen Fällen das durch unvollständige Induction gefundene Gesetz einer Reihe zu verificiren weiss. Sie besteht wesentlich darin, dass die strenge Analogie zwischen dem durch unvollständige Induction gefundenen $n$ten Gliede der Reihe und dem nächstfolgenden ($n + 1$)ten aus der bekannten Form der Abhängigkeit jedes Gliedes der Reihe von dem ihm nächst vorangehenden bewiesen wird. (Das Ausführliche hierüber im Anhange III, 3.) Bei bloss empirischen, durch unvollständige Analogie gefundenen Gesetzen ist, wofern sie sich nicht weiter aus Erklärungsgründen deduciren lassen (wovon der folgende Paragraph handeln wird), ihre Verification nur durch prüfende Beobachtungen und Versuche an den noch nicht untersuchten Gliedern der Reihe möglich. Als z. B. Kepler fand, dass durch sein erstes und zweites Gesetz alle von Tycho beobachteten Marspositionen sich genau darstellen liessen, so war dies so weit eine vollständige Induction. Er konnte aber, streng genommen, daraus nur mit Wahrscheinlichkeit folgern, dass jene Gesetze auch für die nicht beobachteten Zwischenörter des Mars giltig seien. Noch weniger war die Giltigkeit

dieser Gesetze für die übrigen Planeten mehr, als eine bloss wahrscheinliche Analogie, so lange dieselben nicht durch ebenso vollständige und genaue Beobachtungen, wie die Tychonischen für den Mars, verificirt waren. Ebenso war zwar sein drittes Gesetz durch vollständige Induction begründet und stellte genau den Zusammenhang der Umlaufszeiten der damals bekannten Planeten mit ihren mittleren Entfernungen von der Sonne dar. Wenn dasselbe aber nicht sammt den beiden andern durch Newton als ein allgemeingiltiges deducirt worden wäre, so hätte nach der Entdeckung des Uranus und später des Neptun nur mit Wahrscheinlichkeit auf die Giltigkeit dieses Gesetzes auch für diese Planeten geschlossen werden können.

3. Der inductive Charakter eines empirischen Gesetzes hängt nicht von den Mitteln ab, durch welche es gefunden worden ist. Alle drei Keplerische Gesetze gelten für inductive. Aber die ersten zwei fand ihr Entdecker erst, nachdem er sich durch lange und mühsame Rechnungen überzeugt hatte, dass es unmöglich sei, die beobachteten Marsörter durch excentrische Kreise und gleichförmige Bewegungen darzustellen, und die Ellipse war die letzte glückliche Rechnungshypothese, die völlig befriedigende Resultate gab. Zur Entdeckung seines dritten Gesetzes führte ihn zunächst die Voraussetzung einer durchgängigen Harmonie im Planetensystem, die ihm zu einer langen Reihe von Rechnungsversuchen den Muth gab und endlich durch den glücklichen Einfall, die Potenzen der mittleren Entfernungen und siderischen Umlaufszeiten zu vergleichen, mit einem glänzenden Erfolg belohnt wurde. Mag also das Gesetz durch methodisches Suchen, oder durch tappende Versuche, oder einen genialen Aperçu gefunden sein, so bleibt es ein inductives, wofern es nur mit den Datis übereinstimmt und diese zum Ausgangspunkt des Suchens hat. Die Mathematik giebt nun zwar Mittel an die Hand, überall da, wo messbare Data vorliegen, das tatonnirende Suchen nach dem Gesetz durch ein methodisches Verfahren zu ersetzen. Hierher gehören zunächst die graphischen Darstellungen durch Curven, deren Coordinaten den zusammengehörigen Zahlwerthen gemessener Veränderungen entsprechen, z. B. die magnetischen und thermischen Curven, die Mortalitätscurve u. a. Solche Curven geben jedoch nicht ein in Begriffe gefasstes Gesetz, sondern nur eine anschauliche Vorstellung von der Mannigfaltigkeit, deren Einheit das Gesetz nachweisen soll; sie formuliren nur bestimmter die Aufgabe, deren Lösung das Gesetz ist. Methodisch scheinen nun zu dieser Lösung allerdings die Interpolationsformeln zu führen. Diese lösen nämlich die Aufgabe: die allgemeine Beziehung zwischen zwei veränderlichen Grössen x und y zu finden, von welchen bekannt ist, dass, wenn die erstere die bestimmten Werthe x_1, x_2, x_3, ... x_n annimmt, der zweiten der Reihe nach die bestimmten Werthe y_1, y_2, y_3, ... y_n zukommen. Sofern nun die Formel diese Werthe genau darstellt, bringt sie dieselben zwar in einen gesetzlichen Zusammenhang, aber sowohl für die zwischen x_1, x_2, ... x_n, als für die ausserhalb der Grenzen dieser Reihe liegenden Werthe von x hat sie nur wahrscheinliche Giltigkeit. Der gesetzliche Zusammenhang, den die

Formel darstellt, ist aber überdies auch insofern nur ein gemachter, als die Form der Function, nach welcher y von x abhängt, der freien Wahl überlassen bleibt. (Lagrange's Formel setzt z. B. die Form einer algebraischen ganzen Function voraus.) Welche Form für eine gegebene Reihe zusammengehöriger Werthe die angemessenste ist, lässt sich nicht im voraus bestimmen, sondern oft nur errathen. Die unangemessene Form giebt sich aber immer durch die Abweichungen der nach der Formel berechneten Werthe von denjenigen zu erkennen, welche die Beobachtung zwischen oder ausserhalb der der Formel zu Grunde gelegten giebt. Wie sehr die Unsicherheit über die Form der Function die Auffindung des wahren Gesetzes erschwert, zeigen z. B. die Bemühungen, für die Sterblichkeitscurve, für die Ausdehnung der Wasserdämpfe durch die Wärme u. s. w. anschliessende Formeln zu finden. Wenn aber Apelt (die Theorie der Induction S. 192 ff.) durch Combination von Lagrange's Interpolationsformel mit der Maclaurinschen Reihe eine allgemeine Methode angiebt, die Form der Function zu finden, so ist dieselbe nur in den verhältnissmässig seltenen Fällen von Nutzen, wo die Form der gesuchten Function so einfach ist, dass aus den Werthen ihrer Differentialquotienten für $x=0$ sich erkennen lässt, zu welcher Function sie gehören.

§ 152.

Nicht aber bloss durch Induction, sondern auch durch Deduction kann das Gesetz einer Reihe empirischer Data gefunden werden; dann nämlich, wenn aus einer hypothetisch angenommenen Voraussetzung sich als nothwendige Folge eine allgemeine Beziehung ergiebt, deren besondere Fälle der Reihe der empirischen Data genau entsprechen. Diese abgeleitete Beziehung ist dann das Gesetz, und ihre Voraussetzung der Erklärungsgrund der Data. Der letztere heisst eine blosse Hypothese, so lange nicht das wirkliche Vorhandensein der vorausgesetzten Bedingungen direct oder indirect nachweisbar ist; wenn dies aber der Fall, der Realgrund oder die wahre Ursache (*causa vera et sufficiens*) der dadurch erklärten Data. Zur Feststellung des Gesetzes reicht aber schon die blosse Hypothese aus, wofern nur die aus ihr abgeleitete allgemeine Beziehung mit allen Datis genau übereinstimmt. In diesem Falle ist die Hypothese, obgleich keine Thatsache, doch, vermöge ihrer Folgen, ein giltiger Begriff. Wenn sie aber nur einen Theil der Data genügend zu erklären vermag und daher nicht zu einem völlig allgemein giltigen Gesetz führt, so hat sie nur mehr oder weniger Wahrscheinlichkeit. Man kann dies eine unvollständige Deduction nennen. — Wenn aber auch ein Gesetz durch Induction gefunden ist, so bedarf es immer noch der Deduction desselben aus einem Erklärungsgrunde; denn ohne diesen bleibt die Einheit, in welche das Gesetz ein Mannigfaltiges zusammenfasst, immer nur eine unbegriffene blinde Thatsache.

Die Gesetze des Falls der Körper, wonach die durch den Fall erlangten Endgeschwindigkeiten den einfachen Fallzeiten, die durchlaufenen Räume aber den Quadraten dieser Zeiten proportional sind, fand Galilei nicht durch Induction (*a posteriori*), nicht aus den von ihm erst hinterher angestellten messenden Versuchen über die Bewegung von Kugeln, die auf schiefen Ebenen herabrollen, sondern durch Deduction (*a priori*). Denn er ging von der Vorstellung aus, dass die Schwere in jedem unendlichkleinen Zeittheil den Körpern einen unendlichkleinen Bewegungsimpuls und zufolge dessen eine unendlichkleine Geschwindigkeit ertheile, die aber durch alle nachfolgende Zeittheile fortdauere. Durch Summation dieser successiv mitgetheilten Geschwindigkeiten ergiebt sich dann das erste Gesetz, woraus vermöge der Abhängigkeit der Geschwindigkeit von Zeit und Raum das zweite leicht folgt. Die Bedeutung von mathematischen Naturgesetzen erhielten nun diese abgeleiteten Proportionen allerdings erst durch die nachfolgenden sie bestätigenden Versuche; aber seine Vorstellungsweise von der Wirkungsart der Schwere auf die Körper nennt Galilei selbst nur eine Hypothese. — Newton, diese Vorstellungsweise von der Wirkungsart der Schwere adoptirend, begnügte sich, wie wir sahen § 141 Anm. 3), nicht mit der bloss hypothetischen Annahme der Gravitation der Himmelskörper gegen einander, sondern zeigte ihre Identität mit der thatsächlich auf der Erde vorhandenen Schwere und ihren nach Galilei hier giltigen Gesetzen; er unterschied aber sehr scharf das von ihm für alle Zeiten gesicherte Gesetz der Gravitation von ihrer physischen Ursache und schliesst sein unsterbliches Werk mit dem Bekenntniss: *causam harum gravitatis proprietatum ex phaenomenis nondum potui deducere, et hypotheses non fingo*. Die heutige physische Astronomie und Physik aber hat, zufrieden mit dem sicheren Besitz des Gesetzes, das Suchen nach der physischen Ursache desselben ganz aufgegeben, welche indess immerhin mindestens ein naturphilosophisches Problem bleibt. Newton hat anderwärts in einem Briefe an Bentley (s. Poggendorff's Annalen der Physik. Bd. 88. S. 567, vgl. Mill's inductive Logik, deutsch von Schiel, S. 576) unumwunden erklärt, dass er die Annahme, ein Körper könne auf einen andern durch den leeren Raum ohne jegliche Vermittelung wirken, für durchaus ungereimt halte, daher die Gravitation durch ein beständig nach gewissen Gesetzen wirkendes Agens erzeugt werden müsse. Er sieht demnach diese Wirkung in die Ferne, wie überhaupt die ganze Vorstellung von der Wirkungsweise der Kräfte, für eine blosse mathematische Fiction, für blosse Hilfsbegriffe an, die aber zur Auffindung von Naturgesetzen dienlich sind (*Mathematicus duntaxat est hic conceptus. Nam virium causas et sedes non expendo*). Aber auch dies entgeht seinem streng logisch geschulten Denken nicht, dass selbst dann, wenn die nothwendige Folge einer Voraussetzung mit einer gegebenen Thatsache vollkommen übereinstimmt, und sogar überdies die Voraussetzung keine blosse Gedanken-fiction, sondern etwas Wirkliches ist, damit noch nicht der einzig mögliche Erklärungsgrund der Thatsache gefunden ist. Unter mehreren zureichenden Erklärungsweisen entscheidet er sich aber für die aus der geringsten Anzahl von Bedingungen (*natura enim simplex est et rerum causis superfluis non luxuriat*). — Auch das Copernicanische System war, so gut wie das Ptolemäische, ursprünglich nur eine Hypothese, die allein den Vorzug der Erklärung der Phänomene durch einfachere Mittel besass. Kepler's bahnbrechendes Werk *de stella Martis* bewies nun freilich, dass dieser Planet eine Ellipse um die Sonne beschreiben müsse; Galilei's Entdeckung der Mondphasen der Venus bewies, dass auch diese, daher auch nach Analogie Mercur die Sonne umkreise, und desselben Entdeckung der Jupitertrabanten zeigte ein Abbild des Copernicanischen Systems im Kleinen, denn das bloss Denkbare und Wahrscheinliche erschien hier verwirklicht ("das Unzulängliche, hier ist's Ereigniss"); die durch Newton erwiesene Massenan-ziehung der Himmelskörper endlich zeigte die gänzliche Unhaltbarkeit und Ungereimtheit des Ptolemäischen Systems; aber eine thatsächliche und directe Bestätigung der doppelten Bewegung der Erde ward doch erst durch die Aberration der Fixsterne und die östliche Abweichung der fallenden Körper von der Lothlinie, sowie neuerdings durch Foucault's bekannte Pendelversuche gefunden. — Die Undulationen des Aethers sind zu einem vollkommen befriedigenden Erklärungsgrund aller optischen Er-scheinungen geworden; aber eine *causa vera* ist der Aether noch nicht. Denn selbst der Widerstand, den der Enke'sche Komet in seinem Umlauf um die Sonne von ihm zu erfahren scheint, ist noch kein vollkommen constatirtes Factum. So lange aber die Undulationstheorie noch nicht alle Phänomene des Lichts und ihre empirischen Gesetze genauer und einfacher zu erklären vermochte als die Emissionstheorie, war sie so gut wie diese eine bloss wahrscheinliche Hypothese. Wo sich die Folgen von zwei entgegengesetzten Hypothesen nicht mathematisch entwickeln lassen, wie z. B. bei der Franklinschen und Symmerschen über die Natur der Electrikität, oder bei der neptunistischen und plutonistischen Hypothese über die Ursachen der Bildung der Erdoberfläche, da ist auch der endliche Sieg der einen über die andere doch immer nur der der grösseren Wahr-scheinlichkeit über die geringere.

Dass erst durch die Deduction eine Theorie (§ 135) ihre Vollendung erhält, belegt Newton's Gravitationslehre in ihrem Verhältniss zu Kepler's Gesetzen, die heutige Undulationstheorie gegenüber den empirischen Gesetzen der Fortpflanzung, Zurückwerfung, Brechung, Beugung, Polari-sation des Lichts, ja die ganze mathematische Physik in ihrem Ver-hältniss zur experimentalen. Dies sollten diejenigen wohl bedenken, die

die Induction über alles richtige Maass hinaus preisen, als ob sie allein das *Alpha* und das *Omega* aller Naturwissenschaft wäre. Sie ist in der That nur das erstere.

§ 153.

Wo zur Auffindung des Erklärungsgrundes die analytische Methode nicht anwendbar ist (vgl. § 141), da leisten sehr oft Analogie und Induction wichtige Dienste. Wenn nämlich die zu erklärenden Data anderen Datis ähnlich sind, deren Erklärungsgrund bekannt ist, so kann man nach Analogie mit Wahrscheinlichkeit schliessen, dass jene einen ähnlichen Erklärungsgrund haben werden. Diese Wahrscheinlichkeit wird durch Induction verstärkt, wenn von mehreren Gruppen von Datis, die der gegebenen ähnlich sind, es bereits gewiss ist, dass sie ähnliche Erklärungsgründe haben. — Ebenso kann man auch umgekehrt aus dem Vorhandensein ähnlicher Bedingungen auf dasjenige ähnlicher Folgen mit Wahrscheinlichkeit schliessen. — Dagegen ist der Schluss von der Unähnlichkeit der Data auf die Unähnlichkeit ihrer Erklärungsgründe ein sehr unsicherer; denn ein und dieselbe Grundbedingung kann sich mit disparaten Mitbedingungen verbinden und dadurch auch disparate Folgen haben.

Eine einfache geometrische Betrachtung lehrt, dass eine Kugel, die sich in einem dunkeln Raume im Kreise bewegt und von einer ausserhalb des Kreises stehenden Kerze beleuchtet wird, vom Mittelpunkte des Kreises aus gesehen successiv dieselben Lichtgestalten zeigt, die wir als Phasen des Mondes beobachten. Da dieser uns nun als Kreisscheibe erscheint, die ganz wohl nur Schein, und in Wahrheit eine Kugel sein kann, so schliessen wir nach Analogie, dass der Mond wirklich eine Kugel ist und sein Lichtwechsel von der Beleuchtung desselben durch die Sonne und seinem Umlauf um die Erde herrührt. Hätte jedoch die Mondscheibe keine Flecken von sich gleichbleibender Gestalt und Lage, an denen wir erkennen, dass die Mondkugel uns immer dieselbe Seite zuwendet, so würde auch ein andrer Erklärungsgrund genügen, nämlich der, dass die eine Hälfte der Mondkugel selbstleuchtend, die andre dunkel sei, die Ebene des Grenzkreises zwischen beiden Hälften aber sich während des Umlaufs des Mondes um die Erde stets parallel bleibe, und darum periodisch die helle Hälfte bald ganz, bald nur theilweise als Sichel oder Meniscus, bald gar nicht sichtbar werde. — Auf demselben Analogieschluss beruht der Nachweis, dass die Mondkugel Berge hat, da wir auf ihrer Oberfläche neben lichten Kreisen und Ringen nach der von der

Sonne abgewandten Seite derselben dunkle Strecken beobachten, die mit dem berechneten Stand der Sonne über den Horizonten dieser Orte genau so ab- und zunehmen wie die Schatten unserer Berge beim Steigen und Sinken der Sonne. — Auf demselben Schluss beruht die Deutung der periodisch sich ausdehnenden und zusammenziehenden weissen Flecken an den Polen des Mars als Schneefelder u. dgl. m. — Durch Analogie ward Franklin zuerst auf die Vermuthung geführt, dass der Blitz ein elektrischer Funke sei, die hinterher der bekannte Versuch mit dem elektrischen Drachen bestätigte, und ohne Zweifel war es nicht weniger die Analogie zwischen den Phänomenen des Lichts und des Schalls, die zuerst Huyghens auf den Gedanken einer Wellenbewegung des Aethers leitete. — Wenn ferner jeder Mensch weiss, dass er durch Sprache, Geberden, Bewegungen seinen Gedanken, Gefühlen, Wollungen Ausdruck zu geben strebt, so schliesst er nach Analogie, dass auch der Sprache, den Geberden und Bewegungen anderer Menschen ähnliche Seelenzustände zu Grunde liegen. Ebenso schliessen wir aus den äusseren Kennzeichen der Empfindung, Intelligenz und Willkür, die wir an den Thieren beobachten, auf die Beseelung derselben. — Wenn ferner der Physiolog durch Versuche an Fröschen, Tauben oder Kaninchen nachweist, dass mit der Zerstörung ihres grossen Gehirns die Kennzeichen des Empfindens, Vorstellens und Wollens verschwinden, bei unverletztem kleinen Gehirn aber die Regelmässigkeit ihrer Bewegungen fortdauert, diese andererseits mit der Zerstörung des letzteren aufhört, indess bei unverletzt bleibendem grossen Gehirn auch die Kennzeichen der Empfindung, Vorstellung und des Willens bleiben; so schliesst er daraus nicht nur in aller Strenge, dass das grosse und kleine Gehirn die somatischen Bedingungen (*conditio sine qua non*) bezw. der Empfindung, Intelligenz, des Wollens und der regelmässigen Bewegungen dieser Thiere sind, sondern er schliesst auch, dass diese Organe für den Menschen die analoge Bedeutung haben. Und die Wahrscheinlichkeit dieser Analogie würde, auch wenn ihr nicht directe pathologische Beobachtungen an dem Menschen zu Hilfe kämen, schon durch die Induction sehr verstärkt werden, die an einer ganzen Reihe von Thiergattungen diese Bedeutung der Gehirntheile nachweist.

Der Analogieschluss von ähnlichen oder in ähnlicher Weise wiederkehrenden Bedingungen auf ähnliche Folgen ist der, auf dem unsere Erwartung künftiger Ereignisse beruht, und wonach wir manche Ereignisse als Vorzeichen anderer ihnen nachfolgender ansehen. Hierbei kann nun der Zusammenhang der Ereignisse, auf welche der Analogieschluss fusst, entweder nur durch vergleichende Beobachtungen und unvollständige Induction gefunden sein, und dann ist der Satz, von dem der Schluss ausgeht, kein streng allgemeiner, noch weniger ein nothwendiger; so z. B. wenn wir sagen: auf einen heissen Sommer folgt häufig ein kalter Winter, auf Südwestwind Regen, auf den Mondwechsel Wetteränderung. Hier hat das Eintreffen des erwarteten Ereignisses immer nur Wahrscheinlichkeit und oft eine sehr schwache. Oder der Zusammenhang der Ereignisse ist als ein nothwendiger erkannt, das zeitlich vorangehende als die Hauptbedingung, vielleicht sogar als der zureichende Grund des nachfolgenden. Dann sind wir berechtigt, entweder mit Gewissheit oder doch (bei zweifelhaftem Vorhandensein einer oder der andern Mitbedingung) mit grosser Wahrscheinlichkeit das Kommende zu erwarten, wie z. B. den Donner nach dem Blitz, die Fluth nach der Culmination des Mondes, nach einem Gewitterregen (vermöge der Verdunstung) Abkühlung der Luft. Newton's Grundsatz (*Reg.* II): *effectuum naturalium ejusdem generis eaedem sunt causae*, hebt nur die gemeinsame Grundbedingung gleichartiger Veränderungen hervor, zu der aber noch modificirte Mitbedingungen kommen müssen, so dass streng genommen die Erklärungsgründe solcher Veränderungen nur einander ähnlich sind.

Dass von unähnlichen Phänomenen durchaus nicht allgemein auf unähnliche Erklärungsgründe geschlossen werden kann, erläutert folgendes von Liebig entlehnte Beispiel. Das Rosten des Eisens an der Luft, die Verkalkung der unedlen Metalle im Feuer, das Verbrennen einer Kerze in der Flamme, die Salpeter- und Essigbildung, der Respirationsprocess, das Bleichen der Farben, das Verwesen der organischen Stoffe sind sehr ungleichartige Phänomene; und doch haben sie sämmtlich zum Erklärungsgrund Sauerstoffverbindungen.

§ 154.

Die philosophische Wahrscheinlichkeit der unvollständigen Induction, Deduction und Analogie zieht zwar aus unvollständigen Gründen Folgen, setzt aber voraus, dass keine Gegengründe vorliegen. Die mathematische Wahrscheinlichkeit dagegen beruht gerade umgekehrt auf dieser Voraussetzung. Ist nämlich mit dem besonders bejahenden hypothetischen Urtheil: in einigen Fällen, in denen A ist, ist B, zugleich das besonders verneinende gegeben: in allen übrigen Fällen ist nicht B, sondern C, so ist es zweifelhaft, ob in einem wirklich eintretenden einzelnen Falle, in dem A ist, B oder *Non-B = C* die Folge sein wird; denn es bleibt unbestimmt, ob dieser Fall dem ersten oder zweiten Urtheil als Obersatz untergeordnet werden soll. Sind nun aber alle Fälle, in denen überhaupt A sein kann, vollständig bekannt, und alle gleich möglich, die Setzung von keinem einzelnen bedingter als die jedes anderen, so dass alle auf derselben Stufe der Abhängigkeit stehen (§ 38); ist ferner sowohl die Zahl der Fälle (m), in denen B, als die Zahl derer, in welchen *Non-B = C* folgt, (n) bekannt, so ist, wenn diese Zahlen ungleich sind, überwiegender Grund vorhanden, den einzelnen Fall demjenigen der beiden entgegengesetzten Urtheile unterzuordnen, das die Mehrzahl der Fälle zu seiner Voraussetzung hat, und somit diesem die Geltung eines allgemeinen Obersatzes beizulegen. Ist also $m > n$, so ist es wahrscheinlich, dass in dem einzelnen Falle, wo A ist, B die Folge sein wird, ist aber $m < n$, so ist $Non\text{-}B = C$ die wahrscheinliche Folge. Dieser Schluss beruht demnach auf dem Grundsatz, dass, wenn die sämmtlichen gleich möglichen Fälle, in denen eine Voraussetzung stattfindet, sich in zwei Classen mit contradictorisch entgegengesetzten Folgen bringen lassen, dem wirklich eintretenden Falle wahrscheinlich diejenige Folge zukommt, welche der die Mehrheit der Fälle enthaltenden Classe zugehört. Die entgegengesetzte Folge $Non\text{-}B = C$ heisst dann unwahrscheinlich.

Wesentliche Bedingung der mathematischen Wahrscheinlichkeit ist die gleiche Möglichkeit der Fälle; denn nur unter dieser Voraussetzung ist eine Abzählung derselben zulässig. Zwar legt die Wahrscheinlichkeitsrechnung in ihren Anwendungen auf Beobachtungen Messungen von ungleicher Güte oder Präcision ein ungleiches Gewicht bei; aber dieses bedeutet nicht, dass die Messungen hinsichtlich der Bedingungen ihrer Möglichkeit sich ungleich verhalten, sondern nur, dass den gemessenen Datis in Bezug auf das wahrscheinliche Endergebniss der Rechnung ein ungleicher Werth beizulegen ist. Die Fehler der Messung mit einem Theodolit, der nur einzelne Minuten angiebt, sind zwar grösser als die mit einem andern, der Ablesungen bis zu 20 Secunden gestattet; aber diese sind ebenso möglich wie jene. Die Gewichte, die in diesem Falle den Messungen mit beiden Instrumenten beizulegen sind, verhalten sich wie 1 zu 9, und nach diesem Verhältniss haben die gemessenen Data Einfluss auf das wahrscheinliche Endresultat.

§ 155.

Diese Wahrscheinlichkeit und die ihr gegenüberstehende Unwahrscheinlichkeit sind nun, da bei der gleichen Möglichkeit der Fälle Gründe und Gegenstände sich abzählen lassen, einer näheren mathematischen Bestimmung fähig. Offenbar nämlich verhält sich, nach dem vorigen Paragraph, die Anzahl der Fälle, welche der Folge B günstig und daher als Gründe für dieselbe zu betrachten sind, zu der Zahl der dieser Folge ungünstigen Fälle, also der Gründe gegen sie, wie $m : n$. Dieses Verhältniss ist also das der Wahrscheinlichkeit der Folge B zu ihrer Unwahrscheinlichkeit. Da nun ferner $m + n$ die Zahl der möglichen Fälle ist, die überhaupt eintreten können, dass aber einer von diesen eintreten wird, nothwendig, also gewiss ist, so steht auch die Wahrscheinlichkeit der Folge B zu der Gewissheit. dass B oder Non-B die Folge sein wird, in dem Verhältniss $m:m + n$. Je grösser nun m im Verhältniss zu n, um so mehr nähert sich der Werth von $\dfrac{m}{m + n}$ der Einheit. Es wird aber auch genau $\dfrac{m}{m + n} = 1$, wenn $n = 0$, d. i. wenn alle Fälle der Folge B günstig sind, mithin B gewiss ist. Es nähert sich daher die Wahrscheinlichkeit von B ohne Ende der Gewissheit, wenn die Anzahl der günstigen Fälle im Verhältniss zu der der ungünstigen unendlich gross wird. Hiernach lässt sich nun die Gewissheit als die obere Grenze der Wahrscheinlichkeit, und umgekehrt die Wahrscheinlichkeit als ein Grad der Gewissheit betrachten, oder der Bruch $\dfrac{m}{m + n}$ als Wahrscheinlichkeitsgrad bezeichnen, dem als Einheit und Maximum die Gewissheit zu Grunde liegt. Das Minimum dieses Grades findet nach dem Sinne, in welchem bisher der Begriff der Wahrscheinlichkeit genommen wurde, statt, wenn $m = n$, also die Zahl der günstigen und ungünstigen Fälle gleich ist, wo $\dfrac{m}{m + n} = {}^1/_2$ wird. Die Folge B ist dann zweifelhaft. Man kann aber den Begriff des Grades der Wahrscheinlichkeit auch erweitern, indem man darunter allgemein den Exponenten des Verhältnisses der Zahl der günstigen zu der Zahl der möglichen Fälle versteht, ohne zu unterscheiden, ob die ersteren die Mehrzahl der letzteren bilden oder nicht. Ist dann $m > n$, folglich $\dfrac{m}{m + n} > {}^1/_2$, so zeigt dieser Grad die Wahrscheinlichkeit von B im vorigen engeren Sinne an; ist aber $m < n$, mithin $\dfrac{m}{m + n} < {}^1/_2$, so bestimmt dieser Werth für B den Grad der Unwahrscheinlichkeit im engeren Sinne. In diesem

weiteren Sinne umfasst also der Grad der Wahrscheinlichkeit
sowohl die Folgen, die im engeren Sinne wahrscheinlich, als
diejenigen, welche zweifelhaft oder unwahrscheinlich sind. Das
Minimum derselben in diesem weiteren Sinne ist dann $= 0$.
Es findet genau statt, wenn $m = 0$, also alle der Folge B
günstigen Fälle fehlen; der Grad nähert sich diesem Minimum
ohne Ende, wenn n im Verhältniss zu m, also die Anzahl
der für B ungünstigen Fälle, gegen die der günstigen gehalten,
unendlich gross wird. Da nun, wenn $m = 0$, B unmöglich,
wie, wenn $n = 0$, B nothwendig ist, so kann sich die mathematische Wahrscheinlichkeit im weiteren Sinne einerseits der
Nothwendigkeit, andererseits der Unmöglichkeit ohne Ende
nähern, und bewährt sie sich dadurch als eine nähere Bestimmung der Möglichkeit (vgl. § 145 a. E.). Die weitere mathematische Entwickelung ihres Princips ist die Aufgabe der
Wahrscheinlichkeitsrechnung (*calculus probabilium*).

Fragt man z. B. nach dem Grade der Wahrscheinlichkeit, mit dem
man erwarten darf, auf einen Wurf mit zwei sechsseitigen Würfeln
ungleiche Augen zu werfen, so sind überhaupt, da jede Seite des einen
Würfels zugleich mit jeder des anderen oben liegen kann, 36 mögliche
Fälle vorhanden; da aber unter diesen 6 Fälle gleiche Augen (Pasche)
geben, so sind nur 30 der verlangten Folge günstig, mithin ihr Wahrscheinlichkeitsgrad $^{30}/_{36} = ^5/_6$ also $> ^1/_2$; mithin ist es im engeren Sinne
wahrscheinlich, auf Einen Wurf ungleiche Augen zu werfen. Dagegen
ergiebt sich der Wahrscheinlichkeitsgrad, einen Pasch zu werfen, $= ^6/_{36} = ^1/_6$;
ein solcher Wurf ist also im engeren Sinne unwahrscheinlich. Oder
fragt man nach der Wahrscheinlichkeit, dass unter 5 gezogenen Nummern
eines Zahlenlotto's, das deren 90 enthält, 2 willkürlich gewählte (besetzte)
sein werden, so sind aus 90 Nummern $\dfrac{90 \cdot 89}{2} = 4005$ Verbindungen zu

zweien, oder Amben, möglich, aus den 5 gezogenen aber nur $\dfrac{5 \cdot 4}{2} = 10$.

Diese nun stellen die Zahl der günstigen Fälle dar; daher ist der Wahrscheinlichkeitsgrad $= \dfrac{10}{4005} = \dfrac{2}{801}$, also sehr gering. Ebenso findet

sich die Wahrscheinlichkeit, dass unter den gezogenen 5 Nummern 3
gewählte, oder eine besetzte Terne sein wird. Die Anzahl der in 90
Nummern enthaltenen Ternen ist $\dfrac{90 \cdot 89 \cdot 88}{2 \cdot 3}$, und dies die Zahl der mög-

lichen Fälle; in den 5 gezogenen Nummern aber liegen nur $\dfrac{5 \cdot 4 \cdot 3}{2 \cdot 3}$ Ternen;

dies die Zahl der günstigen Fälle. Demnach ist die Wahrscheinlichkeit, dass eine besetzte Terne gezogen werden wird, $= \dfrac{5 \cdot 4 \cdot 3}{90 \cdot 89 \cdot 88} = \dfrac{1}{11748}$, also kleiner als der 23ste Theil der Wahrscheinlichkeit einer Ambe.

Um die Aufgabe der mathematischen Wahrscheinlichkeit nicht zu eng zu fassen, darf nicht unbemerkt bleiben, dass aus einer und derselben Voraussetzung A auch mehr als zwei einander ausschliessende Folgen, B, C, D, hervorgehen können und auch dann für jede der Grad der Wahrscheinlichkeit sich bestimmen lässt. Mit 3 gewöhnlichen Würfeln z. B. kann man 3 gleiche oder 3 ungleiche oder 3 Augen werfen, von denen zwei gleich sind. Man findet leicht, dass die Wahrscheinlichkeitsgrade dieser drei Fälle der Reihe nach $^1/_{36}$, $^{15}/_{36}$, $^{20}/_{36}$ sind.

Es ist offenbar, dass bei der gleichen Möglichkeit der einzelnen Fälle, in denen entweder B oder $Non\text{-}B$ die Folge von A ist, wenn dieses sich unendlichvielmal wiederholt, die Anzahl der Fälle, in denen B eintreffen wird, zu der Zahl der Fälle, in denen $Non\text{-}B$ folgt, sich wirklich wie $m : n$ verhalten muss. Denn wenn auch die Ordnung, in denen B und $Non\text{-}B$ mit einander wechseln werden, völlig unbestimmt bleibt, so würde doch, wenn eine von beiden Folgen durchschnittlich öfter einträte, als ihr nach dem Verhältniss $m : n$ der günstigen Fälle zu den ungünstigen zukommt, dadurch die Voraussetzung der gleichen Möglichkeit aller dieser Fälle aufgehoben. Annäherungsweise muss nun aber auch schon bei einer sehr grossen Anzahl von Wiederholungen der Voraussetzung A das Zahlenverhältniss der wirklich eintretenden Folgen B und $Non\text{-}B$ dem Verhältniss $m : n$ nahe gleichkommen. Hierin liegt nun die Andeutung der objectiven Bedeutung der mathematischen Wahrscheinlichkeit, indem mit der ohne Ende zunehmenden Zahl der Wiederholungen von A die Wahrscheinlichkeit, dass die durchschnittlichen Zahlen der Folgen B und $Non\text{-}B$ wirklich im Verhältniss $m : n$ stehen werden, sich ohne Ende der Gewissheit nähert. Aus diesem Grunde können z. B. die Unternehmer einer Lotterie oder einer Lebensversicherungsanstalt, wenn sie ihr Geschäft auf mathematische Wahrscheinlichkeit gründen, bei richtig gestellten Bedingungen des eventuellen Gewinns der einzelnen Spieler oder Theilnehmer, obgleich sie selbst bald gewinnen bald verlieren, doch mit Sicherheit auf einen durchschnittlich sich gleichbleibenden Ertrag rechnen.

Endlich ist hier noch die durch die mannigfaltigsten Anwendungen wichtige Verbindung der mathematischen Wahrscheinlichkeit mit der unvollständigen Induction und Deduction zu erwähnen, welche Wahrscheinlichkeit *a posteriori*, im Gegensatz zur vorher erklärten Wahrscheinlichkeit *a priori*, genannt wird. Sind nämlich die allgemeinen Bedingungen, unter denen zwei oder mehrere Ereignisse eintreten, nur unvollkommen oder nicht bekannt, es findet sich aber thatsächlich, dass, je häufiger sich diese Ereignisse wiederholen, um so mehr dieselben sich einem constanten Verhältniss nähern, oder allgemeiner in einer constanten Relation (in einem gesetzlichen Zusammenhange) stehen, so lässt sich aus der Zahl ihrer Wiederholung der Grad der Wahrscheinlichkeit, mit der diese Relation gilt, bestimmen. Sind nun mehrere Hypothesen denkbar, als deren mögliche Folgen diese Ereignisse sich betrachten lassen, so kann auch der Wahrscheinlichkeitsgrad dieser Hypothesen bestimmt werden. So fand z. B. Laplace, dass die Wahrscheinlichkeit der Annahme, dass die Gemeinsamkeit der Richtung der Bewegungen der Planeten um die Sonne, der Trabanten um ihre Planeten und der Axendrehungen der Sonne, Planeten und Trabanten so weit sie damals bekannt waren, eine gemeinschaftliche Ursache habe, die Wahrscheinlichkeit der Annahme des Gegentheils mehr als vier Billionen mal übertrifft.

Man kann sich dies auf folgende Weise verständlich machen. Bezeichnet man die Bewegung eines Körpers des Sonnensystems, die nach derselben Richtung wie die Drehung der Sonne um ihre Achse statt hat, durch $+$, die nach der entgegengesetzten Richtung durch $-$, so wird jeder dieser Körper sich entweder in der Richtung $+$ oder in der Richtung $-$ bewegen. Für 2 Körper sind hier offenbar folgende 4 Combinationen ihrer Richtungen denkbar: $++$, $+-$, $-+$, $--$; für drei Körper folgende 8: $+++$, $++-$, $+-+$, $-++$, $+--$, $-+-$, $--+$, $---$. Leicht findet man, dass allgemein für n Körper die Zahl der denkbaren Combinationen ihrer Bewegungsrichtungen 2^n ist. Nun waren zu Laplace's Zeit 11 Planeten und 18 Trabanten bekannt, von denen die Richtungen der Bewegung, der ersteren um die Sonne, der letzteren um ihre Planeten, mit der Richtung der Rotation der Sonne um ihre Axe übereinstimmt. Wären diese Bewegungen unabhängig von einander und von der Rotation der Sonne entstanden, so konnte die Bewegungsrichtung dieser Körper ebenso gut $+$ als $-$ sein. Dies gäbe nach dem Vorstehenden für die 29 Körper 2^{29} denkbare Combinationen ihrer Bewegungsrichtungen. — Es waren damals aber auch von 6 Planeten, 6 Trabanten und dem Ringe des Saturn die Rotationen um ihre Axen bekannt, deren Richtungen gleichfalls mit der Richtung der Rotation der Sonne übereinstimmen. Wären sie ohne Zusammenhang mit dieser und mit einander entstanden, so wären 2^{13} Combinationen ihrer Richtungen denkbar. Wären endlich diese Rotationsrichtungen und die Richtungen der progressiven Bewegung der Planeten um die Sonne und der Trabanten um ihre Planeten unabhängig von einander und von der Richtung der Rotation der Sonne entstanden, so gäbe dies $2^{29} \cdot 2^{13} = 2^{42}$ denkbare Combinationen aller dieser 42 Bewegungsrichtungen. Da nun $2^{42} = 1024^4 \cdot 4$, also grösser als $1000^4 \cdot 4$ ist, so erhellt unmittelbar, dass diese Zahl mehr als 4 Billionen (genauer, mehr als 4 Billionen und 398048 Millionen) beträgt. Da nun unter dieser Zahl denkbarer Combinationen der Richtungen der progressiven und rotatorischen Bewegungen jener Körper des Sonnensystems die wirklich vorhandene, nach welcher alle Richtungen mit der Richtung der Sonne übereinstimmen, nur einmal enthalten ist, so ist der Grad der Wahrscheinlichkeit, dass diese Uebereinstimmung die Folge eines zufälligen Zusammentreffens unabhängig von einander entstandener Bewegungen sei, kleiner als ein Bruch, dessen

Zähler die Einheit, und dessen Nenner mehr als 4 Billionen, also ausserordentlich klein; daher hat die entgegengesetzte Annahme, dass alle diese Bewegungen eine gemeinsame Ursache haben, einen Wahrscheinlichkeitsgrad. der dem Werthe 1, daher der Gewissheit, ungemein nahe kommt. Dies führt dann auf die bekannte, von Laplace, um ein halbes Jahrhundert früher aber schon von Kant, aufgestellte Hypothese über den Ursprung unseres Sonnensystems. — Da man gegenwärtig 8 Hauptplaneten und 142 kleine Planeten kennt, von den Satelliten aber wohl am besten die des Uranus, wegen der fast senkrechten Lage ihrer Bahnebenen gegen die Ebene des Sonnenäquators, von der Rechnung ausschliesst, und wenn man von den Rotationen ganz absieht, so bleiben $8 + 142 + 14 = 164$ progressive, mit der Richtung der Rotation der Sonne übereinstimmende Bewegungen. Hieraus ergiebt sich, dass die Wahrscheinlichkeit einer gemeinschaftlichen Ursache derselben sich zu der Wahrscheinlichkeit des Gegentheils verhält wie $2^{164} : 1$, d. i. wie mehr als 23 Octillionen zur Einheit.

§ 156.

Obgleich weder philosophische noch mathematische Wahrscheinlichkeit ohne Beziehung auf das denkende Subject möglich ist (§ 145), so können doch die Gründe, welche dieses bewegen, einem an sich ungewissen Urtheil vor einem anderen den Vorzug zu geben, entweder allgemein- oder nur individuell-giltige sein. Demgemäss ist zwischen wissenschaftlicher und unwissenschaftlicher Wahrscheinlichkeit zu unterscheiden. Die mathematische Wahrscheinlichkeit ist immer von der ersteren Art; denn die Gründe für und wider eine Annahme, die sie gegen einander abwägt, sind stets für alle denkende Subjecte giltig. Sie trägt überdies noch um so mehr den Charakter eines Wissens von dem Wahrscheinlichen, als sie den Grad der dadurch zu erlangenden Gewissheit zu bestimmen vermag. Die philosophische Wahrscheinlichkeit, wenn gleich dieses letzteren Vorzugs entbehrend, hat doch auch wissenschaftlichen Werth; denn die Grundsätze der Induction und Analogie haben Anspruch auf allgemeine Geltung. — Einer wissenschaftlichen Bestimmung unfähig ist dagegen diejenige Wahrscheinlichkeit, die in der Meinung ihren Ausdruck findet. Sie beruht zwar auf denselben Schlussformen, welche die philosophische und mathematische Wahrscheinlichkeit bedingen, aber es kommen hier noch Bestimmungsgründe hinzu, die nur für das Individuum Giltigkeit haben. Die Meinung

lässt sich durch Gefühle bestimmen, auf oft sehr unvollständige Inductionen und schwache Analogien allgemeine Urtheile
zu bauen; sie versucht es, nach dem Gefühl die Stärke der
Gründe und Gegengründe abzuwägen, die für oder wider entgegengesetzte Urtheile sprechen. Gefühle haben aber nur
individuelle Geltung. Die Meinung aufklären heisst, die
dunkeln Gefühle in klare Gründe auflösen und dadurch die
Meinung berichtigen. — Vom Wissen und Meinen verschieden
ist endlich der Glaube, der, allgemein gefasst, nicht einmal
mit dem Wahrscheinlichen in nothwendigem Zusammenhange
steht. Denn er ist ein Fürgewisshalten des an sich Ungewissen und nur höchstens Wahrscheinlichen. Er ist zwar
kein Product der reinen Willkür, sondern hat Beweggründe
(Motive); diesen aber kommt wieder entweder nur individuelle
oder allgemeine Giltigkeit zu. Von der ersteren Art ist der Glaube
an das Wunderbare und an das Wünschenswerthe, von der
zweiten die moralische Ueberzeugung. Ein auf allgemein
giltigen Beweggründen ruhender Glaube heisst vernünftig,
ein solcher dagegen, der selbst den stärksten Gegengründen Trotz
bietet, thöricht oder Aberglaube. Immer aber geht der
Glaube, welche Berechtigung er auch haben mag, aus einem
subjectiven Bedürfniss hervor, das Ungewisse zur Entscheidung zu bringen, oder das, was dem Wahrscheinlichen noch
an der Gewissheit fehlt, zu ergänzen.

Die sogenannte öffentliche Meinung, die in Sachen des Staats und
der Kirche, des Rechts und der Sittlichkeit in jedem gebildeten Volke eine
Macht ausübt, der sich selbst unbeschränkte Gewalthaber nie ganz entziehen können, ist der Ausdruck der allgemeinen Billigung oder Missbilli-
gung über vollzogene oder erst beabsichtigte Handlungen, die sich auf das
gemeine Wohl beziehen, und zwar bald hinsichtlich ihrer Rechtmässigkeit
und Moralität, bald bezüglich ihrer Zweckmässigkeit. Sie geht, wo nicht
vom ganzen Volke, doch von demjenigen Theil desselben aus, der an den
gemeinsamen Angelegenheiten lebendigen Antheil nimmt. So respectabel
nun auch ein solches Volksurtheil ist, so kann man es doch nicht wohl
das „öffentliche Gewissen" nennen. Denn das häufige „Umschlagen" der
öffentlichen Meinung verräth, dass sie nicht immer in unparteiischer Wür-
digung der Sachlage, richtigem Tact, gesundem moralischen Sinn, sondern
eben so oft in leidenschaftlichen Sympathien und Antipathien, nationalen
Vorurtheilen, einem epidemischen vagen Enthusiasmus u. dgl. m. wurzelt,
dass sie nicht immer ein sicheres Erkennen dessen, was sein und geschehen

soll, dessen, was noth thut, sondern im allgemeinen eben nur Meinung ist. Der Begriff des Glaubens findet zwar seine wichtigste Anwendung in der Religion, ist aber nicht auf diese beschränkt. Treu und Glauben im menschlichen Verkehr (*bona fides*) bedeutet das Vertrauen, die Ueberzeugung, die subjective Gewissheit, dass wenigstens die grosse Mehrzahl der Menschen den redlichen Willen hat, ihre eingegangenen Verbindlichkeiten treu zu erfüllen. Diese Ueberzeugung stützt sich theils auf Erfahrung (Induction), theils auf die Reflexion, dass es im Interesse eines jeden, der in der Gesellschaft eine sichere Stellung behaupten will, liegt, Wort zu halten und seinen Verpflichtungen nachzukommen, theils auf der humanen Annahme, dass die Menschen in der Regel guten Willen haben (*quilibet praesumatur bonus, donec probetur contrarium*). — Ebenso gehört hierher der Glaube an die Wahrheit und Wahrhaftigkeit von Zeugenaussagen und der hierauf sich gründende historische Glaube, der erst dann berechtigt ist, nachdem die Kritik die zulängliche Wahrscheinlichkeit der Angaben dargethan, und damit ihre Glaubwürdigkeit nachgewiesen hat. — Der religiöse Glaube kann sehr verschiedene Motive haben. Seine allgemeine und natürliche Grundlage ist das Gefühl des Menschen von der Unzulänglichkeit seiner Kraft in physischer, intellectueller und moralischer Hinsicht, das Gefühl seiner Hilfsbedürftigkeit, das ihn, besonders nach der letzten Beziehung, auch wenn er sich auf eine höhere Culturstufe erhoben hat, nicht verlässt. Dieses Gefühl führt zur Sehnsucht nach einem Helfer aus der Noth, und diese zum Glauben an einen solchen. Für den Denkenden ist dies aber eine schwache Rechtfertigung des Glaubens. Er fordert objectiv giltige Motive und findet solche theils in den teleologischen Thatsachen der Natur, theils im sittlichen Bewusstsein (vgl. des Verf. Grundzüge der Religionsphilosophie). — Der Offenbarungsglaube findet in dem, was der blosse Vernunftglaube bieten kann, keine volle Befriedigung für das menschliche Bedürfniss. Er vertraut den geschichtlichen Ueberlieferungen unbedingt und ist am bereitesten, das für gewiss zu halten, was am stärksten das Gemüth beruhigt und die Sehnsucht stillt; er ist überwiegend Gefühlsglaube. Er ist, wie es im Hebräerbrief (11,1) heisst, eine gewisse Zuversicht dessen, was man hofft, und ein Nichtzweifeln an dem, was man nicht sieht. Daher nimmt er auch keinen Anstoss an dem Wunderbaren, findet vielmehr oft sogar in dem Undenkbaren und deshalb für den Unbefangenen Unglaublichen das Kennzeichen eines höheren Ursprungs als aus blosser Vernunft; *credo, quia absurdum est*, sagte Tertullian. — In jeder Form ist der echte Glaube zwar nicht ein Wissen, aber ein subjectives Fürgewisshalten dessen, was objectiv (thatsächlich oder aus zureichenden Gründen) nicht gewiss ist. Er ergänzt die Ungewissheit oder blosse Wahrscheinlichkeit durch einen auf Motiven beruhenden Act des Wollens, er setzt fest, was ihm fortan für gewiss gelten soll, und schlägt jeden Zweifel nieder. Denn wo noch eine Spur des Zweifels, da ist noch kein eigentlicher Glaube vorhanden.

Die Unterscheidung einer *argumentatio ad hominem* (κατ ἄνθρωπον) von der *argumentatio ad veritatem* (κατ ἀλήθειαν) hängt mit der der

Meinung vom Wissen zusammen und hat nur Werth für Streitigkeiten, bei denen es weniger darauf ankommt, die Wahrheit der Behauptung allgemeingiltig zu erweisen, als, den Gegner zu überzeugen, dass aus dem von ihm Zugestandenen (was eine blosse Meinung zu sein braucht) das Behauptete mit Nothwendigkeit folgt.

§ 157.

Die Summe des bloss Wahrscheinlichen in unserer Erkenntniss ist ohne Vergleich grösser als die des Gewissen. Die letztere zu vermehren, die erstere zu vermindern, ist nun zwar das unausgesetzte und durch reiche Erfolge belohnte Streben der wissenschaftlichen Forschung. Sie darf sich jedoch nicht verhehlen, dass ihr sowohl nach der empirischen als nach der rationalen Richtung zuletzt gewisse unübersteigliche Grenzen gesetzt sind. Aber die Einsicht, dass und warum wir Manches nicht wissen können, ist auch ein Wissen, und dieses das letzte Ergebniss einer besonnenen Kritik unsres Erkennens. Doch selbst da, wo wir uns mitten im Gebiete des uns erreichbaren Wissens befinden, hängt die Sicherheit der Resultate nicht allein von der der Principien, sondern auch immer noch von der subjectiven Wahrscheinlichkeit ab, dass wir bei der Herleitung jener aus diesen keinen von den Fehlern begangen haben, welche uns die Logik zwar kennen lehrt, vor denen sie uns aber nicht gänzlich bewahren kann, da es dabei nicht allein auf sie, sondern zugleich auf den Gebrauch ankommt, den wir von ihren Belehrungen machen. Ein absolutes Schutzmittel gegen logische Fehler im Denken giebt es nicht, und es bleibt daher, streng genommen, bei dem evidentesten Beweis doch immer nur höchst wahrscheinlich, dass er vollkommen fehlerfrei sei. Nur unausgesetzte Aufmerksamkeit auf die Operationen unseres Denkens und wiederholte Prüfung seiner Bündigkeit kann uns zureichenden Schutz gegen Irrthümer gewähren. Von diesen subjectiven Bedingungen der Wahrheit unserer Erkenntniss kommen wir aber niemals los.

Welche Vervollkommnung unseren Mikroskopen, Teleskopen, Messinstrumenten und physikalischen Apparaten in der Zukunft noch bevorsteht, und welche Bereicherung an Thatsachen der Beobachtung dadurch erworben werden wird, kann Niemand zu bestimmen wagen, und immerhin mag man diese künftige Vermehrung unseres empirischen Wissens sich so gross wie möglich vorstellen. Aber der Beobachtungsort wird für uns Menschen immer die Erde bleiben, und nur neue Phänomene werden es sein, die sich in reicherer Fülle offenbaren. Ueber diese hinaus kann nur das Denken führen, das Werkzeug der philosophischen Erkenntniss. Das höchste denkbare Ziel der Philosophie ist nun allerdings absolutes Wissen und Wissen vom Absoluten, sowohl von dem absolut Seienden, als dem absolut Werthvollen, das wir vereinigt in der Idee der Gottheit denken. Aber auch die Philosophie ist auf den anthropocentrischen Standpunkt gestellt und vermag sich nicht auf einen Sprung auf den theocentrischen zu schwingen. Ihre Aufgabe ist daher nicht, zu versuchen, sich auf diesen letzteren zu versetzen und von da aus der Dinge Wesen und Werden zu erschauen oder zu entfalten, sondern zu untersuchen, ob dieser Standpunkt dem Denken erreichbar ist, oder ob irgendwo unübersteigliche Hindernisse dem Wissen Grenzen setzen. Dies ist die Aufgabe, die sich zuerst Locke stellte, die Kant in ungleich umfassenderer und tieferer Weise behandelte, und die in einem neuen Geiste mit durchdringendem Scharfsinn Herbart bearbeitete. Kant und Herbart, wie verschieden auch in den Principien, Methoden und Resultaten ihrer Forschung, treffen doch in dem Endergebniss wieder zusammen, dass unser speculatives Wissen ein begrenztes ist, und in religiöser Beziehung der Glaube durch ein Wissen nicht ersetzt werden kann.

Die zweite Häfte des Paragraphs kann und soll nicht einem Alles zersetzenden Skepticismus das Wort reden, sondern nur nachdrücklich darauf hinweisen, dass bei dem Denken, so gut wie bei dem Wollen und Handeln, Selbstüberwachung noth thut, ohne welche alle Vorschriften der Logik, wie der Moral, unfruchtbar bleiben, und zugleich bemerklich machen, welche Ueberzeugungskraft der blossen Wahrscheinlichkeit inwohnt. Der geschickteste Rechner ist vor Rechnungsfehlern nicht sicher; auch die Controle seiner Rechnung durch Andere oder nach anderen Methoden macht ihre Richtigkeit nur wahrscheinlich; und es ist zuletzt selbst nur unermesslich unwahrscheinlich, dass, nachdem Hunderttausende von scharf denkenden Köpfen Euklid's Beweis für den pythagoreischen Lehrsatz richtig befunden haben, noch ein Schlussfehler darin sich verbergen, oder gar der Satz selbst mit seinen vielen Beweisen falsch sein sollte.

Logisch-mathematischer Anhang.

I. Zur Lehre von der Unterordnung der Begriffe.

1. Ein Begriff A, welcher m Merkmale habe, werde durch eine Reihe disjuncter Merkmale a, b, c . . . determinirt, deren Anzahl $= n_1$ sei, so entstehen ebensoviel Arten von A, nämlich
$$A\,a,\ A\,b,\ A\,c, \ldots,$$
welche Arten der ersten Ordnung, oder abgekürzt **erste Arten** von A heissen mögen. Eine solche erste Art von A werde allgemein durch A_1 bezeichnet.

Wird ferner jedes A_1 durch eine zweite Reihe disjuncter Merkmale a', b', c', ... determinirt, deren Anzahl $= n_2$ sei, so entstehen aus jedem A_1 neue Arten in der Zahl n_2, welche Arten der zweiten Ordnung oder **zweite** Arten von A heissen und im allgemeinen durch A_2 bezeichnet werden sollen, nämlich folgende: Aaa', Aab', Aac',...; Aba', Abb', Abc',...; Aca', Acb', Acc',...;

u. s. w.

Die Anzahl sämmtlicher A_2 ist $= n_1\,n_2$.

Weiter werde jedes A_2 durch eine dritte Reihe disjuncter Merkmale a'', b'', c'',.... in der Zahl n_3 determinirt, so entstehen **dritte** Arten von A, nämlich
$Aaa'a''$, $Aaa'b''$,...; $Aab'a''$ $Aab'b''$,...; $Aac'a''$, $Aac'b''$,...;
$Aba'a''$, $Aba'b''$,...; $Abb'a''$, $Abb'b''$,...; $Abc'a''$, $Abc'b''$,...;
$Aca'a''$, $Aca'b''$,...; $Acb'a''$, $Acb'b''$,...; $Acc'a''$, $Acc'b''$,...;

u. s. w.

Die Anzahl dieser, durch A_3 zu bezeichnenden dritten Arten ist $= n_1\,n_2\,n_3$.

Fährt man so fort, und ist die letzte Reihe determinirender Merkmale die $p$te, die Anzahl dieser Merkmale aber $= n_p$, und werden, die durch sie sich ergebenden $p$ten Arten von A durch A_p bezeichnet, so sind diese von der Form $A a a' a'' \ldots a'^{(p-1)}$; ihre Anzahl ist $= n_1 n_2 n_3 \ldots n_p$.

2. Bezeichnen wir die Summe sämmtlicher A untergeordneten Arten der 1sten bis $p$ten Ordnung durch ΣA; die Summe der einer jeden ersten Art untergeordneten Arten der 2ten bis $p$ten Ordnung durch ΣA_1; ebenso die Summe der einer jeden 2ten Art untergeordneten Arten der 3ten bis $p$ten Ordnung durch ΣA_2 u. s. f., so ist offenbar

$$\Sigma A = n_1 + n_1 n_2 + n_1 n_2 n_3 + \ldots + n_1 n_2 \ldots n_p;$$
$$\Sigma A_1 = n_2 + n_2 n_3 + n_2 n_3 n_4 + \ldots + n_2 n_3 \ldots n_p;$$
$$\Sigma A_2 = n_3 + n_3 n_4 + n_3 n_4 n_5 + \ldots + n_3 n_4 \ldots n_p; \text{ u. s. f.}$$

allgemein:
$$\Sigma A_k = n_{k+1} + n_{k+1} n_{k+2} + \ldots + n_{k+1} n_{k+2} \ldots n_p;$$
wo $k \leqq p - 1$; daher

$$\Sigma A_{p-1} = n_p.$$

Sind die Merkmale in allen p Reihen in gleich grosser Anzahl vorhanden, so dass $n_1 = n_2 = n_3 \ldots = n_p$, wofür n gesetzt werde, so gehen vorstehende Ausdrücke in geometrische Reihen über, und wird

$$\Sigma A = \frac{n(n^p - 1)}{n-1}; \quad \Sigma A_1 = \frac{n(n^{p-1} - 1)}{n-1}; \quad \Sigma A_2 = \frac{n(n^{p-2} - 1)}{n-1};$$

allgemein: $\Sigma A_k = \dfrac{n(n^{p-k} - 1)}{n-1}.$

Ist $n_1 = n$; $n_2 = n+1$; $n_3 = n+2$ u. s. f., also $n_p = n+p-1$, so wird

$$\Sigma A = n [1 + (n+1) + (n+1)(n+2) + \ldots\ldots \\ + (n+1)(n+2)\ldots(n+p-1)];$$
$$\Sigma A_1 = (n+1)[1 + (n+2) + (n+2)(n+3) + \ldots \\ + (n+2)(n+3)\ldots(n+p-1)];$$
$$\Sigma A_2 = (n+2)[1 + (n+3) + (n+3)(n+4)\ldots\ldots \\ + (n+3)(n+4)\ldots(n+p-1)]; \text{ u. s. f.}$$
$$\Sigma A_k = (n+k)[1 + (n+k+1) + (n+k+1)(n+k+2) + \ldots \\ + (n+k+1)(n+k+2)\ldots(n+p-1)];$$

die Summen der untergeordneten Arten bilden also dann hypergeometrische Reihen.

3. Bezeichnen wir die Grösse des Inhalts (*complexus*) eines Begriffs A_k durch com A_k, die seines Umfangs (*ambitus*) durch amb A_k, so ist, da die erstere aus der Anzahl der Merkmale besteht, nach den Voraussetzungen in (1), offenbar

$$\text{com } A = m; \text{ com } A_1 = m + 1; \text{ com } A_2 = m + 2; \ldots$$
$$\text{com } A_k = m + k; \ldots \text{com } A_{p-1} = m + p - 1; \text{ com } A_p = m + p.$$

Was die Grösse des Umfangs betrifft, so kann dieselbe, wenn hinsichtlich ihrer mehrere einander untergeordnete Begriffe verglichen werden sollen, damit für alle dasselbe Maass gelte, nur durch die Anzahl derjenigen Arten einer und derselben Ordnung bestimmt werden, die unter einem gegebenen Begriffe stehen, wozu, wenn die Grösse des Umfangs aller einander subordinirten Begriffe zu bestimmen ist, nur die niedrigsten Arten, hier die der $p$ten Ordnung, taugen. Dann ist aber

$$\text{amb } A = n_1 n_2 n_3 \ldots n_p; \text{ amb } A_1 = n_2 n_3 n_4 \ldots n_p; \text{ amb } A_2 = n_3 n_4 n_5 \ldots n_p;$$
$$\ldots \text{ amb } A_k = n_{k+1} n_{k+2} n_{k+3} \ldots n_p; \text{ amb } A_{p-1} = n_p.$$

Endlich kann noch, sofern sich sagen lässt, dass jedes A_p in seinem eigenen Umfange liege, gesetzt werden

$$\text{amb } A_p = 1.$$

Hiernach ist nun auch

$$\text{com } A_1 = \text{com } A + 1; \text{ com } A_2 = \text{com } A_1 + 1; \ldots$$
$$\text{com } A_k = \text{com } A_{k-1} + 1; \ldots \text{com } A_p = \text{com } A_{p-1} + 1;$$
$$\text{amb } A_1 = \frac{\text{amb } A}{n_1}; \text{ amb } A_2 = \frac{\text{amb } A_1}{n_2}; \ldots$$
$$\text{amb } A_k = \frac{\text{amb } A_{k-1}}{n_k}; \ldots \text{amb } A_p = \frac{\text{amb } A_{p-1}}{n_p}.$$

Hieraus erhellt, dass die Grösse des Inhalts irgend einer $k$ten Art immer um eine Einheit die Grösse des Inhalts der nächst vorhergehenden (k—1)ten Art übertrifft, dagegen die Grösse des Umfangs irgend einer $k$ten Art sovielmal in der Grösse der nächst vorhergehenden (k—1)ten Art enthalten ist, als die Anzahl sämmtlicher Arten der $k$ten Ordnung Einheiten hat. Nach diesem Gesetz nimmt die Grösse des Umfangs ab, indess die des Inhalts zunimmt.

Zur Erläuterung kann das in der Anm. zu § 126 angeführte Beispiel dienen. Es bedeutet dann A den Begriff der Bevölkerung; A_1 dieselbe mit Hinsicht auf die Unterschiede des Geschlechts; bei A_2 kommen noch die der Kinder von den unverheiratheten und verheiratheten Erwachsenen hinzu; bei A_3 die der Land- und Städtebewohner; bei A_4 die vier Unterschiede der Religionsbekenntnisse; endlich bei A_5 die der Abstammung (denn man kann auch zwischen Juden, die aus germanischen, romanischen und slavischen Ländern abstammen, unterscheiden). Hier ist also

$$n_1 = 2,\ n_2 = 4,\ n_3 = 2,\ n_4 = 4,\ n_5 = 3;$$

daher

amb $A = 192$, amb $A_1 = 96$, amb $A_2 = 24$, amb $A_3 = 12$, amb $A_4 = 3$, amb $A_5 = 1$;

indess, wenn m die Anzahl der Merkmale von A,

com $A = m$, com $A_1 = m + 1$, com $A_2 = m + 2$, com $A_3 = m + 3$.
com $A_4 = m + 4$, com $A_5 = m + 5$

ist, woraus erhellt, wie mit der Abnahme des Umfangs der Inhalt zunimmt.

4. Haben die Arten aller Ordnungen die gleiche Anzahl von eigenthümlichen Merkmalen $= n$, so dass $n_1 = n_2 \ldots = n_p = n$, so wird

amb $A = n^p$; amb $A_1 = n^{p-1}$; amb $A_2 = n^{p-2}$; ....
$$\text{amb } A_k = n^{p-k};\ \text{amb } A_p = 1.$$

Dann also nimmt die Grösse des Umfang nach einer geometrischen Reihe ab; indess die des Inhalts nach einer arithmetischen zunimmt.

Setzt man

$$\text{amb } A_k = n^{p-k} = \frac{n^{m+p}}{n^{m+k}},$$

so folgt, da $m + k = $ com A_k,

$$\text{amb } A_k = \frac{n^{m+p}}{n^{\text{com} A_k}} = \frac{n^{\text{com} A_p}}{n^{\text{com} A_k}},$$

wo der Zähler dieses Ausdrucks unabhängig von k und daher constant ist. Demnach ist amb A_k nicht etwa umgekehrt proportional com A_k (der Umfang eines Begriffs nicht umgekehrt proportional seinem Inhalt), sondern umgekehrt proportional $n^{\text{com} A_k}$, d. i. derjenigen Potenz der Anzahl der eigenthümlichen Merkmale jeder Ordnung, deren Exponent die Grösse des Inhalts des Begriffes A_k ist.

Aus dem vorstehenden Ausdruck findet sich leicht auch
$$\text{com } A_k = m + p - \frac{\lg \text{amb } A_k}{\lg n};$$
$$= \text{com } A_p = \frac{\lg \text{amb } A_k}{\lg n};$$

oder $\quad \text{com } A_p - \text{com } A_k = \dfrac{\lg \text{amb } A_k}{\lg n};$

wo der Nenner constant ist.

Also ist die Differenz zwischen dem Inhalt einer Art der letzten und dem einer Art irgend welcher $k$ten Ordnung dem Logarithmus des Umfangs einer Art dieser $k$ten Ordnung direct proportional.

Ist $n_1 = n; n_2 = n + 1; n_3 = n + 2; \ldots n_p = n + p - 1;$ so wird

$\text{amb } A = n (n + 1) (n + 2) \ldots (n + p - 1);$
$\text{amb } A_1 = (n + 1) (n + 2) \ldots (n + p - 1);$
$\text{amb } A_2 = (n + 2) (n + 3) \ldots (n + p - 1);$ u. s. w.
$\text{amb } A_k = (n + k)(n + k + 1) \ldots (n + p - 1);$ u. s. f.

Die Umfänge nehmen dann also nach einer hypergeometrischen Reihe ab.

Determinirt man z. B. den Begriff des Urtheils zuerst durch die Artunterschiede der Bejahung und Verneinung, dann durch die des Allgemeinen und Besonderen, ferner durch die des Kategorischen und Hypothetischen, endlich durch die des Problematischen und Apodiktischen (wodurch man also alle Hauptformen der problematischen und apodiktischen Urtheile erhält), so ist
$$n_1 = n_2 = n_3 = n_4 = 2,$$
daher
$\text{amb } A = 16$, amb $A_1 = 8$, amb $A_2 = 4$, amb $A_3 = 2$, amb $A_4 = 1$;
dagegen, wenn com $A = m$,
$\text{com } A_1 = m + 1$, com $A_2 = m + 2$, com $A_3 = m + 3$, com $A_4 = m + 4$.
Die Grössen des Umfangs der Begriffe A Urtheil, A_1 qualitativ bestimmtes, A_2 qualitativ und quantitativ bestimmtes, A_3 qualitativ, quantitativ und relativ, endlich A_4 qualitativ, quantitativ, relativ und modal bestimmtes Urtheil bilden also eine fallende geometrische Reihe, indess die Grössen des Inhalts derselben Begriffe eine steigende arithmetische Reihe darstellen.

Unterscheiden wir in dem Beispiel zu Art. 3 zuerst die beiden Geschlechter, dann die drei nationalen Verschiedenheiten, ferner die vier auf Alter und Ehe sich beziehenden Bestimmungen und spalten endlich noch die Protestanten in Lutheraner und Reformirte, wodurch fünf Religionsunterschiede erhalten werden, so ist

daher
$$n_1 = 2, \; n_2 = 3, \; n_3 = 4, \; n_4 = 5,$$

$$\text{amb } A = 2 . 3 . 4 . 5 = 120,$$
$$\text{amb } A_1 = 3 . 4 . 5 = 60,$$
$$\text{amb } A_2 = 4 . 5 = 20,$$
$$\text{amb } A_3 = 5,$$
$$\text{amb } A_4 = 1;$$

so dass also hier die Grössen des Umfangs eine fallende hypergeometrische Reihe bilden, indess die des Inhalts, wie zuvor, in arithmetischer Reihe steigen.

Durch diese Beispiele wird am einfachsten der unbegründete Vorwurf Ueberweg's (System d. Log. 1. Aufl. S. 106, 3. Aufl. S. 112) zurückgewiesen, der die vorstehenden Betrachtungen nur für eine mathematische Speculation ohne Anwendbarkeit will gelten lassen. Wo die Voraussetzungen gelten, da treffen auch die Folgen zu. Die Voraussetzung ist aber hier, dass die Arten jeder Ordnung sämmtlich durch die Artunterschiede der folgenden Ordnungen determinirt werden können. Diese Voraussetzung findet eben nicht statt, wenn man das ebene Dreieck erst durch die Artunterschiede des Spitz-, Recht- und Stumpfwinkligen determinirt und dann die daraus sich ergebenden drei Arten der Dreiecke noch durch die Artunterschiede des Gleichseitigen, Gleichschenkligen und Ungleichseitigen determiniren wollte; denn nur auf die spitzwinkligen Dreiecke sind alle drei Unterschiede anwendbar, auf die beiden andern nur die beiden letzteren. Die vorstehende Theorie lässt daher ganz und gar nicht erwarten, dass es 9 Arten von Dreiecken statt 7 geben sollte.

II. Zur Lehre von den Eintheilungen und Classificationen.

1. Ein einzutheilender Begriff N lasse m Nebeneintheilungen zu, von denen die erste n_1, die zweite n_2, die dritte n_3, ... die $m$te n_m Glieder haben mag. Verknüpft man diese nach § 126 in der angegebenen Ordnung mit einander, so erhält man von N successiv Arten der 1sten, 2ten, 3ten . . . ., $m$ten Ordnung, oder, wie wir hier zur Vermeidung von Verwechselungen lieber sagen wollen, Classe, deren Zahlen der Reihe nach sein werden:

$$n_1, \; n_1 n_2, \; n_1 n_2 n_3, \ldots \ldots n_1 n_2 n_3 \ldots n_m.$$

Die m Eintheilungen lassen sich aber $m \, (m-1) \, (m-2) \ldots 2 . 1$ mal versetzen, so dass ihre Glieder successiv in folgenden Anordnungen erscheinen:

$$n_1 \; n_2 \; n_3 \; \ldots \ldots \; n_m,$$
$$n_1 \; n_3 \; n_2 \; \qquad \; n_m,$$

$$n_2 \; n_1 \; n_3 \qquad\qquad n_{m},$$
$$n_2 \; n_3 \; n_1 \;\ldots\ldots\; n_{m},$$
$$\ldots\ldots\ldots\ldots\ldots$$
$$n_3 \; n_1 \; n_2 \;\ldots\ldots\; n_{m};$$
$$n_3 \; n_2 \; n_1 \;\ldots\ldots\; n_{m},$$
$$\ldots\ldots\ldots\ldots\ldots$$
$$\ldots\ldots\ldots\ldots\ldots$$
$$\ldots\ldots\ldots\ldots\ldots$$
$$n_m \; n_1 \; n_2 \;\ldots\ldots\; n_{m-1},$$
$$n_m \; n_2 \; n_1 \;\ldots\ldots\; n_{m-1},$$
$$\ldots\ldots\ldots\ldots\ldots$$
$$\ldots\ldots\ldots\ldots\ldots$$
$$n_m \; n_{m-1} \; n_{m-2} \;\ldots\; n_1.$$

Durch diese Versetzungen der Nebeneintheilungen werden nun aber auch sowohl die Zahlen als die Beschaffenheiten der 1sten, 2ten, 3ten, ...Arten von N Veränderungen erleiden, die wir näher untersuchen wollen.

2. Um ein bestimmtes Beispiel vor Augen zu haben, mögen drei Nebeneintheilungen gegeben sein, von denen die erste durch $A + B$, die zweite durch $a + b + c$, die dritte durch $\alpha + \beta + \gamma + \delta$ dargestellt werde, so geben diese folgende 6 Anordnungen:

I. $(A + B)\,(a + b + c)\,(\alpha + \beta + \gamma + \delta).$
II. $(A + B)\,(\alpha + \beta + \gamma + \delta)\,(a + b + c);$
III. $(a + b + c)\,(A + B)\,(\alpha + \beta + \gamma + \delta);$
IV. $(a + b + c)\,(\alpha + \beta + \gamma + \delta)\,(A + B);$
V. $(\alpha + \beta + \gamma + \delta)\,(A + B)\,(a + b + c);$
VI. $(\alpha + \beta + \gamma + \delta)\,(a + b + c)\,(A + B);$

Hieraus entwickeln sich nun die 1sten, 2ten, 3ten Arten von N, wie folgt.

Aus I. 1) $A,\, B;$
2) $A\,a,\, A\,b,\, A\,c;$
$B\,a,\, B\,b,\, B\,c;$
3) $A\,a\,\alpha,\; A\,a\,\beta,\; A\,a\,\gamma,\; A\,a\,\delta,$
$A\,b\,\alpha,\; A\,b\,\beta,\; A\,b\,\gamma,\; A\,b\,\delta,$
$A\,c\,\alpha,\; A\,c\,\beta,\; A\,c\,\gamma,\; A\,c\,\delta,$

$B\,a\,\alpha,\ B\,a\,\beta,\ B\,a\,\gamma,\ B\,a\,\delta,$
$B\,b\,\alpha,\ B\,b\,\beta,\ B\,b\,\gamma,\ B\,b\,\delta,$
$B\,c\,\alpha,\ B\,c\,\beta,\ B\,c\,\gamma,\ B\,c\,\delta.$

Aus II. 1) $A,\ B$;

2) $A\,\alpha,\ A\,\beta,\ A\,\gamma,\ A\,\delta,$
$B\,\alpha,\ B\,\beta,\ B\,\gamma,\ B\,\delta$;

3) $A\,\alpha\,a,\ A\,\alpha\,b,\ A\,\alpha\,c,$
$A\,\beta\,a,\ A\,\beta\,b,\ A\,\beta\,c,$
$A\,\gamma\,a,\ A\,\gamma\,b,\ A\,\gamma\,c,$
$A\,\delta\,a,\ A\,\delta\,b,\ A\,\delta\,c,$
$B\,\alpha\,a,\ B\,\alpha\,b,\ B\,\alpha\,c,$
$B\,\beta\,a,\ B\,\beta\,b,\ B\,\beta\,c,$
$B\,\gamma\,a,\ B\,\gamma\,b,\ B\,\gamma\,c,$
$B\,\delta\,a,\ B\,\delta\,b,\ B\,\delta\,c.$

Aus III. 1) $a,\ b,\ c$;

2) $a\,A,\ a\,B,$
$b\,A,\ b\,B,$
$c\,A,\ c\,B$;

3) $a\,A\,\alpha,\ a\,A\,\beta,\ a\,A\,\gamma,\ a\,A\,\delta,$
$a\,B\,\alpha,\ a\,B\,\beta,\ a\,B\,\gamma,\ a\,B\,\delta,$
$b\,A\,\alpha,\ b\,A\,\beta,\ b\,A\,\gamma,\ b\,A\,\delta,$
$b\,B\,\alpha,\ b\,B\,\beta,\ b\,B\,\gamma,\ b\,B\,\delta,$
$c\,A\,\alpha,\ c\,A\,\beta,\ c\,A\,\gamma,\ c\,A\,\delta,$
$c\,B\,\alpha,\ c\,B\,\beta,\ c\,B\,\gamma,\ c\,B\,\delta,$

Aus IV. 1) $a,\ b,\ c$;

2) $a\,\alpha,\ a\,\beta,\ a\,\gamma,\ a\,\delta,$
$b\,\alpha,\ b\,\beta,\ b\,\gamma,\ b\,\delta,$
$c\,\alpha,\ c\,\beta,\ c\,\gamma,\ c\,\delta,$

3) $a\,\alpha\,A,\ a\,\alpha\,B,$
$a\,\beta\,A,\ a\,\beta\,B,$
$a\,\gamma\,A,\ a\,\gamma\,B,$
$a\,\delta\,A,\ a\,\delta\,B,$
$b\,\alpha\,A,\ b\,\alpha\,B,$
$b\,\beta\,A,\ b\,\beta\,B,$
$b\,\gamma\,A,\ b\,\gamma\,B,$
$b\,\delta\,A,\ b\,\delta\,B,$

$c \, \alpha \, A, \; c \, \alpha \, B,$
$c \, \beta \, A, \; c \, \beta \, B,$
$c \, \gamma \, A, \; c \, \gamma \, B,$
$c \, \delta \, A, \; c \, \delta \, B.$

Aus V. 1) $\alpha, \; \beta, \; \gamma, \; \delta$;

2) $\alpha \, A, \; \alpha \, B,$
$\beta \, A, \; \beta \, B,$
$\gamma \, A, \; \gamma \, B,$
$\delta \, A, \; \delta \, B$;

3) $\alpha \, A \, a, \; \alpha \, A \, b, \; \alpha \, A \, c,$
$\alpha \, B \, a, \; \alpha \, B \, b, \; \alpha \, B \, c,$
$\beta \, A \, a, \; \beta \, A \, b, \; \beta \, A \, c,$
$\beta \, B \, a, \; \beta \, B \, b, \; \beta \, B \, c,$
$\gamma \, A \, a, \; \gamma \, A \, b, \; \gamma \, A \, c,$
$\gamma \, B \, a, \; \gamma \, B \, b, \; \gamma \, B \, c,$
$\delta \, A \, a, \; \delta \, A \, b, \; \delta \, A \, c.$
$\delta \, B \, a, \; \delta \, B \, b, \; \delta \, B \, c.$

Aus VI. 1) $\alpha, \; \beta, \; \gamma, \; \delta$;

2) $\alpha \, a, \; \alpha \, b, \; \alpha \, c,$
$\beta \, a, \; \beta \, b, \; \beta \, c,$
$\gamma \, a, \; \gamma \, b, \; \gamma \, c,$
$\delta \, a, \; \delta \, b, \; \delta \, c$;

3) $\alpha \, a \, A, \; \alpha \, a \, B,$
$\alpha \, b \, A, \; \alpha \, b \, B,$
$\alpha \, c \, A, \; \alpha \, c \, B,$
$\beta \, a \, A, \; \beta \, a \, B,$
$\beta \, b \, A, \; \beta \, b \, B,$
$\beta \, c \, A, \; \beta \, c \, B,$
$\gamma \, a \, A, \; \gamma \, a \, B,$
$\gamma \, b \, A, \; \gamma \, b \, B,$
$\gamma \, c \, A, \; \gamma \, c \, B,$
$\delta \, a \, A, \; \delta \, a \, B,$
$\delta \, b \, A, \; \delta \, b \, B,$
$\delta \, c \, A, \; \delta \, c \, B.$

3. Was nun zuerst die Anzahl der Arten jeder Classe betrifft, so ist diese nur für die letzte bei allen Anordnungen der

Eintheilungen allgemein die nämliche, im Beispiel $= 2.3.4 = 24$. Dagegen ist sie

in I, $1=2$; II, $1=2$; III, $1=3$; IV, $1=3$; V, $1=4$; VI, $1=4$;

in I, $2=2.3$; II, $2=2.4$; III, $2=3.2$; IV, $2=3.4$; V, $2=4.2$; VI, $2=4.3$;

$\quad =6$; $\quad\quad =8$; $\quad\quad =6$; $\quad\quad =12$; $\quad =8$; $\quad = 12$.

Hieraus ergiebt sich nun, dass für den Zweck der Ueber-sichtlichkeit der Classification, welche erfordert, dass auf jeder Stufe der Unterordnung möglichst wenige Begriffe die Mannigfaltigkeit des ihnen Untergeordneten beherrschen, die erste Anordnung, in der die Eintheilungen nach der zunehmenden Zahl ihrer Glieder geordnet sind, die vortheilhafteste ist. Es lässt sich leicht übersehen, dass diese Bedingung allgemein dem genannten Zwecke am besten entspricht.

Denn wenn in (1)
$$n_1 < n_2 < n_3 \ldots < n_m,$$
so sind $n_1 n_2$, $n_1 n_2 n_3$, $n_1 n_2 n_3 n_4$, u. s. f., welche Producte für die Anordnung $n_1 n_2 n_3 \ldots n_m$ die Zahlen der Arten zweiter, dritter, vierter Classe u. s. w. bestimmen, offenbar die kleinsten Producte aus den m Zahlen n_1, n_2, n_3, $\ldots n_m$ zu zweien, dreien, vieren u. s. f., die es giebt.

4. Man bemerke, dass in diesen verschiedenen Classificationen je zwei Begriffe, die sich nur durch die Ordnung ihrer Merkmale unterscheiden, nicht verschieden sein können, weil diese Merkmale sämmtlich nur nähere Bestimmungen des einzutheilenden Begriffes selbst sind, nicht zum Theil bloss Arten desselben weiter specificiren, was daraus folgt, dass sie Glieder von Nebeneintheilungen sind. Hieraus ergiebt sich nun, dass im Beispiel immer je zwei Classificationen in der zweiten Classe dieselben Arten haben; dasselbe gilt offenbar auch für die erste Classe. Es sind nämlich identisch

I, 1 und II, 1; III, 1 und IV, 1; V, 1 und VI, 1;
I, 2 und III, 2; II, 2 und V, 2; IV, 2 und VI, 2;

Diese Bemerkung lässt sich, wie folgt, generalisiren.

Da von m Nebeneintheilungen jede die erste sein kann, so ist die Zahl der durch Arten der ersten Classe unterscheidbaren Classificationen ebenso gross, also $= m$; folglich, da die Zahl der möglichen Classificationen $= m\,(m-1)\ldots 2\,.\,1$ ist, so sind $(m-1)\,(m-2)\ldots 2\,.\,1$ durch die erste Classe nicht unterschieden, sondern haben diese gemein.

Ferner ist die Zahl der durch Arten der zweiten Classe unterscheidbaren Classificationen $= \dfrac{m\,(m-1)}{1\,.\,2}$; denn wenn auf die Ordnung der Merkmale nichts ankommt, so sind aus den m Reihen von Merkmalen nur so viel Verbindungen zu zweien möglich. Demnach sind unter den $m\,(m-1)\ldots 2\,.\,1$ möglichen Classificationen $\dfrac{m\,(m-1)\ldots 2\,.\,1\,.\,1\,.\,2}{m\,(m-1)} = (m-2)\,(m-3)\ldots 2\,.\,1\,.\,1\,.\,2$ durch die zweite Classe von Arten nicht unterschieden, sondern haben diese gemein.

Ebenso ist die Zahl der durch Arten der dritten Classe unterscheidbaren Classificationen $= \dfrac{m\,(m-1)\,(m-2)}{1\,.\,2\,.\,3}$, mithin die Zahl der Classificationen, welche die dritte Classe gemein haben, $= \dfrac{m\,(m-1)\ldots 2\,.\,1\,.\,1\,.\,2\,.\,3}{m\,(m-1)\,(m-2)} = (m-3)\,(m-4)\ldots 2\,.\,1\,.\,1\,.\,2\,.\,3.$

Allgemein ist die Zahl der durch Arten der $k$ten Classe unterscheidbaren Classificationen $= \dfrac{m\,(m-1\ldots\,(m-k+1)}{1\,.\,2\,\ldots\ldots\,k}$, und daher die Zahl der Classificationen, welche die $k$te Classe gemein haben,

$$\frac{m\,(m-1)\ldots\,2\,.\,1\,.\,1\,.\,2\ldots k}{m\,(m-1)\ldots\,(m-k+1)} = (m-k)\,(m-k-1)\ldots 2\,.\,1\,.\,1\,.\,2\ldots k.$$

Der letztere Ausdruck reicht nur bis zu $k = m-1$, wo er $1\,.\,1\,.\,2\ldots\,(m-1)$ giebt; der erstere ist aber auch noch für $k=m$ brauchbar und giebt dann richtig $1\,.\,2\ldots m$.

5. Setzen wir zur Abkürzung

$$\frac{m\,(m-1)\ldots\ldots\,(m-k+1)}{1\,.\,2\,\ldots\ldots\,k} = m_k,$$

so bemerkt man leicht (da dieser Ausdruck die Binomialcoëfficienten bezeichnet), dass

$$m_k = m_{m-k}.$$

Daher ist auch

$$\frac{m\,(m-1)\ldots\ldots 2.1}{m_k} = \frac{m\,(m-1)\ldots\ldots 2.1}{m_{m-k}};$$

d. i. die Zahl der Classificationen, welche die $k$te Classe von Arten gemein haben, ist ebenso gross als die Zahl der Classificationen, welche die $(m-k)$te Classe gemein haben. Schreibt man daher die Classenzahlen in eine Reihe

$$1,\ 2,\ 3,\ldots k,\ldots m-1,\ m,$$

so kann man den vorstehenden Satz auch so ausdrücken: je zwei Classen, die gleich weit vom Anfang und Ende dieser Reihe abstehen, sind gleich vielen Classificationen gemeinsam.

In der That sind beispielweise die successiven Werthe von $\dfrac{m\,(m-1)\ldots 2.1}{m_k}$, wenn $m=3$ und successive $k=1, 2,\ldots$ gesetzt wird,

$$\frac{3.2.1}{3} = 2;\qquad \frac{3.2.1}{3} = 2;$$

für $m=4$

$$\frac{4.3.2.1}{4} = 6;\qquad \frac{4.3.2.1}{6} = 4;\qquad \frac{4.3.2.1}{4} = 6;$$

für $m=5$

$$\frac{5.4.3.2.1}{5} = 24;\quad \frac{5.4.3.2.1}{10} = 12;\quad \frac{5.4.3.2.1}{10} = 12;\quad \frac{5.4.3.2.1}{5} = 24;$$

u. s. f.

Da die Binomialcoëfficienten m_k, je nachdem m gerade oder ungerade ist, von $k=1$ bis $k=\dfrac{m}{2}$ oder $k=\dfrac{m-1}{2}$, oder ohne Unterscheidung des Geraden und Ungeraden von $k=1$ bis $k=\dfrac{m-\frac{1}{2}\,(1+(-1)^{m-1})}{2}$ zunehmen, von diesem Werthe aber bis zu $k=m$ abnehmen, so ist allgemein klar, dass die Werthe von $\dfrac{m\,(m-1)\ldots 2.1}{m_k}$, da in diesem Ausdruck der Zähler unabhängig von k ist, von $k=1$ bis $k=\dfrac{m-\frac{1}{2}\,(1+(-1)^{m-1})}{2}$ abnehmen, von da an aber bis zu $k = m$ zunehmen müssen; d. h. **die Zahl der Classificationen, welche irgend eine Classe von Arten gemein haben, ist um so kleiner, je näher die Stellenzahl der Classe der Mitte der Reihe aller Classenzahlen liegt, sie ist in der Mitte selbst am kleinsten, zu Anfang und Ende der Reihe am grössten.**

6. Endlich können wir uns noch die Aufgabe setzen, die Anzahl der in allen m $(m—1)\ldots2.1$ Classificationen zusammengenommen enthaltenen wesentlich verschiedenen Arten aller Classen zu bestimmen.

Bezeichnen wir, wie in (1), die Classificationen durch die Ordnung der die Anzahl der Glieder der Nebeneintheilungen angebenden Zahlen, $n_1, n_2, n_3, \ldots n_m$, so werden dieselben, wie dort, dargestellt durch

$$n_1\, n_2\, n_3 \ldots\ldots\ldots n_m,$$
$$n_1\, n_3\, n_2 \ldots\ldots\ldots n_m,$$
$$\ldots\ldots\ldots\ldots\ldots$$
$$n_2\, n_1\, n_3 \ldots\ldots\ldots n_m,$$
$$n_2\, n_3\, n_1 \ldots\ldots\ldots n_m,$$
$$\ldots\ldots\ldots\ldots\ldots$$
$$\ldots\ldots\ldots\ldots\ldots$$
$$n_m\, n_{m-1}\, n_{m-2} \ldots\ldots n_1.$$

Hieraus ergeben sich nun für die verschiedenen Classen der Arten mit Beziehung auf die verschiedenen Classificationen folgende Zahlen dieser Arten:

1ste,	2te,	3te,		$m$te Classe
$n_1,$	$n_1\, n_2,$	$n_1\, n_2\, n_3,$	$\ldots n_1\, n_2\, n_3$	$\ldots n_m$
$n_1,$	$n_1\, n_3,$	$n_1\, n_3\, n_2,$	$\ldots n_1\, n_3\, n_2$	$\ldots n_m$
$n_2,$	$n_2\, n_1,$	$n_2\, n_1\, n_3,$	$\ldots n_2\, n_1\, n_3$	$\ldots n_m$
$n_2,$	$n_2\, n_3,$	$n_2\, n_3\, n_1,$	$\ldots n_2\, n_3\, n_1$	$\ldots n_m$
$n_m,$	$n_m n_{m-1},$	$n_m n_{m-1} n_m n_{m-2},$	$n_m n_{m-1} n_m n_{m-1} \ldots n_1.$	

Da aber diejenigen unter diesen Producten, welche sich von einander nur durch die verschiedene Anordnung ihrer Factoren unterscheiden, Zahlen von Arten bezeichnen, die wesentlich dieselben sind, so sind alle diese Producte nur einmal zu nehmen, und ihre Permutationen, als für die vorliegende Bestimmung bedeutungslos, wegzulassen. Dasselbe gilt von den Wiederholungen der Zahlen n_1, n_2 u. s. w. der ersten Classe. Hiernach ist nun die Summe der wesentlich verschiedenen Arten

für die erste Classe $= n_1 + n_2 + n_3 \ldots + n_m$;

„ „ zweite „ $= n_1 n_2 + n_1 n_3 + \ldots + n_2 n_3 + \ldots + n_{m-1} n_m$;

„ „ dritte „ $= n_1 n_2 n_3 + n_1 n_2 n_4 + \ldots + n_2 n_3 n_4 + \ldots$
$$+ n_{m-2} n_{m-1} n_m;\ \text{u. s. f.}$$

„ „ letzte „ $= n_1 n_2 n_3 \ldots n_m.$

Es ist also die Summe der Arten erster Classe gleich der Summe der einfachen Factoren n_1, n_2, n_3, $\ldots n_m$; die Summe der Arten zweiter Classe gleich der Summe aller Producte dieser Factoren zu zweien; die Summe der Arten dritter Classe gleich der Summe aller Producte derselben Factoren zu je dreien, u. s. f.; die Summe der Arten der letzten Classe gleich dem Product aus sämmtlichen Factoren. Bezeichnen wir diese Summen der Reihe nach durch a_1, a_2, a_3, $\ldots a_m$, so ist also die gesuchte Gesammtzahl aller Arten

$$a_1 + a_2 + a_3 + \ldots + a_m.$$

Dieser Ausdruck lässt sich aber in einen bequemeren umwandeln. Bekanntlich ist nämlich, wenn x eine beliebige Zahlengrösse ist, und a_1, a_2, $\ldots a_m$ in der eben festgesetzten Bedeutung genommen werden,

$$(x + n_1)(x + n_2)(x + n_3) \ldots (x + n_m)$$
$$= x^m + a_1 x^{m-1} + a_2 x^{m-2} + a_3 x^{m-3} + \ldots + a_m.$$

Setzt man nun $x = 1$, so ergiebt sich

$$a_1 + a_2 + a_3 + \ldots + a_m = (1 + n_1)(1 + n_2)(1 + n_3) \ldots (1 + n_m) - 1,$$

welcher Ausdruck für $n_1 = n_2 = n_4 = \ldots = n_m = n$ in

$$(1 + n)^m - 1$$

übergeht.

Im obigen Beispiel war $n_1 = 2$, $n_2 = 3$, $n_3 = 4$. Hieraus folgt $a_1 = 2 + 3 + 4 = 9$; $a_2 = 2.3 + 2.4 + 3.4 = 26$; $a_3 = 2.3.4 = 24$, daher $\quad a_1 + a_2 + a_3 = 59 = (1 + 2)(1 + 3)(1 + 4) - 1$; wie dies die Ausführung in (2) thatsächlich bestätigt.

In der Classification der Urtheile (§ 63) kamen vier Nebeneintheilungen vor, und war für die Qualität $n_1 = 2$, für die Quantität $n_2 = 2$, für die Relation $n_3 = 2$, für die Modalität $n_3 = 3$. Hiernach sind überhaupt $1.2.3.4 = 24$ Classificationen der Urtheile, und für jede vier Classen von Arten möglich. Die Zahl der verschiedenen möglichen Arten ist

für die 1ste Classe $a_1 = 2 + 2 + 2 + 3 = 9$;

„ „ 2te „ $a_2 = 2.2 + 2.2 + 2.3 + 2.2 + 2.3 + 2.3 = 30$;

„ „ 3te „ $a_3 = 2.2.2 + 2.2.3 + 2.2.3 + 2.2.3 = 44$;

„ „ 4te „ $a_4 = 2.2.2.3 = 24$;

daher $a_1 + a_2 + a_3 + a_4 = 107 = (1+2)(1+2)(1+2)(1+3) - 1$ mögliche und wesentlich verschiedene Arten von Urtheilen; was ebenfalls durch die Ausführung im Einzelnen bestätigt wird.

III. Zur Lehre von den Beweisen.

1. *Logische Zergliederung des Beweises für den Lehrsatz: Parallelogramme, ABCD, ABEF, auf einerlei Grundlinie und zwischen denselben Parallelen AB, DE, sind an Flächeninhalt einander gleich.*

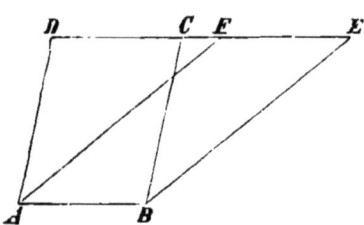

I. Beweis des Lehrsatzes selbst.

1) Wenn in zwei Dreiecken zwei Seiten sammt dem eingeschlossenen Winkel der Reihe nach gleich sind, so sind die Dreiecke congruent.

2) In den $\triangle\triangle\ ADF, BCE$ ist $AD = BC, DF = CE, \angle D = \angle C$.

3) Also ist $\triangle ADF \backsim \triangle BCE$.

4) Gleiches von Gleichem hinweggenommen lässt Gleiches.

5) $\triangle BCE = \triangle ADF$ (3); $ABED = ABED$.

6) Also ist Parallgr. $ABCD$ = Parallgr. $ABEF$.

15*

Hier ist 4 ein Grundsatz, ebenso in 5, dass $ABED=ABED$, unmittelbare Anwendung des Grundsatzes, dass jede Grösse sich selbst gleich ist. Dagegen sind 1 und 2 zu beweisen.

II. Beweis von 1.

7) Zwischen zwei gegebenen Punkten ist nicht mehr als eine Gerade möglich.

8) Wenn man zwei $\triangle\triangle$ abc, $\alpha\beta\gamma$, in denen $ab = \alpha\beta$, $ac = \alpha\gamma$ und $\angle a = \angle \alpha$, so auf einander legt, dass ab und $\alpha\beta$, $\angle a$ und $\angle \alpha$ sich decken, so decken sich auch ac und $\alpha\gamma$, und fallen daher die Punkte b und β, c und γ zusammen.

1) Also fallen auch die diese Punkte verbindenden geraden Linien in eine einzige Gerade zusammen, mithin congruiren die Dreiecke.

Hier ist 7 ein Grundsatz. Dagegen fordert 8 einen Beweis.

III. Beweis von 8.

9) Gleiche Gerade sowohl als Winkel decken einander, und Gerade und Winkel, die sich decken, sind gleich (Definitionen).

10) In den $\triangle\triangle$ abc, $\alpha\beta\gamma$ ist ab $= \alpha\beta$, $ac = \alpha\gamma$, $\angle a = \angle \alpha$, (Vorauss. in 8).

8) Daher decken sich diese Geraden und Winkel, und fallen b und β, c und γ (als Grenzen der ersteren) zusammen.

Es bleibt jetzt noch der Beweis von 2 übrig. Dieser Satz besteht aber aus drei Theilen, von denen keiner den anderen einschliesst, nämlich: 2. a) $AD = BC$; 2. b) $DF = CE$; 3. c) $\angle D = \angle C$.

IV. Beweis von 2. a.

11) Die gegenüberliegenden Seiten eines Parallelogramms sind gleich.

12) $ABCD$ und $ABEF$ sind Parallelogramme.

2. a) Also $AD = BC$; überdies

13) $AB = CD$ und $AB = FE$.

Hier ist 12 die Voraussetzung des Lehrsatzes, aber 11 zu beweisen.

V. Beweis von 11.

14) Die gleichnamigen Seiten congruenter Dreiecke sind gleich

15) Die gegenüberliegenden Seiten eines Parallelogramms sind zugleich gleichnamige Seiten congruenter Dreiecke.

11) Die gegenüberliegenden Seiten eines Parallelogramms sind gleich.

VI. Beweis von 14.

9) Gerade, die sich decken, sind gleich (Definition).

16) Die gleichnamigen Seiten congruenter Dreiecke sind Gerade, die sich decken (Definition).

14) Die gleichnamigen Seiten congruenter Dreiecke sind gleich.

VII. Beweis von 15.

17) Wenn in zwei Dreiecken eine Seite und die beiden anliegenden Winkel der Reihe nach gleich sind, so sind die Dreiecke congruent.

18) Wenn man das Parallelogramm durch die Diagonale in zwei Dreiecke zerlegt, so sind, a) die zu beiden Seiten der Diagonale ihren entgegengesetzten Enden anliegenden Winkel dieser Dreiecke beziehungsweise gleich, b) die Diagonale ist beiden Dreicken gemein und stellt in sofern zwei gleiche Seiten dar.

15) Also sind die zwei Dreiecke, in welche die Diagonale das Parallelogramm zerlegt, congruent, und die gleichnamigen nicht zusammenfallenden Seiten derselben gegenüberliegende Seiten des Parallelogramms.

Hier ist sowohl 17 als 18. a zu beweisen; 18. b aber eine unmittelbare Folgerung aus dem Grundsatz: jede Grösse ist sich selbst gleich.

VIII. Beweis von 17.

1) Wenn in zwei Dreiecken zwei Seiten sammt dem eingeschlossenen Winkel der Reihe nach gleich sind, so sind die Dreiecke congruent.

19) Wenn in zwei Dreiecken eine Seite und die beiden anliegenden Winkel der Reihe nach gleich sind, so sind auch die beiden anderen Seiten, welche mit der gegebenen die beiden Winkel einschliessen, gleich.

17) Also sind dann die Dreiecke congruent.

Hier ist 1 schon bewiesen. Es erübrigt noch

IX. Beweis von 19.

20) Wenn sich zwei nicht zusammenfallende Gerade schneiden, so geschieht dies nur in einem Punkte.

21) Legt man die Dreiecke von der in 19 vorausgesetzten Beschaffenheit so auf einander, dass die als gleich gegebenen Stücke sich decken, so fallen die beiden anderen (nicht als gleich gegebenen) Seiten auf einander, bilden also nur ein Paar sich schneidender Geraden.

19) Also fallen ihre Durchschnittspunkte zusammen, mithin ihre beiden Endpunkte; daher decken sich die Geraden und sind also gleich (9).

Hier ist 20 eine Folgerung aus 7. Denn angenommen das Gegentheil: die Geraden schnitten sich in mehr als zwei Punkten, so gäbe es zwischen diesen mehr als eine Gerade im Widerspruch mit 7.

Ebenso ist 21 eine unmittelbare Folge der Definition der Gleichheit in 7. Hiermit ist nun 17 vollständig bewiesen.

X. Beweis von 18. a.

22) Wenn zwei Parallelen von einer dritten Geraden geschnitten werden, so sind die Wechselwinkel gleich.

23) Die Diagonale schneidet zwei Paare paralleler Geraden.

18. a) Also sind die an der Diagonale liegenden Wechselwinkel gleich.

Hier folgt 23 unmittelbar aus den Definitionen des Parallelogramms und seiner Diagonale, dagegen ist 22 zu beweisen.

XI. Beweis von 22.

24) Wenn zwei Parallelen von einer dritten Geraden geschnitten werden, so ist der äussere Winkel dem gegenüberliegenden inneren gleich.

25) Ist bei solchen geschnittenen Parallelen der äussere Winkel dem gegenüberliegenden inneren gleich, so sind auch die Wechselwinkel gleich.

22) Wenn daher zwei Parallelen von einer dritten u. s. w. wie oben.

Der Kürze halber wollen wir 24 als unmittelbare Folgerung aus der Definition der Parallelen als gerader Linien von einerlei Richtung betrachten, ohne gerade diese Definition unbedingt zu vertreten. Dann bleibt noch 25 zu beweisen übrig.

XII. Beweis von 25.

26) Zwei Grössen, die einer dritten gleich sind, sind einander selbst gleich.

27) In 25 ist dem äusseren Winkel sowohl *a*) der ihm gegenüberliegende, als *b*) der anliegende der beiden Wechselwinkel gleich.

25) Also sind, unter derselben Voraussetzung wie oben, die Wechselwinkel einander selbst gleich.

Hier ist 26 Grundsatz, 27. *a* folgt aus der Definition der Wechselwinkel und der Voraussetzung von 25; aber 27. *b* ist zu beweisen.

XIII. Beweis von 27. *b*.

18) Scheitelwinkel sind gleich.

29) Der äussere Winkel in 27. *b* ist der Scheitelwinkel des anliegenden Wechselwinkels.

27. *b*) Der äussere Winkel ist dem anliegenden Wechselwinkel gleich.

Es folgt hier 29 unmittelbar aus den Definitionen des äusseren sowie der Wechsel- und Scheitelwinkel. Der Beweis von 28 kann mit Zuziehung des Begriffs der Richtung so geführt werden:

XIV. Beweis von 28.

30) Winkel, deren Schenkel paarweise verglichen einerlei Richtung haben, sind gleich.

31) Von zwei Scheitelwinkeln (*ABC*, *DBE*), welche zwei (in *B*) sich schneidende Gerade (*AD*, *CE*) bilden, sind die Richtungen des einen Schenkelpaars (*AB*, *BD*) sowohl als des anderen (*CB*, *BE*) gleich.

28) Also sind diese Scheitelwinkel gleich.

Hier ist 31 Folge der Definitionen der Geraden als Linie von unveränderlicher Richtung; 30 Folge der angenommenen Definition; der Winkel ist der (qualitative) Unterschied der vom Scheitel aus divergirenden oder im Scheitel convergirenden Richtungen seiner Schenkel. Es liegt hierbei eigentlich der allgemeine Satz zum Grunde: sind zwei Qualitäten *A*, *B* einerlei, und zwei von diesen verschiedene Qualitäten *C*, *D* unter sich ebenfalls einerlei, so ist der Unterschied zwischem *A* und *C* identisch mit dem Unterschied zwischen B und D. Im Uebrigen mag auch diese Beweisführung nur als eine zur Abkürzung gewählte angesehen werden.

Es ist nun 18. a und damit 2. a vollständig bewiesen. Es folgt

XV. Beweis von 2. b.

32) Gleiches zu Gleichem addirt giebt Gleiches.

33) In den Parallelogrammen $ABCD$, $ABEF$ ist a) $DC = EF$, b) $CF = CF$.

2. b) Also ist $DF = CE$.

Es ist aber 32 ein Grundsatz und 33. b Folge des Grundsatzes, dass jede Grösse sich selbst gleich ist; also nur, dass $DC = EF$, zu beweisen.

XVI. Beweis von 33. a.

26) Zwei Grössen, die einer dritten gleich sind, sind selbst gleich.

13) $AB = DC$, $AB = FE$.

33. a) $DC = FE$.

Hiermit ist 2. b bewiesen, da 26 ein Grundsatz und 13 unter IV abgeleitet ist.

XVII. Beweis von 2. c.

24) Wenn zwei Parallelen von einer dritten Geraden geschnitten werden, so ist der äussere Winkel dem gegenüberliegenden inneren gleich.

34) In der obigen Figur ist $\angle C$ der äussere, $\angle D$ der gegenüberliegende innere Winkel solcher geschnittenen Parallelen.

2. c) Also ist $\angle C = \angle D$ oder $\angle D = \angle C$, wie oben.

Da 24 unter X als Folgerung aus einer Definition angenommen ist, und 34 aus der Definition des Parallelogramms folgt, so ist hiermit der Beweis zu Ende und ganz auf Definitionen und Grundsätze zurückgeführt. Die Begründung der Definitionen durch Deductionen konnte für den vorliegenden Zweck übergangen werden.

Die Zusammenstellung aller dieser Schlüsse giebt das folgende Schema, in welchem, wie man leicht sieht, die Doppellinien Sätze trennen, die keinen Zusammenhang haben, die einfachen aber, wie gewöhnlich, den Schlusssatz von seinen Vordersätzen sondern. Es giebt ein Bild von den Verzweigungen der Schlüsse, die schon beim Beweis eines so einfachen Satzes wie der vorliegende stattfinden, wenn dieser auf seine letzten Beweisgründe zurückgeführt wird.

7) Grunds.

9) Erklär.
10) Vorauss.

26) Grunds.

40) Folg. aus Erkl.
31) Folg. aus Erkl.

28) Schluss
29) Folg. aus Erkl.

8) .... 8) Schluss 20) Folg. aus 7 24) Folg. aus Erkl. 27. a) Folg. aus Erkl. und 27.b) Schluss
25) Schluss

1) Schluss .... 1) Schluss 21) Folg. aus 9 25) .... 25)

19) .... 19) Schluss 22) Schluss
23) Folg. aus Erkl.

9) Erkl.
16) Erkl. 17) Schluss

18. b) Folg. aus Grds. und... 18. a) Schluss
14) Schluss
15) .... 15) Schluss

11) Schluss
12) Vorauss.

26) Grunds.

2. a) Schluss und 13) (Schluss)
33. a) Schluss und 33. b) Folg. aus Grds. ...

32) Grunds.
33) (Schluss)

2. b) .... 2. b) Schluss

24) Folg. aus Erkl.
34. Folg. aus Erkl.

4) Grunds.
2) .... 2. c) .... 2. c) Schluss
5) Grunds. und 3) Schluss
6) Schluss. Lehrsatz

2. *Von der reinen Umkehrbarkeit allgemein bejahender Sätze.*

1. Häufig wird, insbesondere in der Geometrie, die reine Umkehrbarkeit eines Lehrsatzes apagogisch erwiesen. Der folgende von F. C. Hauber* gefundene allgemeine, selbst aber apagogisch zu erweisende Satz, zeigt, unter welchen Bedingungen die reine Umkehrbarkeit eines allgemein bejahenden hypothetischen Urtheils keines besonderen Beweises bedarf, sondern die nothwendige Folge von allgemeinen logischen Gründen ist.

Wenn einem Subject S entweder a oder b oder c, desgleichen einem Subject Σ entweder α oder β oder γ als Prädikat zukommt, und es überdies bekannt ist, dass

1) wenn $S .. a$, immer auch $\Sigma .. \alpha$,
2) wenn $S .. b$, immer auch $\Sigma .. \beta$,
3) wenn $S .. c$, immer auch $\Sigma .. \gamma$,

so ist auch umgekehrt

4) wenn $\Sigma .. \alpha$, immer $S .. a$,
5) wenn $\Sigma .. \beta$, immer $S .. b$,
6) wenn $\Sigma .. \gamma$, immer $S .. c$.

Beweis. Angenommen: wenn $\Sigma .. \alpha$, sei nicht $S .. a$, so ist, da die Vollständigkeit der Disjunction vorausgesetzt wird, entweder $S .. b$, oder $S .. c$.

Wenn aber $S .. b$ wäre, so müsste (Vorauss. 2) $\Sigma .. \beta$ sein. als könnte dann, da α und β disjuncte Begriffe sind, Σ nicht α sein. Ebenso wenn $S .. c$ wäre, so müsste (3) $\Sigma .. \gamma$ sein, also könnte, aus demselben Grunde wie zuvor, Σ nicht α sein, beides gegen die Voraussetzung, dass $\Sigma .. \alpha$ ist. Also ist, wenn $\Sigma .. \alpha$, weder $S .. b$ noch $S .. c$, folglich, wegen der Vollständigkeit der Disjunction, $S .. a$, wie in 4) behauptet wurde.

Ganz auf gleiche Weise wird die Giltigkeit von 5 und 6 erwiesen.

Offenbar ist übrigens der Beweis von der Zahl der disjunctiven Glieder ganz unabhängig. Auch kann Σ dasselbe Subject wie S sein.

2. Ist also z. B. (wie in Euklid I, 5 und 18) direct erwiesen, dass, wenn das Dreieck (S) gleichschenklig (a) ist, dem-

---

* S. dessen *Scholae logico-mathematicae.* Stuttg. 1829. Cap. VII. §. 287.

selben (Σ) auch Gleichheit der den gleichen Schenkeln gegenüberstehenden Winkel (a) zukommt; desgleichen, dass, wenn
das Dreieck (S) ungleichschenklig (b), also eine seiner Seiten
grösser ist als eine der anderen, in demselben Sinne ihm auch
Ungleichheit der den ungleichen Seiten gegenüberstehenden
Winkel (β) zukommt, nämlich der grösseren Seite auch
der grössere Winkel gegenübersteht: so folgt nach Hauber's
Satz, dass sowohl, wenn in einem Dreieck zwei Winkel gleich
sind (α), auch die gegenüberliegenden Seiten gleich sind (a),
als auch, dass, wenn einer der Winkel grösser ist als der
andere (β), dem grösseren Winkel die grössere Seite gegenüberliegt (b); welche Sätze Euklid (I, 6 und 19) durch besondere
apagogische Beweise begründet.

Es versteht sich übrigens von selbst, dass keiner der direct
zu erweisenden Sätze, wie: wenn $S..a$, so ist $\Sigma..\alpha$; wenn
$S..b$, so ist $\Sigma..\beta$, unter ihren näheren oder entfernteren
Beweisgründen etwa die Umkehrung des anderen enthalten
(also im Beispiel nicht der Beweis von I, 18 sich auf I, 6 stützen)
darf, da sonst ein Kreisbeweis entstände.

Ebenso folgt aus Euklid I, 47, II, 12 und 13, sowohl die
Umkehrbarkeit dieser beiden letzten Sätze als I, 48. Fügt
man ferner zu I, 37 und 38 noch die analogen Sätze für verschiedene Parallelen hinzu, so bedarf es für I, 39 und 40 nicht
der besonderen Beweise. Ebenso wenig bedürfen solcher
I, 27 und 28, wenn sich unabhängig von ihnen und dem 11ten
Grundsatz I, 29 und 16 erweisen lassen.*

3. Alle diese Beispiele lassen sich als besondere Anwendung
folgendes sehr allgemeinen Satzes ansehen, der in der gesammten Mathematik vom häufigsten Gebrauch ist, durch
Hauber's Satz aber erst seine wahre Begründung erhält:

Stehen zwei veränderliche Grössen x, y in einem
solchen wechselseitigen Zusammenhange, dass, wenn
für irgend einen Werth von $x = x'$, $y = y'$ wird, und
entweder 1) für jeden beliebigen anderen Werth $x \gtrless x'$,
$y \gtrless y'$, oder 2) für $x \gtrless x'$, $y \lessgtr y'$, so ist auch im **ersten**

---

* **Matzka** hat in **Grunert's** Archiv für Math. VI, 653 diesen Gegenstand weiter
ausgeführt.

Falle, wenn $y \gtreqless y'$, $x \gtreqless x'$, und im **zweiten**, wenn $y' \gtreqless y$, $x \lesseqgtr x'$.

Dieser Satz lässt sich auch in Bezug auf stetige Grössen so ausdrücken: Nimmt eine stetige Grösse y stets ab oder zu, wenn eine andere mit ihr im Zusammenhange stehende stetige Grösse x beziehungsweise ab- oder zunimmt, so muss auch umgekehrt, wenn y ab- oder zunimmt, x ab- oder zunehmen: nimmt aber y stets ab oder zu, wenn x beziehungsweise zu- oder abnimmt, so muss auch umgekehrt, wenn y ab- oder zunimmt, x beziehungsweise zu- oder abnehmen.

Die directe und umgekehrte Regeldetri, die gleichzeitige Ab- und Zunahme von Winkeln und Bogen, von Abscissen und Ordinaten der Curven, sind bekannte Anwendungen dieses Satzes.

4. Es ist in logischer Beziehung nicht unwichtig (vgl. oben § 139), zu zeigen, dass von den bekannten zur Transformation der Gleichungen erforderlichen Hilfssätzen: Gleiches zu Gleichem addirt, von Gleichem subtrahirt u. s. w. giebt Gleiches, diejenigen, welche sich auf die indirecten Operationen der Subtraction, Division u. s. w. beziehen, als die reinen Umkehrungen der auf die entsprechenden directen Operationen sich beziehenden Sätze zu betrachten sind. Dies geschieht durch Anwendung des **Hauber'schen** Satzes.

Sind nämlich A, B, C, D positive Grössen, so ist als Grundsatz anzunehmen, dass nicht nur, wenn $A = B$ und $C = D$, $A + C = B + D$, sondern auch, dass, wenn $A \gtreqless B$ und $C = D$, $A + C \gtreqless B + D$ ist.

Hier entspricht nun A dem S im obigen Satze (1), $A + C$ dem Σ, $= B$ dem a, $> B$ dem b, $< B$ dem c; $= B + D$ dem α, $> B + D$ dem β, $< B + D$ dem γ. Die Voraussetzung $C = D$ gilt für alle drei Fälle gleichmässig und ist als eine nähere Bestimmung der Hypothesis anzusehen, die auch auf die Umkehrung übergeht. Der **Hauber'sche** Satz giebt nun zunächst die Umkehrung: wenn $A + C \gtreqless B + D$ und $C = D$, so ist $A \gtreqless B$. Setzt man nun $A + C = A'$, $B + D = B'$, woraus (nach der blossen Definition der Subtraction) folgt

$A = A' - C$, $B = B' - D$, so nimmt der eben erhaltene Satz die Form an: wenn $A' \gtreqless B'$ und $C = D$, so ist $A' - C \gtreqless B' - D$.

Hiernach ist also nicht nur der Satz: Gleiches von Gleichem subtrahirt lässt Gleiches, die reine Umkehrung des Satzes: Gleiches zu Gleichem addirt giebt Gleiches, sondern auch der Satz: Gleiches von Grösserem (Kleinerem) subtrahirt lässt Grösseres (Kleineres) die reine Umkehrung des Satzes: Gleiches zu Grösserem (Kleinerem) addirt giebt Grösseres (Kleineres).

In gleicher Weise folgt nach (1) aus dem Satze: wenn $A \gtreqless B$ und $C = D$, so ist $AC \gtreqless BD$, der umgekehrte: wenn $AC \gtreqless BD$ und $C = D$, so ist $A \gtreqless B$. Setzt man aber $AC = A'$, $BD = B'$, so folgt (nach der Definition der Division), dass $A = \dfrac{A'}{C}$, $B = \dfrac{B'}{D}$, und der Satz erhält die Form: wenn $A' \gtreqless B'$ und $C = D$, so ist $\dfrac{A'}{C} \gtreqless \dfrac{B'}{D}$.

Auf dieselbe Weise ergiebt sich die Richtigkeit der obigen Behauptung für die Sätze, die sich auf die Potenzirung und Wurzelausziehung beziehen.

5. Noch einfacher kommt man zu denselben Resultaten durch Anwendung des in (3) enthaltenen Satzes, indem man ihn so ausdrückt: wenn für $x' \gtreqless x$, $f(x') \gtreqless f(x)$ ist, so ist auch umgekehrt, wenn $f(x') \gtreqless f(x)$, $x' \gtreqless x$; und wenn für $x' \gtreqless x$, $f(x') \lesseqgtr f(x)$ ist, so ist auch umgekehrt, wenn $f(x') \lesseqgtr f(x)$, $x' \gtreqless x$.

Sei nämlich 1) $f(x) = x + c$, wo $c > 0$, so ist $f(x') = x' + c$, und dann, wenn $x' \gtreqless x$, auch $x' + c \gtreqless x + c$. Daher folgt nach dem obigen Satze, dass auch umgekehrt, wenn $x' + c \gtreqless x + c$, $x' \gtreqless x$ ist. Setzt man nun $x + c = y$ und $x' + c = y'$, woraus $x = y - c$, $x' = y' - c$ folgt, so lautet der durch die Umkehrung erhaltene Satz: wenn $y' \gtreqless y$, so ist auch $y' - c \gtreqless y - c$.

2) Sei $f(x) = cx$, also $f(x') = cx'$. Wenn nun für $x' \gtreqless x$, $cx' \gtreqless cx$, so folgt auch umgekehrt, dass, wenn $cx' \gtreqless cx$, $x' \gtreqless x$, folglich, wenn man $cx = y$, $cx' = y'$, mithin $x = \dfrac{y}{c}$, $x' = \dfrac{y'}{c}$ setzt, dass, wenn $y' \gtreqless y$, auch $\dfrac{y'}{c} \gtreqless \dfrac{y}{c}$.

3) Sei $f(x) = x^c$, also $f(x') = x'^c$. Wenn nun für $x' \gtreqless x$, $x'^c \lesseqgtr x^c$ ist, so folgt umgekehrt, dass, wenn $x'^c \gtreqless x^c$, auch $x' \gtreqless x$; daher, wenn man $x^c = y$, $x'^c = y'$, mithin $x = y^{\frac{1}{c}}, x' = y'^{\frac{1}{c}}$ setzt, dass, wenn $y' \gtreqless y$, auch $y'^{\frac{1}{c}} \gtreqless y^{\frac{1}{c}}$.

4) Sei $f(x) = c^x$, also $f(x') = c^{x'}$. Wenn nun für $x' \gtreqless x$, $c^{x'} \gtreqless c^x$, so ist auch umgekehrt für $c^{x'} \gtreqless c^x$, $x' \gtreqless x$; daher, wenn man $c^x = y$, $c^{x'} = y'$ setzt, was $x = \dfrac{\log y}{\log c}, x' = \dfrac{\log y'}{\log c}$, oder, wenn man die Logarithmen der Basis c nimmt und durch $\log_c y$. $\log_c y'$ bezeichnet, $x = \log_c y$, $x' = \log_c y'$ giebt, so folgt der Satz wenn $y' \gtreqless y$, so ist $\log_c y' \gtreqless \log_c y$

Es versteht sich, dass alle diese Umkehrungen nur für die-selben Beschaffenheiten der darin enthaltenen Grössen gelten, welche die ihnen zu Grunde liegenden directen Sätze fordern.

6. Der vierte Satz der vorigen Nummer führt bereits zu der transcendenten Operation des Logarithmennehmens einer Grösse und zeigt, inwiefern diese im logischen Sinne die Um-kehrung der Erhebung auf variable Potenzen ist. Dies lässt sich leicht auf die anderen bekannten transcendenten Opera-tionen ausdehnen.

1) Sei $f(x) = \sin x$, also $f(x') = \sin x'$, wo x und x' kleiner als $\frac{1}{2}\pi$. Wenn nun für $x' \gtreqless x$, $\sin x' \gtreqless \sin x$, so folgt um-gekehrt, dass, wenn $\sin x' \gtreqless \sin x$, $x' \gtreqless x$. Setzt man nun $\sin x = y$, $\sin x' = y'$, folglich $x = \text{arc} \sin y$, $x' = \text{arc} \sin y'$. so lässt sich der umgekehrte Satz so ausdrücken: wenn $y' \gtreqless y$, so ist $\text{arc} \sin y' \gtreqless \text{arc} \sin y$. Hieraus erhellt, das die Operation, die durch *arc sin* bezeichnet wird, die logische Um-kehrung der Operation ist, die *sin* anzeigt. Ganz ähnliches gilt von *tang* und *arc tang*.

2) Sei $f(x) = \cos x$, also $f(x') = \cos x'$. Wenn nun für $x' \gtreqless x$, $\cos x' \lesseqgtr \cos x$, so folgt jetzt nach dem zweiten Satze zu Anfang von No. 5, dass auch umgekehrt, wenn $\cos x' \lesseqgtr \cos x$, $x' \gtreqless x$, oder wenn $y' \lesseqgtr y$, $\text{arc} \cos y' \gtreqless \text{arc} \cos y$. Aehnliches gilt von der Cotangente und den übrigen goniometrischen Functionen.

3) Nach Hauber's Satz folgt ferner, dass, wenn für $f(x')$ $\gtreqless f(x)$ auch für die derivirten Functionen oder Differentialquotienten $f'(x)\gtreqless f'(x)$ ist, ebenso umgekehrt, wenn $f'(x)\gtreqless f'(x)$, auch $f(x') \gtreqless f(x)$ ist. Setzt man nun $f'(x) = y$, $f(x') = y'$, woraus folgt $f(x) = \int y\, dx$, $f(x') = \int y'\, dx$, so lässt sich der umgekehrte Satz ausdrücken: wenn $y' \gtreqless y$, so ist auch $\int y'\, dx \gtreqless \int y\, dx$. Aehnliches folgt, wenn für $f(x') \gtreqless f(x)$, $f'(x') \lesseqgtr f'(x)$. Hieraus erhellt, inwiefern im logischen Sinne die Integration die umgekehrte Differentiation ist.

4) Es lässt sich eben so leicht zeigen, das der analytischen Umkehrung der Functionen, bei welcher die Variable zur Function und die Function zur Variablen gemacht wird, eine logische Umkehrung zu Grunde liegt. Denn setzt man $f(x) = y$, $f(x') = y'$, und bezeichnet die Abhängigkeit des x von y durch $x = \varphi(y)$, woraus $x' = \varphi(y')$, so nehmen die Sätze zu Anfange von Nr. 5 folgende Form an: wenn für $x' \gtreqless x$, $f(x') \gtreqless f(x)$, so ist auch, wenn $y' \gtreqless y$, $\varphi(y') \gtreqless \varphi(y)$; und wenn für $x' \gtreqless x$, $f(x') \lesseqgtr f(x)$, so ist auch, wenn $y' \gtreqless y$, $\varphi(y') \lesseqgtr \varphi(y)$. Die Transformation, durch welche aus $y = f(x)$ wird $x = \varphi(y)$, beruht also auf der logischen Umkehrung, daher kann φ mit Recht die umgekehrte Function f genannt werden.

3. Ueber die Anwendung der Induction in der Analysis.

1. Bekanntlich wird in der Mathematik, insbesondere der Analysis, wie in der Naturforschung, die Induction häufig gebraucht, um ein verborgenes Gesetz des Grössenzusammenhangs zu entdecken. Diese Induction ist bald vollständig, bald unvollständig. Ein Beispiel der ersteren ist der binomische Lehrsatz, der zuerst von Stifel, Briggs und Pascal nur für ganze positive Exponenten gefunden, dann von Newton auf gebrochene und negative Exponenten ausgedehnt, endlich später nicht nur für diese, sondern auch für irrationale und transcendente Exponenten, sofern diese sich in beliebig enge Grenzen einschliessen lassen, streng erwiesen wurde. Die Art, wie Newton die Geltung desselben erweiterte, ist aber selbst ein Beispiel für den Gebrauch der unvollständigen Induction, die im allgemeinen nicht gewisse, sondern nur wahrscheinliche

Resultate giebt und daher kein streng mathematisches Beweismittel, sondern nur als heuristische Methode zulässig ist. Als solche ist sie nun in der Analysis äusserst häufig benutzt, oft aber auch übereilt (selbst von einem Euler) einer Beweisart gleich gestellt worden, was sie in der That erst dann wird, wenn die Induction nach einem zuerst von Jakob Bernoulli (*Acta Erudit.* 1686. *p.* 360) angegebenen Verfahren, dem sogenannten Schluss von n auf $n+1$, eine Ergänzung erhält. Sowohl dieses Verfahren als der Gebrauch der unvollständigen Induction in der Analysis überhaupt ist einer näheren logischen Betrachtung nicht unwerth.

2. Die Induction wird in der Analysis hauptsächlich angewendet, um das Gesetz zu entdecken, nach welchem eine Reihe von Grössen, die nach ihren Stellenzahlen geordnet sind, fortschreitet, d. i. jedes Glied der Reihe von seiner Stellenzahl abhängt; das sogenannte allgemeine oder $n$te Glied ist der Ausdruck dieses Gesetzes oder der allgemeinen Form der Abhängigkeit aller Glieder von ihren Stellenzahlen. Hierbei sind aber zwei Fälle zu unterscheiden. Entweder nämlich ist 1) die Form einiger Anfangsglieder der Reihe gegeben, und soll daraus die Form des $n$ten Gliedes gefunden werden; oder 2) das Gesetz der Erzeugung der Reihe ist gegeben und daraus das $n$te Glied zu bestimmen.

Bleiben wir zunächst bei dem ersten Falle stehen, so seien u_1, u_2, u_3, u_4, die Anfangsglieder der Reihe. Zeigt nun die Vergleichung der Glieder eine gemeinsame Form der Abhängigkeit derselben von ihren Stellenzahlen, so dass

$$u_1 = f(1), \ u_2 = f(2), \ u_3 = f(3), \ u_4 = f(4),$$

so folgt nach vollständiger Induction, dass ihr gemeinsames Gesetz durch $$u_n = f(n)$$ ausgedrückt wird, wo aber n nur die Werthe 1, 2, 3, 4 zukommen. Folgert man aber hieraus weiter, dass diese Formel auch für alle folgenden Glieder gelte, so liegt dabei die Voraussetzung zu Grunde, dass zwischen allen Gliedern der Reihe strenge Analogie stattfinde. Auf diese Weise leitet man z. B. aus den gegebenen Anfangsgliedern der Reihen

$$1, \ 2^2, \ 3^2, \ 4^2, \ \ldots .$$
$$1, \ 1 \cdot 2, \ 1 \cdot 2 \cdot 3, \ 1 \cdot 2 \cdot 3 \cdot 4, \ \ldots .$$
$$a, \ ax, \ ax^2, \ ax^3, \ \ldots .$$

ab, dass ihre allgemeinen Glieder bzw.

$$n^2, \ 1 \cdot 2 \cdot 3 \ldots n, \ a \iota^n$$

sind. Unter dieser Voraussetzung der strengen Analogie zwischen allen Gliedern ist daher der Schluss von der Form einiger auf die aller kein blosser Wahrscheinlichkeitsschluss, sondern das Ergebniss hat volle Gewissheit.

3. Wo nun aber diese Voraussetzung einer vollständigen Analogie nicht gegeben ist, wo es unbestimmt bleibt, ob das für die gegebenen Anfangsglieder giltige Gesetz für die ganze Reihe gilt, da hört die Sicherheit dieses inductiven Verfahrens in der Bestimmung des allgemeinen Gliedes auf. Das allgemeine Glied der Reihe 1, 2, 3, 4, 5 .... ist z. B. gewiss $= n$, wenn die Voraussetzung gegeben ist, dass die Form der fünf Anfangsglieder für die ganze·Reihe maassgebend sein soll; wenn aber diese ausdrückliche Bestimmung fehlt, so kann dieselbe Reihe auch der Anfang einer Reihe sein, deren $n$tes Glied angiebt, auf wievielmal die Zahl n sich aus den Zahlen 1, 2, 3 und ihren Wiederholungen durch Addition zusammensetzen lässt. In der That nämlich ist

$1 = 1$,
$2 = 1 + 1$, oder $= 2$,
$3 = 1 + 1 + 1 = 1 + 2$, oder $= 3$,
$4 = 1 + 1 + 1 + 1 = 1 + 1 + 2 = 1 + 3 = 2 + 2$,
$5 = 1 + 1 + 1 + 1 + 1 = 1 + 1 + 1 + 2 = 1 + 1 + 3 = 1 + 2 + 2 = 2 + 3$.

Es lässt sich also 1 aus 1, 2 und 3 nur auf eine Weise, 2 dagegen auf zweierlei, 3 auf dreierlei, 4 auf viererlei, 5 auf fünferlei Weise setzen oder zusammensetzen. Dagegen ist

$6 = 1 + 1 + 1 + 1 + 1 + 1 = 1 + 1 + 1 + 1 + 2 = 1 + 1 + 1 + 3$
$\quad = 1 + 1 + 2 + 2 = 1 + 2 + 3 = 2 + 2 + 2 = 3 + 3$,
$7 = 1 + 1 + 1 + 1 + 1 + 1 + 1 = 1 + 1 + 1 + 1 + 1 + 2$
$\quad = 1 + 1 + 1 + 1 + 3 = 1 + 1 + 1 + 2 + 2$
$\quad = 1 + 1 + 2 + 3 = 1 + 2 + 2 + 2 = 1 + 3 + 3 = 2 + 2 + 3$.

Es lässt sich also 6 auf siebenerlei, 7 auf achterlei Weise aus 1, 2, 3 zusammensetzen, und können demnach die Anfangsglieder 1, 2, 3, 4, 5 ebensowohl der natürlichen Zahlenreihe als einer Reihe angehören, deren nächst folgende Glieder 7 und 8 sind, und welche angiebt, auf wievielfache Art sich die natürlichen Zahlen in die Summanden 1, 2, 3 zerlegen lassen.

Fermat bemerkte, dass $2^2 + 1 = 5$, $2^{2^2} + 1 = 17$, $2^{2^3} + 1$ $= 257$, $2^{2^4} + 1 = 65537$ u. s. f. Primzahlen sind, und dass dies auch noch von $2^{2^8} + 1$ und $2^{2^{16}} + 1$ gelte. Er schloss hieraus durch Induction und nach Analogie, dass allgemein $2^{2^n} + 1$, wenn n eine ganze positive Zahl, eine Primzahl sei, indem er voraussetzte, dass aus diesen 16 Gliedern der Reihe sich das allgemeine Glied bestimmen lasse. Euler aber zeigte, dass dieses Gesetz nur bis zur 31sten Potenz von 2 gilt, indem $2^{2^{32}} + 1 = 4294967297$ durch 641 theilbar ist.

4. Diese Ungewissheit über die Form des allgemeinen Gliedes tritt im allgemeinen immer in dem zweiten der zuvor (2) unterschiedenen Fälle ein, wo die Reihe erst nach einem gegebenen Bildungsgesetze zu erzeugen ist. Es bedarf dann eines besonderen Beweises, dass die durch vollständige Induction aus den Anfangsgliedern abgeleitete Form der Abhängigkeit derselben von ihren Stellenzahlen nach Analogie auch auf alle folgenden Glieder übergetragen werden darf, oder, was dasselbe, dass zwischen allen Gliedern der Reihe strenge Analogie stattfindet. Dies leistet nun die Bernoulli'sche Ergänzungsmethode der unvollständigen Induction. Sie findet ihre Anwendung überall da, wo eine Reihe in der Weise erzeugt wird, dass durch Ausführung derselben Rechnungsoperationen aus dem gegebenen ersten Glied das zweite, aus diesem das dritte, aus dem dritten das vierte u. s. f., allgemein aus dem $n$ten Glied das $(n + 1)$te entsteht. Bezeichnet man symbolisch die vorzunehmende Rechnungsoperation durch den Buchstaben D (Derivation im weitesten Sinne), und bezeichnen, wie zuvor,

$$u_1 \; u_2, \; u_3, \; u_4, \; \ldots \; u_n, \; u_{n+1} \ldots$$

die Glieder der Reihe, so ist also

$$u_2 = Du_1, \; u_3 = Du_2, \; u_4 = Du_3, \ldots u_{n+1} = Du_n \ldots$$

Findet sich nun durch Ausführung der durch D angedeuteten Rechnungsoperation, dass die Anfangsglieder sich darstellen lassen in Formen

$$u_1 = f(1), \; u_2 = f(2), \; u_3 = f(3), \; u_4 = f(4),$$

dass sie also in gleicher Weise von ihren Stellenzahlen abhängen, so kann hypothetisch nach Analogie angenommen werden, dass allgemein $u_n = f(n)$.

Um aber die Giltigkeit dieser Annahme zu prüfen, ist zu untersuchen, welche Form unter dieser Voraussetzung

$$u_{n+1} = Du_n = D f(n)$$

hat. Giebt nun die Ausführung der Rechnung, dass

$$u_{n+1} = f(n + 1),$$

so ist bewiesen, dass zwischen allen Gliedern der Reihe strenge Analogie stattfindet, dass alle von ihren Stellenzahlen in der gleichen Form abhängen, und dass, weil die Form $f(n)$ bis zu $n{=}4$ direct als giltig nachgewiesen ist, sie auch für alle folgenden Werthe von n gilt.

5. Zur Erläuterung mögen einige Beispiele beigefügt werden.
1) Sei gegeben

$$u_1 = x + a_1,$$

und daraus die Reihe $u_1, \; u_2, \; u_3, \; u_4, \; \ldots u_n, \; u_{n+1}$ in solcher Weise zu bilden, dass

$$u_2{=}(x{+}a_2)u_1, \; u_3{=}(x{+}a_3)u_2, \; u_4{=}(x{+}a_4)u_3, \ldots u_{n+1}{=}(x{+}a_{n+1})u_n,$$

also auch

$$u_n = (x{+}a_1)\,(x{+}a_2)\,(x{+}a_3) \ldots (x{+}a_n),$$

so hat hier D die Bedeutung der Multiplication jedes Gliedes durch einen hinzukommenden binomischen Factor, wodurch das nächstfolgende Glied erzeugt wird. Nun giebt aber die Ausführung dieser Multiplication

$$u_2 = x^2 + (a_1 + a_2)\,x + a_1 a_2;$$
$$u_3 = x^3 + (a_1 + a_2 + a_3)\,x^2 + (a_1 a_2 + a_1 a_3 + a_2 a_3)\,x + a_1 a_2 a_3;$$
$$u_4 = x^4 + (a_1 + a_2 + a_3 + a_4)\,x^3$$
$$+ (a_1 a_2 + a_1 a_3 + a_1 a_4 + a_2 a_3 + a_2 a_4 + a_3 a_4)\,x^2$$
$$+ (a_1 a_2 a_3 + a_1 a_2 a_4 + a_1 a_3 a_4 + a_2 a_3 a_4)\,x + a_1 a_2 a_3 a_4.$$

16*

Die Vergleichung dieser Ergebnisse zeigt, dass sie eine gemeinsame Form haben, in gleicher Weise von ihren Stellenzahlen abhängen. Denn alle sind erstens nach den absteigenden Potenzen von x geordnete Aggregate, und der Exponent der höchsten Potenz die Stellenzahl. Ferner ist der Coëfficient der höchsten Potenz in allen 1. Drittens ist der Coëfficient der nächst niedrigeren Potenz die Summe der in u_2, u_3, u_4 bezw. aufgenommenen Constanten a_1 und a_2; a_1, a_2 und a_3; a_1, a_2, a_3 und a_4. Viertens ist der nächst folgende Coëfficient die Summe der binären Producte dieser Grössen; fünftens für u_3 und u_4 der vierte Coëfficient die Summe der ternären Producte derselben Grössen; endlich kann ebenso der letzte Coëfficient von u_4 als die Summe der quaternären Producte angesehen werden. Vermöge dieses durch Induction gefundenen Bildungsgesetzes kann nun nach Analogie, aber nur hypothetisch, angenommen werden, dass allgemein für jeden ganzen positiven Werth von n

$$u_n = x^n + \overset{n}{C_1} x^{n-1} + \overset{n}{C_2} x^{n-2} + \ldots + \overset{n}{C_{k-1}} x^{n-k+1} + \overset{n}{C_k} x^{n-k} + \ldots + \overset{n}{C_n},$$

wo $\overset{n}{C_k}$ die Summe der sämmtlichen Produkte zu k Factoren (der Combinationen ohne Wiederholung der $k$ten Classe) aus den Grössen a_1, a_2, $a_3 \ldots a_k$ bezeichnet, und hierdurch die Bedeutung von $\overset{n}{C_1}$, $\overset{n}{C_2}, \ldots \overset{n}{C_n}$ gegeben ist. Dieses Aggregat ist nun hier das $f(n)$ in der allgemeinen Darstellung der Methode (4), und diese Form ist bis zu $n = 4$ bewiesen.

Nach der Voraussetzung ist aber $u_{n+1} = (x + a_{n+1}) u_n$. Setzt man nun hier für u_n seinen hypothetisch angenommenen Ausdruck und entwickelt das Product, so erhält man

$$u_{n+1} = x^{n+1} + (\overset{n}{C_1} + a_{n+1}) x^n + (\overset{n}{C_2} + a_{n+1} \overset{n}{C_1}) x^{n-1} + \ldots$$
$$\ldots + (\overset{n}{C_k} + a_{n+1} \overset{n}{C_{k-1}}) x^{n-k+1} + \ldots + a_{n+1} \overset{n}{C_n}.$$

Es erhellt aber sehr leicht, dass, wenn $\overset{n+1}{C_k}$ die Summe aller Producte zu k Factoren aus den Grössen a_1, $a_2, \ldots a_n$, a_{n+1} (die Summe ihrer Combinationen ohne Wiederholung der $k$ten Classe) bedeutet, dass

$$\overset{n}{C_k} + a_{n+1} \overset{n}{C_{k-1}} = \overset{n+1}{C_k}.$$

Folglich ist auch

$$u_{n+1} = x^{n+1} + \overset{n+1}{C_1} x^n + \overset{n+1}{C_2} x^{n-1} + \ldots + \overset{n+1}{C_k} x^{n-k} + \ldots + \overset{n+1}{C_{n+1}}.$$

Da nun dieser Ausdruck sich auch aus dem für u_n, durch blosse Vertauschung von n mit $n+1$, ergiebt, also, wenn $u_n = f(n)$, mit Gewissheit folgt, dass $u_{n+1} = f(n+1)$, so ist die strenge Analogie zwischen u_n und u_{n+1} und damit die hypothetisch angenommene Form für u_n hierdurch erwiesen. Denn da sie bis zu $n = 4$ gilt, so gilt sie auch für $n = 5$, folglich auch für $n = 6$ u. s. f.

2) Sei gegeben

$$u_1 = uv,$$

wo u und v Functionen von x bedeuten, und daraus die Reihe u_1, u_2, … u_n durch successive Differentiation zu bilden, so dass $u_2 = du_1 = d.uv$, $u_3 = du_2 = d^2.uv$, $u_4 = du_3 = d^3.uv$, … $u_{n+1} = du_n = d^n.uv$ sein soll, also hier d dem obigen D entspricht. Die successive Differentiation ergiebt unmittelbar

$$d.uv = udv + vdu,$$
$$d^2.uv = ud^2v + 2dudv + vd^2u,$$
$$d^3.uv = ud^3v + 3dud^2v + 3d^2udv + vd^3u,$$
$$d^4.uv = ud^4v + 4dud^3v + 6d^2ud^2v + 4d^3udv + vd^4u.$$

Da hier die Coëfficienten offenbar die Binomialcoëfficienten bzw. der 1sten, 2ten, 3ten und 4ten Potenz sind, so kann nach Analogie und hypothetisch angenommen werden, dass allgemein

$$d^n.uv = ud^nv + n_1 du\,d^{n-1}v + n_2 d^2u\,d^{n-2}v + \ldots$$
$$+ n_k d^k u\,d^{n-k}v + \ldots + v\,d^n u,$$

wo n_1, n_2, … n_k, … die Binomialcoëfficienten der $n$ten Potenz bezeichnen. Durch nochmalige Differentiation folgt aber hieraus weiter

$$d^{n+1}.uv = du_{n+1} = ud^{n+1}v + (n_1+1)dud^nv + (n_2+n_1)d^2ud^{n-1}v + \ldots$$
$$+ (n_k+n_{k-1})d^k u\,d^{n-k+1}v + \ldots + v\,d^{n+1}u.$$

Da nun allgemein

$$n_k + n_{k-1} = \frac{n(n-1)\ldots(n-k+1)}{1 \cdot 2 \ldots \ldots k} + \frac{n(n-1)\ldots(n-k+2)}{1 \cdot 2 \ldots \ldots (k-1)}$$
$$= \frac{(n+1)\,n(n-1)\ldots(n-k+2)}{1 \quad 2 \cdot 3 \ldots \ldots \ldots k} = (n+1)_k,$$

also der $n$te Binomialcoëfficient der $(n+1)$ten Potenz ist, so ist auch

$$d^{n+1}.uv = ud^{n+1}v + (n+1)_1\,du\,d^n v + (n+1)_2\,d^2 u\,d^{n-1}v + \ldots$$
$$+ (n+1)_k\,d^k u\,d^{n-k+1}v + \ldots + vd^{n+1}u.$$

Da nun dieser Ausdruck auch aus dem für $d^n.uv$ hypothetisch angenommenen durch Vertauschung von n mit $n+1$ folgt, so ist letzterer hierdurch allgemeingiltig erwiesen.

3) Sei
$$u_1 = \int X\,dx,\; u_2 = \int u_1\,dx,\; u_3 = \int u_2\,dx, \ldots u_n = \int u_{n-1}\,dx,$$
wo X eine Function von x bedeutet, und die Integration die Rechnungsoperation ist, die zuvor allgemein mit D bezeichnet wurde, so ist auch
$$u_2 = \int\!\int X dx^2,\; u_3 = \int\!\int\!\int X dx^3,\; u_4 = \overset{4}{\int} X dx^4, \ldots u_n = \overset{n}{\int} X dx^n.$$
Durch theilweise Integration ergiebt sich nun
$$u_2 = \int dx \int X dx = x \int X\,dx - \int Xx\,dx.$$
Hieraus folgt unmittelbar
$$u_3 = \int x\,dx \int X dx - \int dx \int Xx\,dx;$$
und durch theilweise Integration beider Glieder dieses Ausdrucks
$$u_3 = \frac{1}{2}x^2 \int X dx - \frac{1}{2}\int Xx^2 dx - [x\int Xx\,dx - \int Xx^2 dx]$$
$$= \frac{1}{1.2}\{x^2 \int X dx - 2x\int Xx\,dx + \int Xx^2 dx\}.$$

Hieraus folgt weiter unmittelbar
$$u_4 = \int u_3\,dx$$
$$= \frac{1}{1.2}\{\int x^2 dx \int X dx - 2\int x\,dx \int Xx\,dx + \int dx \int Xx^2 dx\},$$

und durch theilweise Integration aller drei Glieder
$$u_4 = \frac{1}{1.2}\left\{\frac{1}{3}x^3 \int X dx - \frac{1}{3}\int Xx^3 dx - 2\left[\frac{1}{2}x^2\int Xx dx - \frac{1}{2}\int Xx^3 dx\right]\right.$$
$$\left. + x\int Xx^2 dx - \int Xx^3 dx\right\}$$
$$= \frac{1}{1.2.3}\{x^3 \int X dx - 3x^2\int Xx dx + 3x\int Xx^2 dx - \int Xx^3 dx\}.$$

Nach Analogie kann nur hypothetisch angenommen werden, dass allgemein
$$u_n = \frac{1}{1.2..(n-1)}\{x^{n-1}\int X dx - (n-1)_1 x^{n-2}\int Xx dx + (n-1)_2 x^{n-3}\int Xx^2 dx - \ldots$$
$$+ (-1)^k(n-1)_k x^{n-k-1}\int Xx^k dx \ldots + (-1)^{n-1}\int Xx^{n-1}dx\},$$

wo $(n-1)_k$ den $k$ten Binomialcoëfficienten der $(n-1)$ten Potenz bezeichnet. Hieraus folgt unmittelbar

$$u_{n+1} = \int u_n \, dx$$
$$= \frac{1}{1.2\ldots(n-1)}\Big\{\int x^{n-1}dx\int Xdx-(n-1)_1\int x^{n-2}dx\int Xxdx+(n-1)_2\int x^{n-3}dx$$
$$\int Xx^2dx-\ldots+(-1)^k(n-1)_k\int x^{n-k-1}dx\int Xx^kdx\ldots+(-1)^{n-1}\int dx\int Xx^{n-1}dx\Big\},$$

und durch theilweise Integration

$$\int x^{n-k-1}dx\int Xx^kdx = \frac{x^{n-k}}{n-k}\int Xx^k\,dx - \frac{1}{n-k}\int Xx^n dx.$$

Setzt man nun hier successiv $k=0, 1, 2, \ldots n-1$, und substituirt die sich ergebenden Ausdrücke in der vorhergehenden Formel, so folgt

$$u_{n+1} = \frac{1}{1.2\ldots n}\Big\{x^n\int Xdx-n_1 n^{n-1}\int Xxdx+n_2 x^{n-2}\int Xx^2dx-\ldots$$
$$+ (-1)^k n_k x^{n-k}\int Xx^kdx\ldots+(-1)^{n-1}x\int Xx^{n-1}dx$$
$$- [1-n_1+n_2-\ldots+(-1)^k n_k\ldots+(-1)^{n-1}n_{n-1}]\int Xx^n dx\Big\}.$$

Es ist aber

$$1-n_1+n_2-\ldots+(-1)^k n_k\ldots+(-1)^{n-1}n_{n-1}+(-1)^n n_n=(1-1)^n=0;$$

daher wird endlich

$$u_{n+1} = \frac{1}{1.2\ldots n}\Big\{\int x^n\int Xdx-n_1 x^{n-1}\int Xxdx+n_2 x^{n-2}\int Xx^2dx-\ldots$$
$$+ (-1)^k n_k x^{n+k}\int Xx^kdx\ldots + (-1)^n n_n\int Xx^n dx\Big\}.$$

Da nun dieser Ausdruck auch aus dem für u_n hypothetisch angenommenen durch Vertauschung von n mit $n+1$ folgt, so ist die Giltigkeit dieser Annahme erwiesen, und damit das n-fache Integral $u_n = \int\limits^{n} Xdx^n$ auf n einfache Integrale zurückgeführt.

Druck von J. F. RICHTER, Hamburg, gr. Bleichen 33.